U0397637

AVIAN ILLUMINATIONS

鸟类启示录

一部文化史

A Cultural HISTORY OF BIRDS

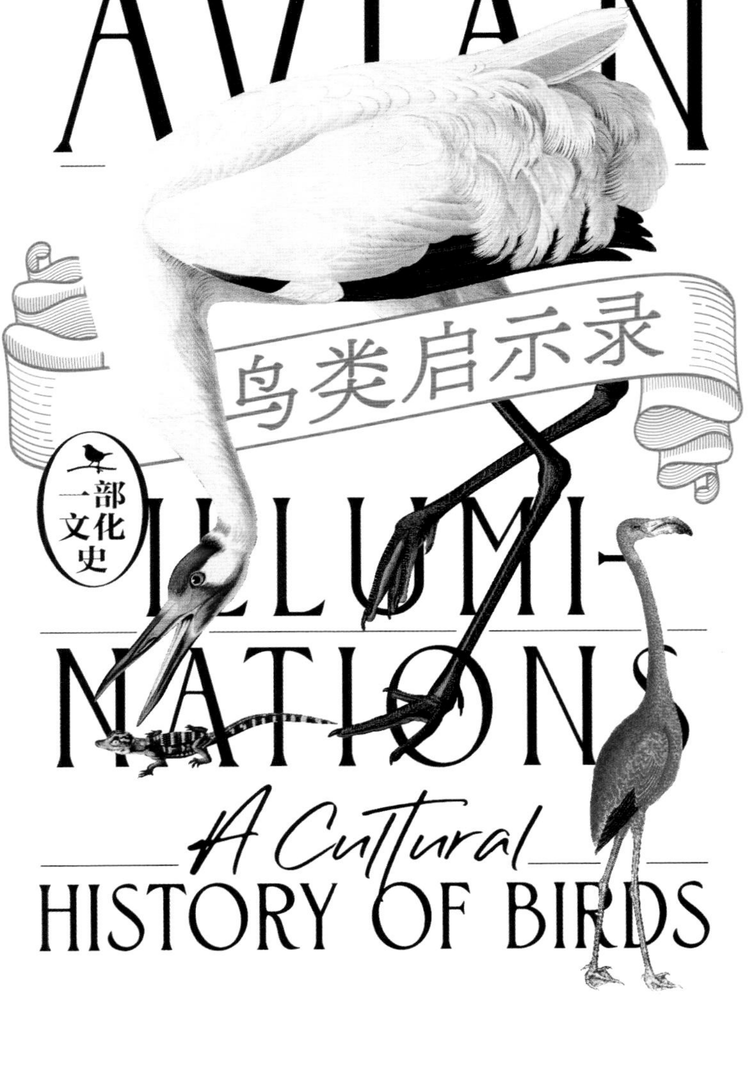

Avian Illuminations

Boria Sax

[美] 博里亚·萨克斯 著

陈盛 译

献给琳达
我的凤凰

目录

《哀悼基督》，乔托·迪·邦多纳，约1308年，湿壁画。
天使们就像一群飞鸟，尤其是他们通过动作表达自己情感的方式。
可见画家一定仔细观察过鸟类

引言

亲爱的，但愿我们是浪尖上一双白鸟！

——W. B. 叶芝，《白鸟》

森林里的一个池塘边，一只鸟脱下羽衣，变成了一个女人。一个男人看见她在池中沐浴，爱上了她，于是把她的羽衣藏了起来，这样她就无法变回鸟身飞走了。她答应和他结婚。后来，两人还生了孩子，幸福快乐地一起生活了许多年。一天，她找到了她的羽衣，穿上后化身鸟儿飞走了。这就是最经典的"天鹅姑娘传说"，全世界有成百上千个不同版本。在斯堪的纳维亚的版本里，妻子通常是天鹅，在日本是鹤，在近东则是鸽子。[1]

有的版本里，性别发生了对调，类似"美女与野兽"的故事。北欧有许多关于天鹅骑士的传说，还有几家贵族自称是天鹅骑士的后裔。传说，有一天，克里维斯的碧翠丝公主向外眺望莱茵河，看见河上有一只白天鹅，它的颈项上套着一条金链子，链子后面拉着一条小船，船上站着一位骑士。她对这位骑士一见钟情。两人很快就结了婚，幸福地生活在一起，还生了几个孩子。骑士警告碧翠丝，永远不要问他的家庭出身。一天，她随口问他是否最终会告诉孩子们他来自何方。不料，接下来他竟向家人们道别，唤来了他的天鹅船，登上船后顺着莱茵河而去，从此消失在远方。[2]这位骑士很可能原本就是一只天鹅。

这些动物情人的故事跟我们对爱人甚至自己所隐瞒的东西有关。这类故事之所以流传甚广，主要是因为它们基于一种普遍的经验。看见一只天鹅在空中展翅飞翔或在水中游弋时，你一时间会觉得自己跟它无比亲密。接着，当它消失在远方，你又会感到自己被排除在它的领域之外。我称之为"鸟的启示"(avian illumination)，即一个人或一群人对与之有联系的鸟类产生了一种强烈的认同感。人和动物之间的差异开始消弭，尽管只有片刻，但这个人很可能已悲哀地意识到自己是无法飞翔的。

飞翔使鸟看起来受到了神佑，在字面意义上接近天国。也许在所有文化中，这都是哲人圣贤的一个特质。米尔恰·伊利亚德写道："变成鸟的能力是各种萨满教的共同特征，不光是土耳其－蒙古族，还是北极、美洲、印度以及大洋洲的萨满教特征。”[3] 各种神话传说不断讲述着人变成鸟的故事。天使体现了人与鸟融为一体的人类梦想，这不仅体现在天使的翅膀上，而且体现在他们身后通常像羽毛尾巴一样展开的色彩鲜艳的飘逸长袍上。甚至连他们的歌声也宛若鸟啼。在犹太教、基督教和伊斯兰教的传统中，天使还扮演着近似希腊罗马的预言鸟的角色，是上帝或众神和人之间的信使。

我曾见过两只冠蓝鸦围攻一只鹰。这鹰栖息在小溪旁的一根枯枝上，毫无疑问已入侵了冠蓝鸦的领地，附近很可能有它们的一窝雏鸟。冠蓝鸦在这只猛禽的头上盘旋，甚至不顾危险俯冲到鹰喙下方，似乎是想激它扑将过来。这鹰一动不动地在那里停了好一会儿，这才抬起翅膀，不徐不疾地张开来，拍动几下后嗖的一声飞走了。它走后，两只冠蓝鸦似乎也消失了，但一分钟后，我瞥见其中一只从我头顶静静地掠过。这是一场生死较量，然而，对鸟儿来说，这或许只是家常便饭。

在麦尔维尔的《白鲸》中，作者的第二自我——水手以实玛利讲述了他平生第一次见到信天翁的情景。这只信天翁被船上的绳索缠住，掉到了甲板上。“虽然它身体并未受伤，却发出哭声来，就像什么帝王的鬼魂在不可思议的灾

《信天翁》，出自《全景》杂志（1837）。
一名年轻男子看见一只信天翁从自己的头顶上飞过，于是萌生了出海的念头

一只乌鸦和一只鹰在空中正上演一出好戏

难里哭。从它那难以描摹的、奇异的眼神中，我认为我已窥探到它掌握有上帝的秘密。”他目瞪口呆地盯着这只鸟，浮想联翩，不知过了多久才从白日梦中醒过来，这才想起跟自己的水手同伴打听一下这个生物。对方随口说道，这并不是什么超自然的生物，而是一种相当常见的鸟。[4]

加拿大小说家格雷姆·吉布森在加拿大北极圈地区目睹了高高栖息在巨石上的一只矛隼突然冲下来追捕路过的一只渡鸦的一幕。渡鸦虽然速度稍慢，但动作更为灵活，能在空中不断地上上下下、转来转去。它有时差点儿被抓住，却总能甩掉追捕者。不久，又来了一只渡鸦，摆出了一副假如同伴被抓它就会介入的架势。接着，又飞来了第三只，在上空不断地盘旋。最终，矛隼放弃了追捕，回到了之前的栖息处。这种体验，用吉布森的话来说，就是“近乎狂喜”。然而，正如吉布森解释的，这类事件既无法预测，也不可能完整再现，因为只有在一切结束、自我意识恢复之后，我们才会感知到它们。[5]吉布森至少收获了一只矛隼和三只渡鸦的故事，有时，你却连一点谈资都没有。比如，你看到了一只北美黑啄木鸟，觉得它很特别，却解释不出原因。

在诗人的作品中，我们常常可以找到鸟类给人的启示。例如，在杰拉尔德·曼利·霍普金斯献给“我主基督”的《隼》一诗中，诗人写道：

> 今晨我遭遇晨之宠臣，昼光王国的太子，黎明引升的斑隼，乘 / 绵延起伏在它下方的稳风，高空 / 迈步，瞧他盘旋驾着涟漪的翼之缰 / 而忘我！接着荡，荡，向那边荡……[6]

假如一个人看见一只哺乳动物或爬行动物，不管它多美、多稀有、多富有象征意义，都很难引发如此兴奋与激动之情，这种情绪有时甚至接近于宗教狂喜。这种极端重要性在很大程度上是人鸟关系所独有的。

并非所有来自鸟类的启示都如此强烈或富有戏剧性，我们甚至有可能根本意识不到它们。然而，即使跟野外鸟儿所产生的情感共鸣只有一瞬，也足

《振翅欲飞的红隼》，出自19世纪下半叶的一本博物学书籍

《云雀之歌》，儒勒·布雷顿，1884 年，布面油画。描绘了一种鸟启

以引导我们超越以人类的经验和价值标准来解释宇宙万物的平常视角，揭示出一系列令人振奋的、未曾预见的情感、认知和哲学上的可能性。这种相遇使得人们把鸟类的行为解释成神谕。

人和鸟之间的联结比两者任何一方都要古老得多。他们的共同进化可以追溯到数亿年前，即哺乳动物和恐龙分化之时。很早以前，哺乳动物真的是在“仰视”鸟类，至少是在“仰视”鸟的祖先们，就像我们如今这样，只不过原因有所不同。恐龙，至少绝大多数是不会飞的，但比同时代的啮齿类哺乳动物要大得多。极有可能的是，哺乳动物非常怕鸟类的祖先，有点像田鼠见到猫头鹰。从那时起，这两类动物就不停地相互观察、彼此适应。

对人类而言，进化故事就是我们的史诗，是我们的起源神话。在古早的自然科学书籍里，进化过程被描绘成一个童话故事。一种英勇的鱼从水中爬上岸，移居陆地，最终变成了人。他渐渐长出了双腿，并学会了直立。他驯服了烈火，研发出新的武器，战胜了一些庞大且强大的敌人。现在通行的书籍则客观了一些，也更为专业和复杂，但其进化故事仍充满了激烈的挑战、冲突和友谊。

在这部浩瀚的进化史诗中，没有哪一幕比 6500 万年前一颗巨大的小行星

始祖鸟，一种介于有羽毛的恐龙和鸟类之间的过渡生物。
该图由扬·斯洛伐克于 20 世纪末或 21 世纪初绘制而成

撞击地球从而导致恐龙灭绝更富有戏剧性了。几种恐龙奇迹般地逃出生天，演化出飞行的能力，自然而然走上了进化成鸟类的道路。没有哪起事件比这更神奇的了。我们已把恐龙视为我们的代理祖先 (surrogate ancestors)。当然，就进化而言，事实并非如此，但我们对恐龙所表现出来的兴趣要远远大于我们对哺乳动物远古亲戚的兴趣。我们把自己视为“优势物种”，认为恐龙也是。最终，我们在许多方面把恐龙进化成鸟视为某种形式的复活。我们希望自己也能如此。总之，恐龙几乎从各方面反映出作为人类的我们是如何看待自己的：强壮、脆弱、邪恶并受到了神佑。[7] 也许可以这么说，恐龙是鸟类的“父母”，是人类的“养父母”。

让我们设想一下在有记载的历史出现之前，一个人在山顶观察鸟的场景。那时，被吹得神乎其神的人类的“自我意识”才刚有点苏醒，因此当一个人聚精会神地关注某个东西时，极易将自身代入关注对象。天空是鸟类的领地，跟今天相比，对当时的人类而言更是另一个国度，实际上是一个超然的国度。但人类的想象力比这更生动、更强大，感觉也更为深刻。人类的个体认同可以被轻易渗透，而集体意识才刚刚开始出现。一个人的存在，除了取决于他吃什么，更取决于他看见了什么。一些松鸦在围攻一只猫头鹰，还有两只鹰在跳交配舞，它们的鹰爪交扣在一起。我们的主人公与隼一起猛扑，与百灵一起歌唱，与秃鹫一起翱翔，与乌鸦一起玩耍。数千年的所谓“文明”已遮盖住但并未抹去那幅远古图景。鸟类仍然很适合用来顿悟，部分是因为它们突然出现并夺取了人们的注意力，无论是通过一声啼鸣，还是通过空中那抹戏剧性的剪影。

理解鸟类及其与人类的关系就像是精准地描绘你在一片小树林里看见的一只孤鸟一样。你听见一声鸟叫，举目四望，最终在树枝上瞥见了它。它一刻不停地转来转去、蹦蹦跳跳，扑腾着翅膀乱飞乱窜，最后停落在不远处。随着它从日光中飞进树荫里，接着又飞出来，它似乎在不停变换自己身上的颜色。可见，描绘必须考察多种视点并加以综合，然后还要解释它们为何会有差异。同样，本书将把鸟类学、绘画艺术、历史、民间传说、文学等各方观点汇集在一起。我还将努力地把事实、故事、图像编织在一起，就像鸟儿用细枝、纱、蛛网、毛皮和其他材料搭建鸟巢一样。

我写本书是为了展示在由思想、实践、恐惧、希望所构成的我们所说的

一只展翅飞翔的天鹅

“人类文明”的矩阵中，我们和鸟类的关系到底有多紧密。我认为，这种相互联系如此深切，以至于一个没有鸟类的世界实际上意味着人类的末日，尽管我们会继续传递一些近似人类 DNA 的物质。鸟在人类社会里扮演着多重角色，包括预兆、食物、信使、清道夫、神明、环境指示物、宠物和装饰图案，但最重要的是，它们是我们愿望的化身。陆生动物、海洋动物虽然也告诉了我们关于自己的许多事，但鸟类的特别之处在于它们揭示了我们希望成为的样子。

现在是 2020 年的春天，我在家中写作。我的家位于纽约州的怀特普莱恩斯市，离新型冠状病毒肺炎的全球“震中”不远。被认为“非必要”的店铺都停业了。我所教授的大部分课程也被取消，于是我通常整天待在家里。在我们公寓附近，有一窝旅鸫的雏鸟。在正常时期，它们的声音可能会被城市的喧嚣淹没，喧嚣无所不在，但我们已经习惯了，所以往往注意不到它。每天早晨在太阳升起之前，妻子和我都能听到鸫鸟在叫，啁啾声悦耳动听，却是断断续续的。一天又一天过去了，逐渐有了调子，又过了一段时间，终于连成了一曲乐章。

正在给雏鸟喂食的旅鸫

第一部分

哲学与宗教中的鸟类

1　平行世界

这是一座以大鸟命名的高山，这只名鸟
将从这里起飞，它的大名将响彻世界。
——列奥纳多·达·芬奇

从进化的角度来说，我们和鸟的关系其实并不密切，但令人惊讶的是，双方的共同点竟如此之多。鸟和人都严重依赖视觉和听觉。两者流动性都很强，却都建造了至少是半固定的居所——它们是鸟巢，我们是房屋。它们的羽毛就像我们的衣服一样。鸟和人都是温血动物，也都是二足动物。我们都有精心设计的求偶仪式，也都会照顾自己年幼的后代。这两个群体相对而言都是一夫一妻制的，鸟类和人类社会的基本单位也大多是核心家庭。许多鸟甚至会将喙交扣在一起，看起来就像人接吻一样。鸟和人看起来都不太像动物，事实上，我们常常说“鸟和动物”，仿佛鸟是单独的一类。

也许，鸟类和人类最引人注目的共同点是，形成了灵活多变、种类庞杂的社会团体。许多鸟类都会远距离迁徙，所以它们和人一样，也组成了一个全球性的社会。它们结成庞大的鸟群，有时甚至是跨种混群。不同种的鸟还能通力合作，比如一起围攻一只猫头鹰。一些鸟，比如秃鼻乌鸦和织雀，生活在类似于城市的聚居地。鸟还能和其他非鸟类生物建立关系，比如渡鸦群会和狼群结伴而行。鸟与人结成了多种多样的共生关系，一起采集蜂蜜、猎杀小型哺乳动物、创作乐曲，等等。

鸟类行为总会让人联想到人类习俗，两者之间的相似性是许多预言、诗歌、科学理论的灵感来源。乌鸦聚集在死去的同伴周围，齐声哀鸣，古怪得就像一场人类的葬礼。鸟类的求爱行为中，有些做法诡异得像是人类活动，比如跳舞、唱歌、建房、家居装修等。这些相似之处意味着一种令人费解的生物趋同，又或许是文化趋同，仿佛鸟类独立发展出了我们所说的“人类文明”。

《准备过夜的鸟儿们》，J.J. 格朗维尔，约 1842 年，水彩版画。
这些鸟似乎生活在一个许多方面看起来都很像人类社会的社会里

天和地

英语里的“human”（人）源自拉丁语里的“*humanus*”，它跟意为“地”的“*humus*”密切相关。英语里的“bird”（鸟）来源不明。在古英语里，鸟写作“fowl”，直到 14 世纪，才开始被“bird”取代。有趣的是，那时的“bird”也可指“小姑娘”，该用法在英式俚语里一直延用至今，大致相当于美式英语里的“chick”一词。“fowl”源自日耳曼语里的“fleug”，它是英语“fly”（飞翔）的词源，其原义可能是“能飞的生物”。[1] 这也是意为“鸟”的德语词“vogel”和俄语词“ptitsa”的原义。人是地上的生物，鸟则是空中的生物。

克洛德·列维－斯特劳斯是这样描述鸟的：“它们形成了一个独立于我们的社会，但正是由于这种独立性，在我们看来它们似乎是另一种社会，这种社会与我们生存的社会是对应的。”列维－斯特劳斯还认为，人和狗的关系与人和鸟的关系正好相反，狗远没有建构起一个独立的平行社会，因此只能在人的领地里占有一席之地。他指出，我们给狗起的名字像人名，但又略有不同，

《舞燕》，歌川广重，约 1878 年，木版画。
图中鸟儿们的举止诡异得令人联想到人类的一些活动

《鸟类学寓言》，出自布封伯爵乔治－路易·勒克莱尔的《自然史》(1773)，水彩版画。图中左侧的两个小孩渴望能像鸟一样飞翔

比如“费多”“罗孚”。正因为狗属于人类社会，所以给狗起人名有造成我们双方身份焦虑的危险。相比之下，我们会毫不犹豫地给鸟起人名，比如“珍妮·鹪鹩”（Jenny Wren）、“罗宾·知更鸟”（Robin Redbreast）、“罗伯特·知更鸟”（Robert Redbreast）、“波莉·鹦鹉”（Polly Parrot），但往后又用同一个名字来指称某个物种的所有成员。[2]

甚至连公鸡这类家禽似乎都是一个更大的鸟类社会的一部分，它们在人类的等级制度里从来没有一席之地。用列维－斯特劳斯的话来说，“全部条件都从客观上促使我们把鸟类世界比作人类社会”。[3] 他举了契卡索人中鸟部落的例子，他们以不同的鸟类来识别族内成员。[4] 另外还有一个例子是博伊尔斯的书《鸟》。博伊尔斯是希腊古典时代晚期的神话作家，奥维德就受到了他的影响。该书现仅存零散的片段，书中把所有的鸟都视为变形的人。[5]

《周礼》成书于公元前 2 世纪，是一本论述社会组织的书。根据它的记载，少昊登基时有一只凤凰从天而降，他便以鸟来命名其王国内的所有官职：执掌天文历法的历正为“凤鸟氏”；主夏至、冬至的司至为“伯赵氏”；掌管人民教化的司徒为“祝鸠氏”；主军法的司马为“雎鸠氏”；掌刑狱、纠察的司寇为“爽鸠氏”；掌管工程的司空为“鸤鸠氏”；负责公共事务的司事为“鹘鸠氏”。聚集百姓、召开集会的五官合称为“五鸠”；主管农事的官名叫“九扈[1]”。[6] 以鸟名官的原因与其说是就个体而言鸟像人，不如说是两者拥有相同的组织模式。

这一点在18世纪中期蒲松龄的《聊斋志异·竹青》中表现得淋漓尽致。一个名叫鱼客的年轻人进京赶考，不幸落榜，在回家的路上，用光了盘缠，只好在吴王庙里歇脚。他对着道教里乌鸦的守护神吴王的神像跪拜祈祷时，忽然出现一个人，把他带去见了吴王。这人跟吴王说道：“黑衣队尚缺一卒，可使补缺。”吴王答应了，给了鱼客一套黑衣。鱼客穿上黑衣后，变成了一只乌鸦，振翅飞走了。他后来还娶了一只雌乌鸦，并加入了一个鸟群。一天，他被弓箭射中，伤重不治，突然醒来后，发现自己已变回人身，躺在吴王庙的地上。围观的人们很同情他，凑了些钱送他回家。后来，他终于中举了，回到吴王庙，给乌鸦们献祭了一只羊，于是再度被授予黑衣。[7] 在余生中，他和妻儿们一起在乌鸦和人这两个身份间来回转换，而这两个世界是如此紧密相连、

《北美草地鹨》，西奥多·贾斯珀，彩色石印画，出自施图德的《通俗鸟类学》(1881)。鸟儿栖息在小山顶上，山下有人。它们交换着眼神，似乎满腹狐疑且沮丧地注视着下方的男男女女

1　“扈”是农桑候鸟，有九种，“以九扈为九农之号，各随其宜，以教民事”，而不是作者误以为的九尾鸟(nine-tailed birds)。(本书脚注均为译者注)

并行不悖，以至看起来几乎是同一个世界。

根据 1486 年出版的一部关于鹰猎、狩猎和纹章的英语专著《圣奥尔本斯之书》的记载，不同的鸟类对应不同的贵族等级。雕对应的是皇帝，矛隼对应的是国王，雀鹰对应的是王子，游隼对应的是伯爵，猎隼对应的是骑士，灰背隼对应的是贵妇人，等等。这种配对并不是在规定谁可以用何种猛禽来狩猎，此种特权一般只受个人预算和技巧的限制。在欧洲，人们鹰猎时不会用雕，也不会用到名单上某些其他的鸟，比如鹫。说得更确切些，这份清单就是一连串等价数字，一个人就在这通往完美的阶梯上拾级而上。[8]

《鸟类的世界》首次出版于 1853 年至 1855 年间。在这本极具影响力的书中，阿方斯·图斯内尔用鸟类生活来巧妙地比喻人类历史，叙述视角包括民粹主义、排犹主义和仇英主义。他开门见山地说道："法国的鸟类历史，自大杜鹃始，除了一连串乏味的偷窃、敲诈、谋杀、掠夺，就别无他物了。"在他看来，受害者是那些希望安居乐业的鸟类公民。按照图斯内尔的说法，渡鸦和喜鹊是不诚实的哲学家，他们巧舌如簧，借此大行贪污腐败、欺世盗名之事。雕是贵族特权的化身，类似于罗马、迦太基、英格兰和威尼斯的堕落的统治阶级。把自己的脖子和头插入尸体中的秃鹫跟犹太银行家一模一样，他们的压迫手段已渗透到社会最私密的领域。猫头鹰是刺客，是"阴险邪恶的杀人鸟"，因为它吃自己的同类，所以会让人联想到活人祭祀。[9]

我们还发现，1948 年迪安·雷斯纳[1]导演的电影《卿卿我我》也用鸟来打比方以描绘人类社会，影片中的所有角色均由受过训练的鸟扮演。绝大部分的鸟都是长尾小鹦鹉，它们通过帽子、蝶形领结、围裙、学位服等配饰和妆容与人类的各行各业联系在一起。故事发生在一个名叫"奇彭代尔"的美国中西部小镇上。主人公名叫比尔·辛格，他出身卑微，是一名出租车司机兼志愿消防员。他成功地把一只四处劫掠、杀戮的乌鸦诱入圈套，从而救了心上人——一个名叫酷儿的上流社会女孩——以及全镇人的命。

这种平行时空的叠映并非总是那么明晰，但在民间传说和文学作品中，鸟确实相当于某类人的这种观点层出不穷。因为我们觉得鸟存在于一个与我们的世界平行的国度里，这表明天上每一只鸟儿的故事在地上都有与之相应的

1　此处作者误作 Chuck Reisner Jr。译文据官方资料改正。

人类故事，所以观察鸟的飞行才会成为一种常用的占卜法。

图腾崇拜

我们该如何称呼这种平行性，以及人和鸟之间这种相互交织的命运感呢？虽然想不出十分贴切的类比，但脑海中会浮现“图腾崇拜”一词。有的词很专业，意义狭窄；也有的词含义宽泛，稍作变动就能适合多种语境，比如“图腾崇拜”。我们通常认为该词指的是一个物种和一个部落之间的关系，但也许鸟类应该被称为“人类的图腾”。

对于19世纪下半叶的许多民族学家来说，图腾崇拜是指人与另一物种（比如鹰或狼）有宗系关系的信仰。对于人类学家克洛德·列维－斯特劳斯来说，它意味着以自然界中生物的分类为模型来划分人类及其制度。[10] 当代人类学家菲利普·德斯科拉认为，图腾崇拜指的主要是澳大利亚原住民神话中黄金时代[1]的原始动物崇拜。[11]

环保主义者把图腾崇拜说成是“亲生命性”（biophilia），爱德华·威尔逊将其定义为：“人类与生俱来的与其他生物间的情感纽带。”[12] 认定热爱自然是有遗传基础的，这似乎调和了环保主义中浪漫派和科学派之间的冲突。但是，传统意义上的图腾崇拜指的是与某种特定动物（比如鸟）之间的从属关系，而亲生命性则更多地指向自然景观和植被。

图腾崇拜的又一个变种——罗伯托·马尔凯西尼的“动物顿悟”（animal epiphany）概念则更侧重于个体。[13] 在一段时间内，个人和动物之间的界限模糊到几乎消失。透过动物，他对自己是什么、不是什么有了全新的认识。个人甚至人类的身份受到了挑战，被重新定义，有所扩大，但最终得以再确认。

还有一个跟图腾崇拜有关的概念是“伴侣物种”（companion species）。它由唐娜·哈拉维首先提出，如今已被广泛使用，指的是那些共同进化并在漫长岁月里创造出了一个共享环境的物种。这些物种之间的相互联系既有文化上的复杂性，又有直接的务实性。其主要例子是人和狗，但人类的伴侣物种

1　黄金时代 (Dreamtime), 又称“alcheringa”，是澳大利亚一些原住民神话中始祖诞生的时代。

名单上还有猫、蜜蜂和谷物。[14]

我们所拥有的鸟类伴侣物种与哺乳动物伴侣物种的数量大致相当，人的鸟类伴侣物种有原鸽、鸭子、鹅、天鹅、鸡、孔雀、隼和渡鸦等。这少数几种鸟把我们和其余约 1 万种鸟联系在一起。这种关系在某种程度上就像一个人嫁入了一个大家庭或大宗族，于是和既非血亲又在地缘上不相近的许多人建立起了亲缘关系。

在我看来,这些迥然不同的阐述并没有使“图腾崇拜”这个概念变得支离破碎、不合逻辑，反而使它富有联想性。尽管它们之间存在着差异，但都在试图理解一种单一关系。我所使用的“图腾崇拜”指的是人对一群动物产生了亲密认同感，甚至达到了和这些动物之间的边界有所模糊的程度。我认为，这包括且通常能阐明前文所提及的那些定义。这样来理解图腾崇拜,就几乎能在所有文化里找到它，无论这个文化是原住民的、现代的，还是后工业化的。这个概念还适用于纹章，许多贵族家庭及其他许多机构组织都用艺术化的狼、隼、狮子等动物形象来代表自己。崇拜哺乳动物的图腾使人换上了一个新的身份，或使自身身份有所扩展，但崇拜鸟类的图腾会让人活在一个完全不同的自然环境里。鸟在我们的领地里总是来去自如，但几千年来，我们只有在梦里才能涉足它们的领地。

代达罗斯及其后继者们

代达罗斯的故事激励了两千多年来包括列奥纳多・达・芬奇在内的、做梦都想模仿鸟类飞翔的几乎所有人。[15] 阿波罗多洛斯等许多人都讲述过一个神话故事：米诺斯国王下令将代达罗斯及其儿子伊卡洛斯囚禁在由代达罗斯自己设计的建筑奇观——迷宫里，代达罗斯为自己和儿子制作了翅膀，两人飞过墙壁逃了出来。伊卡洛斯没有听从父亲的指示，飞得离太阳太近，导致粘黏翅膀羽毛的蜡融化，掉进海里淹死了。[16] 代达罗斯还创制了许多其他奇物，比如可以自行移动的雕塑。

在希腊神话里，人变身成其他物种是很常见的。在另一个相关的神话里，代达罗斯的外甥塔洛斯变身成了一只山鹑。[17] 在代达罗斯逃跑故事的较早版

《代达罗斯和伊卡洛斯》，阿尔布雷特·丢勒，1493 年，木版画。
伊卡洛斯和一只鸟并排扎入水中，这提醒我们一些鸟还有另外一种能力是人类难以仿效的

本里，他可能是一个变形人，一个能变成鸟的萨满。随着人们对技术的兴趣越来越大，对魔法的迷恋越来越小，人们便将他的故事合理化，把昔日的巫师变成了机械方面的天才。

柏拉图的对话录中，主角苏格拉底自称是代达罗斯的后裔。[18] 他相信灵魂转生说，不认为人类有任何特殊之处。对苏格拉底来说，转世为动物可能是一种奖赏或仅仅是一种改变，而不是惩罚。在柏拉图的《理想国》里，苏格拉底提到了许多重生为鸟的名人。荷马史诗中的英雄阿伽门农在对人类失望透顶后选择重生为一只鹰。传奇歌唱家赛缪洛斯重生成了一只夜莺。一种秘教 [1] 的核心人物俄耳浦斯选择重生为一只天鹅。同时，也有许多鸣禽选择转世为人。[19]

1　此指俄耳浦斯教，又译为奥尔弗斯教，是出现于公元前 8 世纪至前 7 世纪的一种有着神秘入教仪式的宗教派别。

代达罗斯的故事在柏拉图《理想国》的“洞穴之喻”中得到了呼应，“洞穴之喻”被许多人认为是柏拉图哲学思想的终极表述。苏格拉底解释道：设想有一些人一出生就被囚禁在一个洞穴里，他们被锁链束缚，只能朝前面的洞壁看，身后是一道矮墙，上面有人抬着动物和各种不同物体的塑像，再往后还有一堆火。火光把物像投影在囚徒面前的洞壁上，囚徒们误以为这就是现实，因为这是他们所知道的一切。这个洞穴跟关押代达罗斯的迷宫有相似之处，可以视作一个巨大的地下迷宫。

假如我们从字面意义上来理解这个隐喻，它就会显得很荒诞。首先，除非有仆人在一旁不停地伺候着，否则囚徒将无法维持正常的吃喝拉撒。虽然他们被监禁着，但一切似乎都围着他们转，精心设计的火光秀完全是为他们上演的。但洞穴本身也许就是以人类为中心的幻觉。它代表的是人类社会，身处其中的人受着无数的期望、习俗、行为准则等的限制。这些限制内嵌在我们的语言中，内化得如此彻底，以至于许多人早已别无他念。

代达罗斯是机械艺术的化身，佛罗伦萨的圣母百花大教堂的正面就有一幅他的浮雕，是安德里亚·皮萨诺工作室的作品。达·芬奇应该很熟悉这件雕刻品，因为它被摆在他成长的这个城市里极为显眼的地方

苏格拉底接着讲道：有一天，一个囚徒从洞穴里逃了出来，来到洞外。一开始，他无所适从，但还是渐渐地学会了辨认树木、生物、河流、太阳、月亮等。他回到洞穴告诉其他囚徒，他们所认为的真实只不过是一个更大现实的影像而已，但其他囚徒就是理解不了他的话。如果他坚持跟囚徒们说，他们的生活是建立在幻觉之上的，他就会激怒他们，甚至有被杀的风险。[20]

苏格拉底和柏拉图的“理型论”(Theory of Forms) 认为，我们日常生活中的物体就像洞壁上的影像，无非是一个更大现实的苍白复制品。哲学家通过思考理念以接近那个现实，同时使自己从世俗烦恼中解脱出来。理型论常被人批评是关注虚无缥缈的抽象概念而无视实际问题的借口。但这一哲学思想跟许多原住民的哲学观有相似之处，尤其是澳大利亚原住民的，对后者而言，今日之事只是世界诞生之初的黄金时代之事的回响。[21]

苏格拉底自称是一个能变身成鸟的巫师的后裔，尽管只能变成一只人造鸟，但这也接近于自称是鸟的后裔了。他是一个极端的理性主义者，但也是一个神秘主义者，其个性中这两面之间的分歧并没有看起来那么大。科学总有那么一面，虽然不是非理性的，却有理由被称为“神秘的”，因为它揭示出我们通过感官所知道的日常现实其实是一种幻觉。它展示给我们的不是一个静物——比如一棵树，而是各种力量、物质以及不断变化的情境的产物。从洞穴里逃出来的那个囚徒是某种萨满，其故事的基础则是图腾崇拜。

假如苏格拉底真是代达罗斯的后裔，那么伊卡洛斯至少也是他的远亲，甚至可能是他的祖先。那个逃出洞穴的囚徒是代达罗斯和伊卡洛斯两人的合体，他逃出洞穴就像鸟儿飞出樊笼，从其同伴中脱颖而出。一开始，他不知所措，更像那个倒霉的儿子伊卡洛斯。在他学会辨识物体后，就和父亲代达罗斯一样了。当他活下来并返回洞穴时，就成了苏格拉底，他努力把世界的理型传达给那些不理解的人，且注定要被雅典人处死。

飞行

据乔尔乔·瓦萨里说，达·芬奇会到集市上去买笼中鸟，然后放飞它们。[22]假如这事属实，达·芬奇这样做肯定不光是为了给予它们自由。在一个没有可靠的望远镜的时代，这是近距离观察鸟类究竟如何飞翔的唯一方法。达·芬奇希望揭示鸟类飞翔的机制，从而应用在空中飞行器上。1506 年左右，他完成了一份关于鸟类飞行的手稿，其中有多幅插图，以及在羽毛构造、体重分布等问题上的详细注记。这些插图虽简明扼要，但展示了当鸟从地面起飞或遇到风时，翅膀是如何移动、伸展和收缩的，和之前欧洲所有这方面的绘画描述得一样准确。[23]然而，在达·芬奇的画作中，鸟，尤其是飞鸟，明显是缺席的。

他把自己初步设计的飞行机械装置称为“鸟”。在他那份手稿的结尾，他预言道：这只“鸟”“将从西塞罗山的山巅首飞……它将名震寰宇，给它诞生的巢穴带来永恒的荣耀”。[24] 然而，没有记载显示这一飞行曾经发生过。

虽然可能只是一个传说，但达·芬奇买笼中鸟放飞这一举动却有一种近乎诡异的相符性。达·芬奇是一位拥有伟大梦想的艺术家。他的极高声誉主要建立在他本应该、本可以、也许可以或即将实现的伟业上，而不是在已知的成就上（我这样说并没有责备的意思）。在整个职业生涯发展历程中，他不断投身于野心勃勃的宏大项目。而所有这些项目，要么没有实现，如他的飞行器；要么被毁了，如纪念弗朗切斯科·斯福尔扎的骑马雕像；要么不确定是不是他的作品，如香波城堡的楼梯；要么受损严重，如他的画作《最后的晚餐》。飞鸟是梦想和抱负的源泉。比起完成项目，达·芬奇可能更看重无限的可能性。难道这就是蒙娜丽莎微笑的原因吗？

出于多种原因，代达罗斯的方案在神话之外注定会失败。鸟之所以能飞，是因为它们拥有轻型构造、强有力的肌肉和高效的呼吸系统，这些都是人所没有的。1504 年，当达·芬奇在研究鸟类飞行时，苏格兰詹姆斯四世的宫廷里有一位名叫约翰·达米安的意大利人，他做了一副翅膀，试图模仿代达罗斯从斯特灵城堡的城墙上飞下来，但他直接掉了下来，还摔断了一根骨头。

而当发明家们抛弃飞鸟模型和大量相关的浪漫想法时，才终于实现了空中飞行的梦想。1783 年，人们在巴黎做出了一个热气球，该装置与鸟毫无相似之处。1903 年，莱特兄弟试飞成功的第一架飞机保留了鸟的基本身体轮廓，有翅膀和尾巴，但与鸟翅不同的是，机翼并不会拍动。现在，工程师和科学家们仍在研究鸟类中的超级飞行家的飞行机制，比如蜂鸟的飞行机制，希望可以把它们纳入飞机的设计，但技术如同艺术，源于模仿，又会离模仿越来越远。

自从人类会飞以后，鸟类似乎就不那么令人敬畏了。然而，我们的飞行器仍然缺乏鸟的那种轻松和自然，只要鸟想，它们随时可以离开地面，随意改变方向，无需任何准备或筹划。而坐在客机座位上的人，即便是在空中，也会有一种禁锢感。飞行远不只是海拔的上升。

假如一只金丝燕——一种适应了洞穴生活的南亚小鸟，会像蝙蝠一样通过回声定位——飞进了柏拉图的洞穴，会发生什么事情呢？囚徒们将难以描述这只鸟，会困惑于它出现和离开的方式。起初，他们可能会说这只金丝燕

《坐在滑翔机上射鸟》，出自亚当斯·美林的《大觉醒》(1899)。
在莱特兄弟试飞世界上第一架飞机的十多年前，就已经有人构想出了图中的这种飞行器。
该图表现了人们时而羡慕又时而怨恨鸟类拥有飞行能力，但同时也渴望拥有这种能力的心理。
坐在飞行装置里的这个人试图通过射杀鹰来为人类宣誓对天空的主权

在这幅 J. J. 格朗维尔所作的水彩版画里，寒鸦们正在为小偷的庇护神墨丘利的一座雕像画素描。它讽刺了人类借鉴鸟类的行为模式

是幻觉，但它的投影却真实存在着。假如这只金丝燕及其伴侣在洞壁上筑巢、产卵，最终还孵出了幼鸟，那又会如何呢？也许这只金丝燕会引导囚徒们越过他们所熟悉的世界边界，甚至还能激励其中一个囚徒逃出洞穴。

要想把自己想象成一只鸟，就必须把自我身份认同暂时放在一边。你必须暂时忘记你是谁以及你所知道的一切。当我们把一只鸟拟人化，把它视为“人”的时候，就会形成一种错觉，仿佛人类的或某种具体文化的思维方式具有了普遍性。当我们试图以鸟的眼光来看待世界的时候，才会激活潜意识的直觉和已退化的感官。这将引发一系列强烈的情感，如兴奋、困惑、忧郁和惊讶。最终，我们将带着更强烈的感激之情回归日常。

白腹金丝燕在马来西亚的一个洞穴里筑巢

2 凤凰与雷鸟

他蜷曲的爪子抓着巉岩；
下临荒山野，上近太阳边，
周围的世界是一片蓝天。

底下是蠕动着的皱海面；
他站在绝壁上细细观看，
接着扑下时迅猛如雷电。

——阿尔弗雷德·丁尼生勋爵，《鹰》[1]

至少就 20 世纪而言，研究鸟类首屈一指的哲学家要数加斯东·巴什拉。很久以前，科学家们就拒绝接受万事万物都是由土、风、水和火这四大要素构成的这一观点，但巴什拉认为这四要素仍是诗歌意象的基础。当然，鸟是典型的风的生物。巴什拉认为，身份既不是一成不变的，也不是虚幻的。一个人从出生、醒来、睡觉、做白日梦、工作到最终死去，一直处于转变的状态中。这种转变的一个非常明显的象征物就是一只鸟朝天上飞去。根据巴什拉的说法，鸟在飞行中是会变形的。[1] 它们动个不停，根据风来改变自己的形体。当来自不同方向的光线照到它们身上时，它们的颜色也会发生变化，忽明忽暗。

它们似乎脱离了物质实体，就像人在梦境中一样，这一现象被巴什拉称为"梦一般的飞行"。这本质上是道家神仙的飞行。巴什拉认为它是诗歌的基础，它使物体失去了质量这一物理属性。鸟儿时而在空中飞行，时而在地面活动，这种交替活动有点像是想象与现实的对话，正是这种对话构成了人类文化。[2] 最后，鸟筑巢时会用到细树枝、杂草、纤维和附近许多其他材料。这个鸟巢是鸟的宇宙的中心，鸟筑巢的过程也类似于人到处收集图像以建构现实。[3]

这种分析可能有助于解释人类想象出来的那些鸟类的本质。人们想象出来的陆生动物往往是其他动物相对简单的组合体。独角兽是有角的马或山羊，半人半马怪则是把人的上半身加在马的胸部上。人们想象出来的鸟类在形体上可就没有那么清晰了，也更加难以描述。它们的形象更为多变，人们更可

1　译文引自《丁尼生诗选》，阿尔弗雷德·丁尼生著，黄杲炘译，上海：上海译文出版社，1995 年。

鹰巢，照片，弗朗西斯·H. 赫里克摄于 20 世纪 30 年代。

有些鸟，比如鹰和渡鸦，会一连几代都使用同一个鸟巢，且会不断地修缮和扩建这个巢

能把一个形象和另一个形象相混淆。比如，人们就常把阿拉伯的鲁克或罗克、中国的凤凰、波斯的西莫尔格和希腊的狮身鹰首兽混为一谈。在传说故事中，想象出来的陆生动物更有可能成为故事中的行动者，而想象出来的鸟则多半是在场者，仅仅出现在天空中就能预示坏天气或好运气。正如巴什拉论证的，虚构出来的鸟类很少是由真实物种的特点结合在一起构成并可以清楚描述出来的混合体，可能是因为在上天的那一刻，它们就抛弃了自己的物种。

巴什拉进一步说道，梦一般的飞行并不依赖翅膀，翅膀在很大程度上是象征性的。翻阅一下绘画作品似乎能证实这一点，因为天使，即便是在飞的天使，也很少积极地拍动翅膀。这些翅膀通常要么收了起来，要么伸展开来，但几乎都像是可拆卸的配饰一样。天使实际上是在空中行走。任何动物、物体都能被赋予象征性的翅膀。一头名叫艾拉瓦塔的长着翅膀的白象是印度教中因陀罗神的坐骑。一匹名叫珀伽索斯的长着翅膀的马是希腊神话中的英雄珀尔修斯的坐骑。虚构出来的动物，即便是那些主要生活在陆地上的，也大多被描绘成有翅膀的，比如龙、蛇怪巴西利斯克、狮身鹰首兽、鹰头马身有翅兽和斯芬克斯。这些动物如若长着鸟的翅膀，人们便会认为它们在大多数情况下是温和的，而根据西方传统，那些令人害怕的生物可能长着蝙蝠的翅膀。这些附属物只是一个符号，表明该形象不属于我们的日常世界，而属于一个超然的国度。

在我们梦里出现的失重感可能真的类似于鸟的体验。与其他动物相比，鸟相对其大小而言重量是非常轻的，这是因为鸟的骨头和羽毛都是空心的。它们之所以能飞，部分要归功于非凡的平衡感，这点在它们栖息时表现得也十分明显。大多数鸟类，无论是在空中、水中，还是在地面上，都能轻松地转移重心。许多鸟，比如火烈鸟、鹤、鹦鹉，能长时间地单脚栖息。尤其是在跳舞时，人们孜孜以求的就是身轻如燕，在音乐和其他艺术表现形式里则隐晦一些。

此外，在时间感知方面，鸟类和人类可能大不相同。巴什拉指出，一首诗创造出了它自己的节奏，该节奏与用日历、钟表计量的时间几乎毫无共同之处。诗歌中事件发展的速度比大多数人经历过的都要悠闲得多，但诗歌也可能会把多年的经历浓缩成一个瞬间。用他的话来说，诗人“基于无声的时间构建起一首诗，这时间既不辛苦，也不紧迫，还不受任何事物的控制”。[4] 鸟

《凤凰的重生》，J.J. 格朗维尔，19 世纪 40 年代。
格朗维尔想象有一只凤凰在 19 世纪中叶的巴黎重生，由此引发了一场大火。
他把自己描绘成一只从窗口往外看的猫头鹰，就在画面的右下角

类的新陈代谢比人类快得多，所以它们很可能觉得时间过得没那么快。有些声音一闪而过，快到人耳无法分辨，但鸟类却可以辨识每个单独的声音。鸟类的体验可能有点像慢速播放的电影胶卷。

人类会测量空间和时间，但我们的测量单位和我们的体验从不相符。当我们累了，距离显得更远，就像当我们玩得正开心时，时间仿佛变短了。鸟对空间、时间的理解可能比我们要全面得多。在空中，它们无须选择道路，想朝哪个方向飞，就朝哪个方向飞，要不就放弃控制，随风飘荡。我们很难想象这种自由。可能在鸟看来，空间和时间就是被它们用运动填满的东西。换言之，时空就像游泳者周围的水流，似乎是由飞翔的鸟儿不断创造出来的。

此外，虽然鸟像人一样会醒来、睡着，但我们区分梦境与现实的方式可能大不相同。对人而言，即使做梦和清醒之间存在着连续性，它们仍是两种截然不同的状态。和人一样，鸟的大脑也分为左右两个半球。与人不同的是，大多数鸟能一个半球休息，另一个保持警觉。鸣禽、鸭子、鸥和一些猛禽都是

睁着一只眼睡觉。正如 14 世纪末乔叟在《坎特伯雷故事集》的序诗开篇所言：

小鸟唱起曲调，通宵睁开睡眼……[5]

右眼获得的视觉信息由脑的左半球处理，与此同时右半球仍在睡觉。另外，鸥和其他一些鸟还能边顺风滑翔边睡觉。[6] 如果睡眠和清醒对鸟而言不是两个完全不同的状态，那么它们对事物的认知就有可能具有梦境的氛围。总而言之，就像人在睡梦里飞一样，鸟是在飞行中入睡。

凤凰

人类想象出来的许多鸟都以“凤凰”为名，其中包括埃及的贝努鸟、中国的凤凰、日本的啭啭鸟、俄罗斯的火鸟、阿拉伯的鲁克和波斯的西莫尔格。和真实存在的鸟一样，神话中的鸟也有分类问题。名为“凤凰”的是否真的都是凤凰？一只鸟能不能有别的名字，但仍是一只真正的凤凰？为了回答这类问题，对于真实存在的动物，科学家们会去查阅进化记录；对于想象出来的动物，民间传说和文学记载中的谱系就相当于进化记录，但不太有把握能追查出结果，其准确性也成问题。

约瑟夫·尼格在《凤凰：神鸟传奇》（2016）一书中重构了这只神鸟的历史。他的研究全面、缜密、透彻，甚至可能在未来很长一段时间里都是最权威的。它是一个漫长、生动的故事，涉及许多著名学者、作家，如希罗多德、孔子、奥维德、格斯纳、莎士比亚、弥尔顿、罗琳，等等。他的研究范围甚广，反倒让人对记录中的细节空白感到好奇。这有点像你开启一场从东京到罗马的环球之旅，在各个大城市停留，却没有领略城市间的乡村风光。那么，是什么把一连串图像联系在一起的呢？显然，答案是，文化传统的口口相传。传说中的和真实存在的许多鸟都影响了凤凰传说，并与之密切相关。因此，关于凤凰的历史发展脉络的任何线性描述都将无可救药地乱成一团。把凤凰视为多种文化不断互动的产物，同时也是一个永远的半成品，我觉得这样会更有帮助。凤凰的一般特征包括绚丽多彩的羽衣、飞行时飘在身后的尾羽等。它

描绘凤凰（即“中国的菲尼克斯”）的中国刺绣，19 世纪

和火、太阳，尤其是永生，密切相关。

即使在单个的文化传统内部，关于凤凰，还是有许多不确定的事情。例如，在基督教传统里，凤凰究竟是雌是雄，还是雌雄同体，尚不清楚，也无法确定是仅有一只，还是有多只。关于它的居住地，也是众说纷纭，有说住在阿拉伯半岛的，也有说住在埃及、埃塞俄比亚或印度的。它的大小和颜色也往往没有明确的说法。此外，就如此传奇的生物而言，故事的数量少得惊人。它不时被人看见，却似乎对人类的事务不感兴趣。或许，凤凰存在于一个想象的维度，在那里，科学描述的规程并不适用。

现在已知最早提及凤凰的是大约公元前 8 世纪末赫西俄德记载的一个片

段。公元前 5 世纪，希罗多德详细地描述了凤凰，并把它和埃及的贝努鸟等同起来。中国的凤凰和埃及的贝努鸟在古老程度上也许不相上下，而两者的起源都已湮没在历史的尘埃中。要想追溯它们的历史，就得把支离破碎的图片、引文和传统综合起来，这些材料与我们今天所认为的凤凰可能有关，也可能无关。《竹书纪年》是一本成书于约公元前 3 世纪初的中国史书，根据它的记载，凤凰首次出现是在公元前 2647 年黄帝的宫中，接着又出现在后来各个皇帝的宫殿里。[7] 与希腊和埃及的凤凰一样，它跟太阳有关，有着红色和金色的羽毛。从某种意义上讲，它们都是不朽的：希腊和埃及的凤凰死后会重生，而中国的凤凰永远不死。这两个形象可能都能追溯到某个原始神话里的太阳神。同样有可能的是，它们相互融合，并在几个世纪里从丝绸之路上的众多故事中汲取了新的元素，逐渐形成了如今各个文化中的凤凰形象。

在中国的“凤凰”一词中，“凤”为雄性，“凰”为雌性。它们分别代表了

关于玫瑰十字会的宇宙观的插图，奥古斯都・科纳普，20 世纪早期。
请注意，球体的下半部有五种跟炼金术有关的鸟，其下还有凤凰和鹰

阳（男性准则）、阴（女性准则）。有时，凤和凰会一起出现。但更常见的说法是，中国的凤凰为雌性，她与龙配对，分别代表了中国的皇后和皇帝。中国的凤凰在鸟中拥有至高无上的地位，不是因为它拥有一些独一无二的特征，而是因为它吸纳了其他许多生物的特征。它长着天鹅胸、蛇颈和燕喙，身上的羽毛既有孔雀的，又有雉鸡和其他色彩鲜艳的鸟类的。[8] 这种无定形性不仅仅是意见不同的结果，它本身就是凤凰的一个特性。凤凰在某种意义上可看作所有的鸟类，甚至可能是所有的动物。任何美丽、外来、神秘的鸟都能被认为是凤凰。

自从凤凰的传说有了文字记载，希罗多德和普林尼等许多作家都对它的存在表示过怀疑。然而，虽然大多数人并不相信，但关于它的传闻从未中断。在前现代，作家在写到凤凰时只会转述自己听到的，几乎从不参与它在重生前是活了 500 年还是 1000 年的争论。没人争论凤凰的家是在阿拉伯半岛还是在印度。他们似乎不认为这类细节值得辩论。凤凰已成为一种涵盖了许多具有不同特征的鸟类的范式。

在文艺复兴时期的欧洲，凤凰在一个相对较新的背景下又焕发了新的生机。炼金术士的终极目标是炼造出传说中的贤者之石（philosopher's stone），从而获得永生。这是物质和精神的双重追求。要实现这一抱负需要通过化学实验，但他们并不直接描述这些实验步骤，而是使用一种精心设计的符号语言。之所以需要加密，部分是因为担心炼金术的威力可能会被意欲滥用它的人掌握，同时也是因为炼金术容易被怀疑是巫术，有必要对缺乏炼金术专业知识的人隐瞒其活动。创造贤者之石被称为“伟大的事业”，它通常可分为 5 个阶段，这 5 个阶段有时用 5 种鸟依次代表，即乌鸦、天鹅、鹈鹕、孔雀和凤凰。[9] 可见，贤者之石最后的成品是用从灰烬中死而复生的凤凰来代表的。和中国传统中的凤凰一样，这里的凤凰似乎也能代表所有的鸟类。

极乐鸟

越接近现代，人们就越强调分类和字面意义上的准确性。诸如凤凰、独角兽之类的传说生物，博物学家们即使对它们的真实性表示怀疑，也会把它们纳

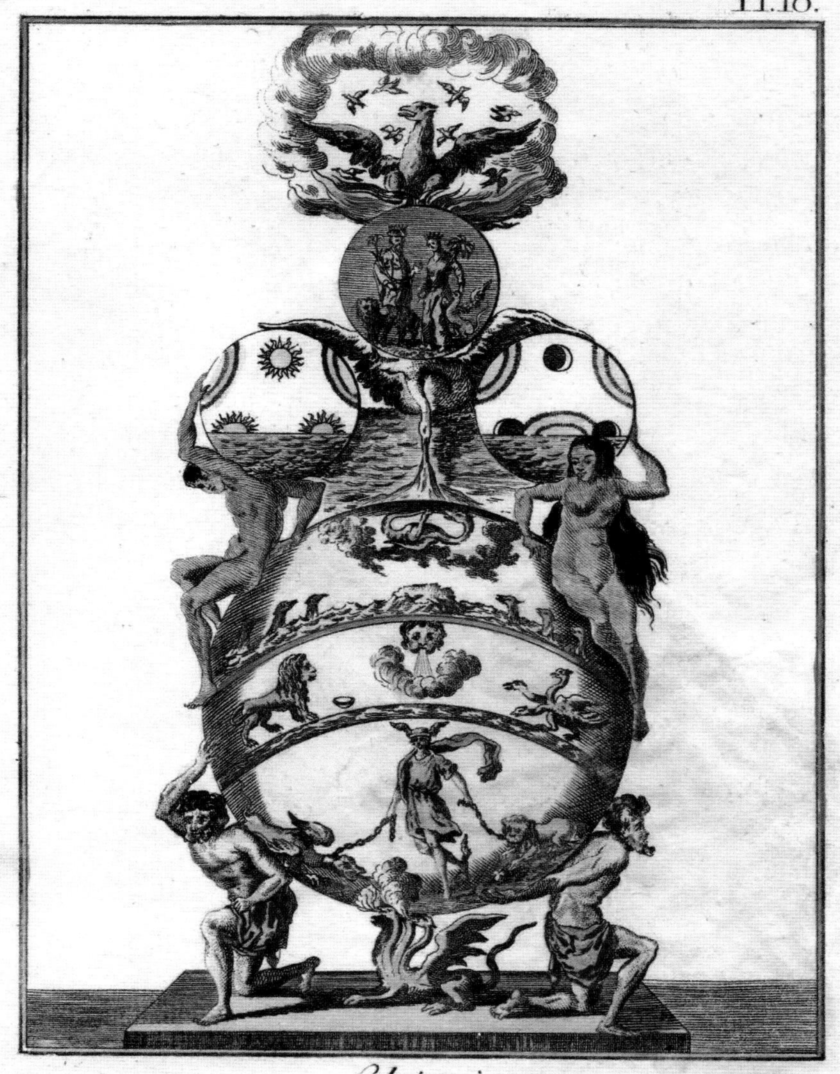

《化学寓言》，出自狄德罗的《百科全书》(1790)，水彩版画。
即使在炼金术的原则被摒弃许久之后，炼金术的符号仍继续被用来代表科学。
注意凤凰是位于宇宙之巅的

入自己的分类系统。与此同时，欧洲的商人和探险家们带着关于生活在遥远土地上的动物的传奇故事，以及各种前所未见的毛皮和羽毛回到自己的家乡。学者们试图用古老神话来辨识它们，例如红毛猩猩可能会被认为是古希腊罗马传说中的萨梯。他们在热带地区还发现了许多美得耀眼的鸟类，其中有些至少短暂地被认为是凤凰。

如今，我们把极乐鸟科的成员统称为极乐鸟（bird of paradise），它们见于澳大利亚、巴布亚新几内亚和美拉尼西亚。在早期现代，“极乐鸟”可能用来指几乎每一种来自远方的颜色鲜艳的鸟。它们的皮被带回欧洲，它们的腿通常是被折去的，于是学者把没有腿解释为这种生物完全属于天堂，从未离开过天空。

一些非常古老的传说把凤凰置于伊甸园中，说伊甸园位于东方某地，一般说是在印度。在一封流传甚广但无疑是伪造的写给拜占庭皇帝的信中，一位据称信奉基督教、名叫祭司王约翰的君主夸耀说，自己统治的国度在遥远的亚洲，拥有许多珍禽奇物，其中就包括野人、巨人、半人半羊兽和凤凰。[10]这助长了人们建立起对怪奇事物的期待。在大航海时代，水手们带回来的东西往往如祭司王约翰所描述的那样稀奇古怪。就像殖民国家的公民把原住民要么视为原始野蛮人，要么视为高尚野蛮人，他们也一会儿把雨林看作蛮荒之地，一会儿又看作天堂。

安东尼奥·皮加费塔是1519年至1522年麦哲伦环球航行的少数幸存者之一。据他说，幸存的船员带回了两只颜色鲜艳的死鸟，它们是马鲁古群岛国王送给西班牙国王的礼物。他仔细描述了它们，说它们大约跟鸫一般大，细腿，长喙，没有传统意义上的翅膀，但两侧有丰厚多彩的羽毛。除了这些羽毛，其他部位都是茶色的。这种鸟不能真飞，但能顺风滑翔。当地人说这种鸟来自陆上天堂，并把它们称为“上帝之鸟”。[11]

不久，就有其他作家对皮加费塔的描述进行了阐释性发挥，记载变得越来越不可思议。康拉德·波伊廷格是神圣罗马帝国的一名官员。他声称见过这种鸟的一具尸体，并把它的照片寄给了康拉德·格斯纳，后者把照片刊登在他的《动物志》（1551—1558）上。格斯纳采纳波伊廷格的说法，宣称这种鸟没有腿和足，因为它总在高空翱翔。据格斯纳说，人们从未见过活的这种鸟，但偶尔能在地上或水中发现死鸟。雄鸟背上有一道很深的缝，雌鸟就把蛋

以金字塔为背景的具有异域风情的鸟，1837年，彩色石印画，出自《博物学图画辞典》。因为埃及和凤凰有关，所以艺术家就把一只羽毛飘逸、红黄相间的极乐鸟画在了金字塔旁的沼泽中，其实它原产于印度尼西亚，而非近东

《伊甸园，创世之晨》，出自 1887 年英格兰的一本宗教小册子。
在这幅描绘原始天堂的图画里，有几只来自热带的色彩鲜艳的鸟儿

下在里面。孵蛋期间，雄鸟用自己尾巴上的一根长长的黑线把雌鸟绑在身上。格斯纳称之为“极乐鸟”。[12] 皮加费塔对该鸟的描述是所有极乐鸟传说的起点，但仍不足以用来进行鸟类学上的鉴别。格斯纳发表的那幅来自波伊廷格的照片上的鸟后来被林奈归类为大极乐鸟（*Paradisaea apoda*），也称“无腿极乐鸟”。[13] 然而，我怀疑献给西班牙国王的其实并不是皮加费塔声称的死鸟，因为尸体最多只能保存几周，之后就开始腐烂。确切点说，我认为它可能是某种人工制品，就像南太平洋地区的许多手工艺品一样，是把许多鸟的羽毛缝合在一起做出来的东西。波伊廷格看到的“死鸟”可能也是同类产品。格斯纳、贝隆、托普塞尔等作家给极乐鸟赋予的特征中，有些很荒诞离奇，但另一些则的确是生活在南太平洋群岛上的各种鸟类带有的特征。文艺复兴时期动物学中的凤凰，和那些在它之前的凤凰一样，都是想象出来的众鸟的合体。

约翰·安德烈亚斯·普费弗尔所作的插图，约 1731 年，铜版画，出自约翰·雅各布·舍赫泽的《神圣自然学》，描绘了夏娃被创造出来前亚当独自一人坐在伊甸园里的情景。左上角有一只极乐鸟，完全是照着康拉德·格斯纳《动物志》里的那只描摹而来的

雷鸟

中国龙是凤凰的伴侣，生活在海底龙宫，却常被描绘成在云中飞翔。它能呼风唤雨。当它移动时，四肢发出火光，从而形成闪电。它也是众多动物的合体，甚至比凤凰还要多元。它长着鹿角、鱼鳞、鹰爪等。而且，它还是一个变身大师，能变成其他任何一种生物。用胡司德的话来说：“龙是变化的化身，是一切神圣动物的缩影。它兼备所有物种，不受时空限制，以一身代表众生。”[14] 龙的这种复合性还体现在

描绘龙凤的传统中国画，20 世纪

它的运动方式上，它能游，会飞，还能跑。[15] 确切地说，它完美展现了巴什拉所说的“梦一般的飞行”。对龙来说，四大要素本质上是同一种。

世界神话中很少有像中国龙这样的多面手，不过还是有许多鸟或似鸟的形象能像龙一样呼风唤雨、形成闪电等，其中就包括印度教的迦楼罗和澳大利亚的彩虹蛇。希腊神话里，雷神宙斯的鹰经常被描绘成爪子握着几道闪电的样子。啄木鸟用喙敲击树干发出的声音犹如雷鸣。爱德华·阿姆斯特朗根据传说中的只言片语认为，在新石器时代，啄木鸟是风暴之神。[16]

17 世纪的头十年，德国历史学家希罗尼穆斯·麦基泽发表了他对马达加斯加的描述性文字，文中提到了鲁克，或者说传说中的一种与之类似的鸟。麦基泽引用了岛上原住民的报告，说这鸟又大又有力，能把大象抓到空中，扔下来摔死，然后吃掉。据自称见过此鸟的人估计，其翼展有 16 步那么长。既然地点是马达加斯加，那它应该是一只象鸟，象鸟在当时要么已灭绝，要么正快速接近灭绝，但不管怎样，它一直活在传说里。据说当地人还声称它只在一年中的某些时候出现，所以它还跟气象联系在一起。麦基泽认为它就是

2017 年，纽约布鲁克林区唐人街的新年舞龙表演。锣鼓喧天，犹如雷鸣，巨龙随声而舞

马可波罗所描绘的狮身鹰首兽。[17]

水手辛巴达在第二次航行中错把鲁克认作一场即将降临的风暴。当时，他被困在一座岛上，看见了一个光滑、巨大的白色穹顶。当他正绕着它寻找入口的时候，太阳突然消失了。他起初认为遮住太阳的是一片云，但马上就意识到那是鲁克，穹顶原来是鲁克的一个蛋。[18]

在美国和加拿大，从北美大平原一直到北海岸，许多美洲原住民部落都有关于雷鸟[1]的传说。据说当这只神鸟扇动它的翅膀时，就会起风暴；当它眨眼时，就会有闪电。它的力气大到用爪子就能把鲸鱼抓起来。跟凤凰有点像的是，美洲原住民的雷鸟在秘密宗教仪式中也非常重要。雷鸟传说的大部分内容只有部族长老们知道，他们不会把它写下来，只会将其口述给精心挑选出来的继承人。和凤凰一样，雷鸟也能死而复生。有一个故事讲述一个品德高尚的年轻男子在族内受到大家的爱戴，以至于掌权者将其视为威胁，把他绑在树上，活活烧死了。不久，一只雷鸟从灰烬中升了起来。这个故事有很多版本。对一些美洲原住民而言，雷鸟是耶稣的某种化身。[19]

不同寻常的是，从中国龙到美洲原住民的雷鸟，风暴的所有这些化身即使对那些深知风暴破坏性的农耕者来说，也基本上算是温和的。这也许部分是因为他们意识到，飓风的危害再大也抵消不了雨水的好处。根据巴什拉的说法，风暴的美学“说穿了就是愤怒的诗学”，它“需要比飓风吹出来的云的形状更像动物的表现形式”。[20]换言之，它需要雷鸟。但愤怒不等于恶意，在这里，它是充满爱意的关系的一部分，尽管该关系偶尔也会陷入困境。

要理解我们文化的神话基础，不仅需要学习和想象力，而且要有把当前通行的假设全抛在一旁的能力，这样的思考方式才能产生异乎寻常的效果。换言之，一个人必须忘记鹰是鹰，如此一来它才可能变成凤凰或雷鸟。巴什拉就是这样一位哲学家。在科学、工业和国政占支配地位的时代，他还能保有那种想象力。

尤其作为一个经历过两次世界大战的人，巴什拉反常地无视政治。他是从相对无中介的认知视角来写作的。当他谈到一只飞鸟时，他指的就是肉眼可见的鸟，不是透过望远镜看到的，更不是在 Youtube 上的视频里看到的。当

1　此处的“雷鸟”原文为“thunderbird”，如文中所言，是指传说中的一种神鸟，须区别于现实世界中名为雷鸟（ptarmigan）的鸡形目鸟类，后者属于松鸡家族，多分布于山区和寒带。

《抓起一头大象的鲁克》，爱德华·朱利叶斯·代特莫尔德，《一千零一夜》(1924)插图

他谈到空气时，他指的是一个无色透明的要素。当他谈到水时，他指的是没有外来化学物质和塑料漂浮物的海洋。在他出生的 1882 年，这种世界就已经开始慢慢消失。如今，它正渐渐从我们的记忆中褪去。

海达族人的雷鸟，太平洋西北地区

3 鸟卜

这使我觉得：它颤音的歌词，
它欢乐的晚安曲调
含有某种幸福希望——为它所知
而不为我所知晓。
——托马斯·哈代，《黑暗中的鸫鸟》[1]

在荷马的《奥德赛》里，人死后住在冥府，灵魂褪色后变得有些模糊，直到奥德修斯给他们喝了猪血，他们才暂时恢复了记忆，能说话了。哲人忒瑞西阿斯博古通今，在一众死人中出类拔萃，[1] 有点像柏拉图“洞穴之喻”中逃出来的那个囚徒。传说忒瑞西阿斯不仅会预言，还能听懂鸟语。鸟被认为学识极其渊博，部分是因为它们飞遍大江南北，见多识广。

根据阿波罗多洛斯的说法，预言家墨兰波斯结交了两条蛇。晚上，蛇靠近他并舔了他的耳朵，他醒来后发现自己像忒瑞西阿斯一样，能听懂头上飞过的鸟的叫声了。鸟教他秘传仪式，使他能预测未来。[2]

古斯堪的纳维亚的《诗体埃达》写于13世纪下半叶，但其源头可能要追溯到更古老的口述传统。书中有一些类似的事例，比如主人公学会了鸟语，从而得到了鸟的指导，成了先知。西格鲁德在杀死恶龙法夫纳后，挖出了法夫纳的心，用烤肉棒叉着它放在火上烤。他去碰心脏看是否烤熟，却烫伤了自己的手指。他把手指放进嘴里以减轻疼痛，不料突然能听懂鸟语了。他无意中听到一群鸸在谈论继父雷金密谋杀害他，于是他先下手为强，砍下了雷金的脑袋。[3]

在童话故事里，懂鸟语是一个常见的主题。在格林兄弟记录的故事《三种语言》里，男孩宣布自己一直在学习鸟类和其他生物的语言，他的伯爵父亲认为他一无是处，于是下令让仆人把儿子带到森林里杀死，但儿子在动物的指引下逃出生天，去了罗马。两只鸽子落在他的肩上，与他交谈。红衣主教们认为这是上帝的旨意，于是选他当教皇。[4] 米尔恰·伊利亚德认为：“在世界各地，

1　译文引自《哈代诗选》，托马斯·哈代著，飞白译，北京：外语教学与研究出版社，2014年。

瑞典拉姆松的一幅刻石，讲述了西格鲁德的故事，约 1030 年。
他的手指沾上了龙血，他刚吸完龙血，就发现自己听得懂鸟语了

学习动物的语言，尤其是鸟类的语言，相当于了解自然的神秘，因此就拥有预知未来的能力。”[5] 换言之，鸟说的是蕴含深奥智慧的成语。

鸟在空中的剪影像文字，尤其像象形文字。用笔写字时，手拂过纸面，有点像鸟掠过地面。人们至晚在公元 6 世纪就开始使用羽毛笔了，但第一次流行起来是在中世纪早期的修道院。瑞贝卡 · 安 · 巴赫说：“羽毛笔是写作文化的一部分，它把写作、想象力和飞行联系起来。当用羽毛笔书写时，人类会有意识地获得一些能力，这些能力被他们认为是那些真正能飞的生物所具有的。”[6] 在伊丽莎白一世时代的英国，羽毛笔的笔尖被称为“neb”，该词还可用来指喙，可见写作会让人联想到飞鸟在歌唱。

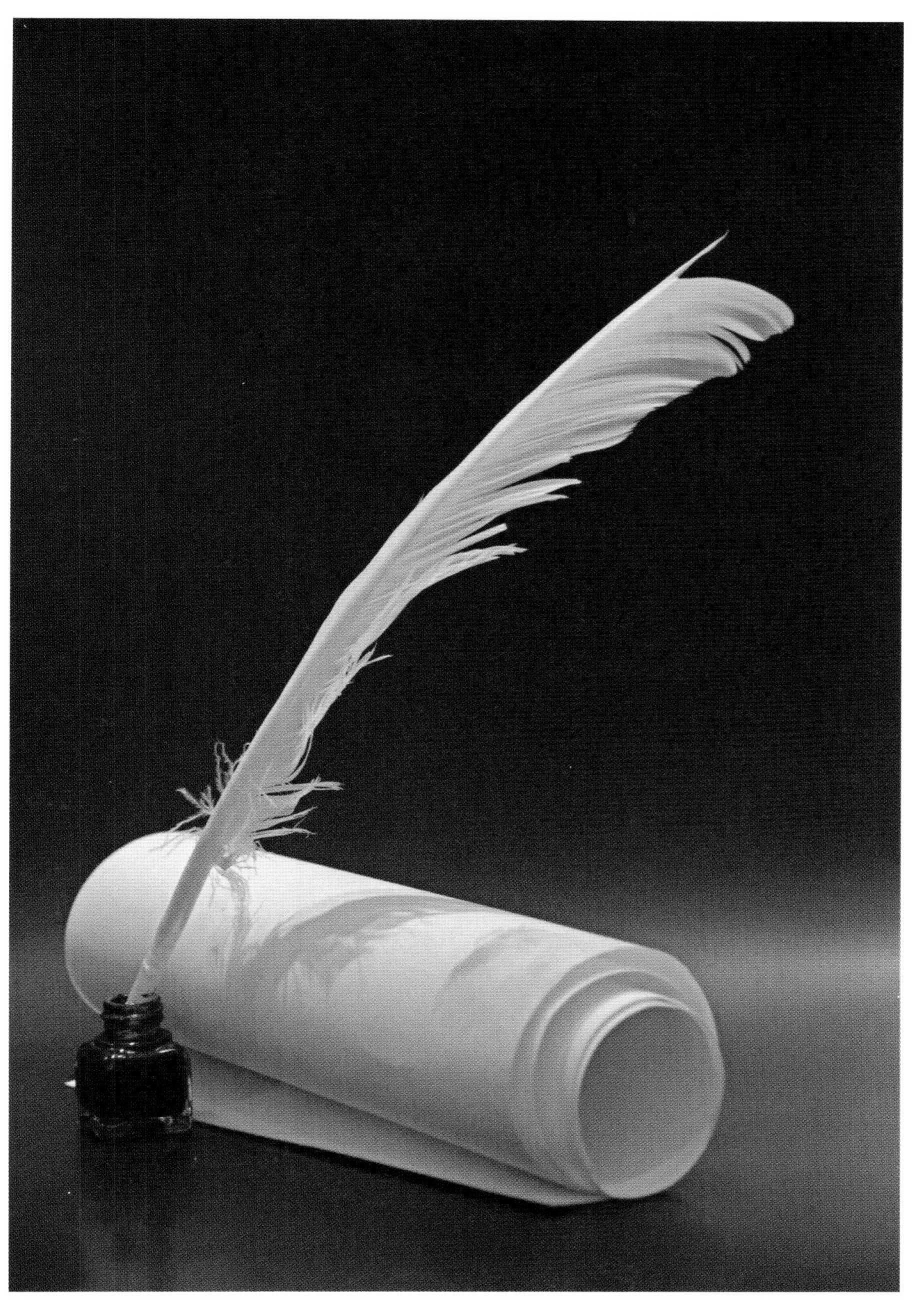

羽毛笔，照片，穆什基勒·布里希塔摄

鸟卜的起源

新石器革命开始于上一个冰河时代的末期，并慢慢传遍全世界。它涉及从以狩猎和采集为基础的游牧业向以农业为基础的永久定居的转变，因此就有必要“驯化”野生植物，特别是谷物，最终还包括了野生动物，比如狗、羊、鸡。关于新石器革命发生的原因，有多种理论解释，但至今仍是一个谜。骨骼残骸显示，早期农耕者的健康状况比他们采集狩猎的前辈普遍差一些，寿命也短一些。[7] 新石器革命使人更容易染上人畜互通病，也更有可能发生武装冲突。城镇四周不得不筑起高墙，把它跟周围的风景隔开，这最终创造出我们现在所说的“文明”和“自然”的对立。

新石器革命也导致人类对天气的依赖性增强，因为疾风暴雨轻易就能摧毁他们赖以生存的庄稼。也许之前人们对鸟没有太大的兴趣，结果现在它既成了上天的一大恩赐，又成了威胁。人们开始更多地注意天空，尤其是鸟类，鸟的迁徙和回归标志着农历年不同阶段的开始和结束。它们帮助人们预测天气，但同时也吃农田里的谷粒。

动物，甚至连植物也时刻警惕着其他物种的叫声和行为，因为那可能是遇到捕食者或找到食物源的信号。在野外，不同物种的生物不断通过视觉信号、声音、气味互相交流，树甚至能通过电脉冲[1]彼此交流。例如，美洲灰松鼠会留心听旅鸫、黑顶山雀等其他物种发出的警报声。一听到鹰的叫声，灰松鼠就立刻警觉起来，因为鹰是它们的天敌；如果听到的是吃它们储存起来的坚果的冠蓝鸦的叫声，则会放松警惕，草地上这些无害鸟儿的叽叽喳喳不会使它们感到不安。[8] 鸟类很可能会互相传递天气甚至环境信息，也会把信息传给其他动物。早期的人类也一定意识到，这些是表示危险或安全的信号。但随着人类逐渐过上了定居生活，读懂大自然的信号就像打猎、打仗、编织等活动一样，越来越成为一项专业技能。

对于旧石器时代的人类来说，鸟既不是主要的食物来源，也不是持续威胁，而且当时的宗教活动还是以陆地上的国度而不是天国为中心的。在早期的农耕和航海社会里，人们通过不断地观察鸟的飞行来寻找天气和环境变化的

1　树木的根系尤其是菌根形成一个地下网络系统，当害虫或某种病原生物跑来，树侦察到危险就能发送电脉冲形式的警报，通过分泌毒汁或生产抗体使入侵者保持距离。

线索，鸟卜就诞生于这类实践中。对农民来说，在正式的历法尚未普及的时代，要想掌握农历年的时间，就必须观察鸟类。因此，赫西俄德在《工作与时日》中说：“你要注意来自云层上的鹤的叫声，它每年都在固定的时候鸣叫。它的叫声预示耕田季节或冬雨时节的来临。”[9]假如鹤在11月初成群结队地来，冬季就会提早到来，但如果它们迟到了，而且零零落落的，农民就知道会推迟入冬。[10]燕子和布谷鸟是春天的使者。因此，赫西俄德建议道：“如果你耕种得晚一点，也有可能碰巧得到补救。也就是说，当布谷鸟第一次鸣叫于橡树之间、无涯大地上的人类都为之高兴时，如果宙斯在第三天送来雨水，并且下个不停，直到地上水深刚好齐及牛蹄，不多也不少，这样，晚耕的人就可

飞翔中的军舰鸟，照片，安德伍德与安德伍德制作公司摄于20世纪30年代。由飞鸟组成的剪影图案有时看起来就如同语言

望与早耕种的人获得同样好的收成。”[11]《工作与时日》在结尾处还给出了虔诚和幸运的公式:“不冒犯永生的神灵、能判断鸟类带来的预兆和避免犯罪。”[12]鸟卜在农民生活中发挥的核心作用在这里一目了然。

罗得岛上的男孩们春季时会为归燕反复吟唱一首歌，因为燕子的归来预示着好天气。[13]人们会仔细观察和倾听其他多种鸟类，包括渡鸦、乌鸦、麻雀、鹭、鸥、鸭、雁、戴胜、海燕、鸡，以获得可以预测天气的信号。一般而言，诸如拼命扇动翅膀、高声惊叫之类激动不安的行为表示一场暴风雨即将来临。鸟还能感知电流的增强和气压的微妙变化，从而预见大气湍流。以这种方式利用鸟类和通过观察金鱼或蟾蜍来预测地震没多大区别，这种地震预测法尽管存在争议，但至今还在用。

此外，文化知识超越了地理边界的水手们一见到鸟，就知道离陆地不远了。他们通常会带着鸟航行，通过放飞它们并观察其飞行来判断接近陆地的程度和方向。《吉尔伽美什史诗》的起源可追溯到公元前 2 千纪（即公元前2000—前 1001 年，下同）后期，里面就记载了乌特纳匹什提姆和妻子在大洪水中活了下来，派渡鸦去察看陆地是否就在附近一事。

《圣经》里的诺亚也是这样做的，他先放出一只渡鸦去找陆地，但谁知渡鸦一去就不回来了。与人们普遍认为的相反，渡鸦没有回来既不表示它违反了诺亚的命令，也不意味着任务的失败。诺亚只不过是吸取了水手的实践经验并予以效仿而已。他无疑意识到渡鸦的消失表明船至少开始接近海岸了。在确定了这一点后，他再放出一只飞行能力较弱的鸟就合情合理了。他接下来派出了一只鸽子，不久鸽子飞了回来。七天之后，诺亚又把鸽子放出去，这次它回来时嘴里衔着一根刚从树上啄下的橄榄枝。如此一来，诺亚就知道洪水已退去了。(《创世记》8：6—12)

当伊阿宋和阿尔戈英雄们在险象环生的航道上航行穿过“撞岩”时，他们同样放出了一只鸽子，鸽子帮他们找到一条可以安全通行的路。[14]864 年，北欧海盗弗洛基从挪威起航时，举行仪式宣布 3 只渡鸦为圣物，然后再一个个地把它们从船上放飞。他跟着它们发现了冰岛。[15]农民和水手整天都在观察自然现象，他们能否活下来往往取决于能否正确地解读气象信号。在错误的时间犁地可能意味着歉收，就有可能发生饥荒。在海上，天气判断失误可能导致船毁人亡。经过多年的历练，水手们即使并不总是完全有意识地这么做，

描绘诺亚方舟故事的插图，英格兰，1480—1490 年，绘制在羊皮纸上的蛋彩画。
中世纪的人们在讲述这个故事时，为了使鸽子和渡鸦的对比更加鲜明，
常常会加上渡鸦是因吃尸体才没返回的细节，表现在这里就是陆地上只剩下一个头骨

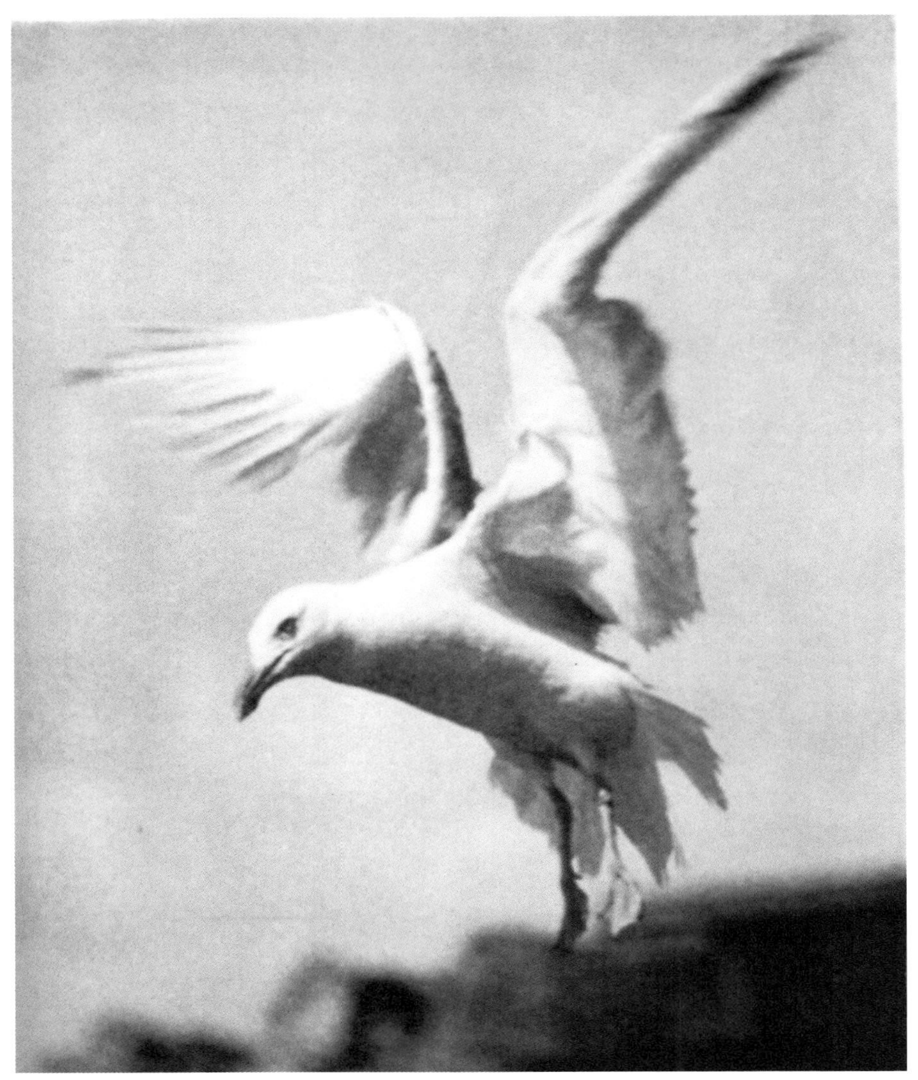

一只银鸥从天而降、即将降落的瞬间，照片，C. L. 韦尔什摄于美国，20 世纪 30 年代。
快要落地时，它巧妙地改变了身体的重心

但还是一直在对自己的直觉进行微调，以便读取微妙的信号。他们关于鸟类和其他生物行为的知识很渊博，但无法将其概括为一套规则。他们的猜想可能并不总是正确的，但也很少属于纯粹的迷信。

根据鸟类认知专家黛博拉·赫尔曼的说法，“就身体语言而言，9672 种鸟……比地球上任何一种其他生物都更善于通过视觉展示进行交流，其交流方式也更为复杂”。[16] 许多鸟都会边飞边跳求偶舞。一对白头海雕会四爪相交，在空中像车轮一样翻转。一对渡鸦会表演空中杂技，在天上俯冲、飞升、翻筋斗、盘旋。在苏格兰，一大群椋鸟会同步运动，从而形成一大片美丽、起伏的鸟云。在集体围猎时，栗翅鹰也会相互配合。

鸟在空中的动作是如此令人回味，以至它们的每次飞行都像是在讲述一个故事，在其中可以找到类似于人类故事的节奏模式。有开头，即鸟开始扇动翅膀；有高潮，也就是鸟完全飞起来，也许是在表演空中杂技或抓住猎物；最后是结局，随着离地面越来越近，鸟开始转移重心，翅膀扇动的速度也慢了下来。

鸟的姿态，即使在可能没有非常具体的含义的时候——至少不是那种可以简单解释的含义——也给出了各种关于情绪和意图的微妙线索。它们激起人们几乎难以名状的恐惧、抱负和回忆。保罗·谢泼德指出，鸟的飞行很像人的思维，鸟“从意识中掠过，和这根或那根树枝建立联系，在得到了片刻的关注后便消失得无影无踪”。[17] 鸟在飞行中的姿态就像亚当和夏娃所使用的语言，字词和它们所代表的事物之间没有隔阂。

渡鸦的肢体语言甚至面容面貌似乎都能传达出各种有着细微差别的情绪

来自宙斯和雅典娜的预兆

在希腊语中，“鸟”是“*ornis*”，它是“ornithology”（鸟类学）的词根。“*ornis*”还可用来指“预兆”（omen）[18]，拉丁语中的“*avis*”也有同样的双重含义。这表明希腊人和罗马人都把鸟类活动视为一种对我们这个世界的表征，两者之间充斥着错综复杂的相似之处。这些相似之处有时需要学术性的解释，但有时也很明显，凭直觉就能发现它们。鸟类拥有的是一种仅可以部分破译的语言，神明不断地用它来跟人类交谈。

占卜从来都不只是预测未来。确切地说，它是要知晓天意。在希罗多德和修昔底德的作品诞生之前，希腊人的著作几乎没有历史时间感。荷马和赫西俄德的作品里都没有日期，因此，过去、现在和未来之间几乎没有区别。一切都发生在神话时间里。希腊人几乎没有因果决定论的观念，但通过预兆表达出来的神意给事件增添了一种结局势不可当的感觉。

即使在古代世界的各个文明中，希腊人也是一个极其相信宿命论的民族。他们认为，一个人在出生时，他的命运之线就由命运三女神纺织、测量和裁剪好了。在另一个层面上，神明又通过不断地干涉人类事务来左右人的命运。随这种命运信仰而来的就是人们不停占卜问卦的习惯，而他们预测未来时最喜欢用的就是鸟的飞行。

乌鸦、鸢和秃鹫都有可能跟着军队飞，以期战后有腐肉可吃，但它们不可能知道哪边会赢，也没理由去关心输赢。同样，海鸥和鸽子可能会在军营周围飞来飞去，以期捡拾人类的残羹剩饭来饱餐一顿。通过观察食腐动物和其他鸟类的聚集情况，也许可以大致确定敌军的位置和规模，甚至有可能确定其活动程度。但是，一旦脱离农耕和航海的背景来用鸟预测未来，就变得不太实际，迷信的成分更多。

希腊最古老的神谕圣所在多多那，它也为荷马所熟知。希腊人相信，宙斯通过一棵神圣橡树的树叶所发出的沙沙声，辅以树上的风铃声来传递信息，并由三位女祭司来解释这些信息。希腊历史学家希罗多德写道，据女祭司说，有两只“黑鸽”（可能是乌鸦）从埃及的底比斯朝北飞来，一只落在利比亚的宙斯－阿蒙神庙，另一只则来到了多多那，落在一棵橡树上，它用人声指示人们为宙斯建造一座圣所。[19]

宙斯、雅典娜和其他神常常会派出鸟来作为战争局势的预兆。然而，这些神明虽然强大，但并非全能。他们也并不总是值得信赖，有时还会故意骗人。此外，并非所有的鸟类行为都有意义。不过，否认预兆的重要性几乎就表明你不虔诚，仿佛不相信它们就是冒犯了神明，那些表示怀疑的人则要承担极其严重的后果。战斗中的所谓鸟预言可能通常是自我实现的，因为鸟拥有重新集结军队的潜力，同时能吓得军队四散奔逃。

埃夫拉尔·德·孔蒂《爱情道德失败之书》(1496—1498)里的插图。
该画是古代和中世纪的元素以一种独特的方式组合在一起的大杂烩。右边那个形象是阿波罗神，他脚下那条长着三个头的狗是刻耳柏洛斯，树上的是多多那的具有预言能力的乌鸦

对荷马时期[1]的希腊人来说，大自然很少有平静的时候。他们在猛禽和蛇的暴力捕食中看见了自己的影子。在荷马笔下，极端暴力的冲突在自然界和社会里都很普遍，而且在两个领域里似乎并没有多大的区别。人类不具有任何有别于动物的特殊性，更遑论高于动物了。所有生命的处境都很危险，无论是人还是其他生物，都是易耗品。荷马史诗里的人物极少有鲜明的心理特征，实际上内心活动似乎都不是太多，也不具有显著区别于彼此的独特个性。他们的情绪很强烈，却很简单。甚至连最强大的人也总是被恐惧困扰，动不动就发脾气。荷马史诗里的英雄们在大多数情况下表现得就像掠夺成性的野兽一样，而这也正是其魅力所在。

在荷马史诗里，主要的本体论划分不是在人和自然之间，而是在凡人和神仙之间。神与神争吵不休，他们选择人作为他们的斗士，让人与人交战，就像人斗鸡一样，从而维持一定程度的和平。光凭这点，神就会关注人类世界。他们把人当作战争代理人来解决他们之间的争端，这也许不能合理化这些战争和世仇，却赋予了它们毋庸置疑的合法性。男神和女神削减了人类争吵的琐碎性，从而使男人和女人显得更具英雄气概。

在荷马等许多作家的作品里，鸟兆常在关键时刻出现——往往就在情节高潮到来前——也许是因为那是人最需要指导的时候。有时，当战事正酣，成败未定，局势紧张到令人窒息的时候，一只鸟的出现，即使它带来的不是吉兆，也可能让人松一口气。通过把战事的走向归因于上天，这些鸟会让人把怒火从指挥官身上移走。

在荷马时期，尽管已经有人专事解读鸟兆，但他们不一定有深奥的知识。当时只有一条重要规则：凶兆在左，吉兆在右。在现代，这条规则仍然贯穿于许多迷信观念。在《伊利亚特》里，当狄俄墨得斯和奥德修斯于夜间准备突袭特洛伊时，女神雅典娜派一只鹭在他们的右边飞。两人在黑暗中无法看见它，但可以听见它的叫声，立刻就知道这是一个成功的预兆。[20]

在荷马史诗里，几乎每个重大事件都与涉及鸟类的某种预言有关。大多数时候，预测战争、冒险结果所用的和农业、航海所用的是完全不同的鸟类，征兆也截然不同。鸟类活动中，通常被荷马史诗里的人视为不祥或吉祥之兆

1　公元前 12 世纪至前 8 世纪。

的主要是捕食行为，且带来预兆的鸟通常是鹰。

在《伊利亚特》中，当赫克托耳率领特洛伊人攻击希腊船只的时候，他的手下在一条防守战壕前犹豫不决。这时，头顶上有一只鹰从右边飞到左边，并飞过了他们的前线。鹰爪上抓着一条仍在挣扎的大蛇。蛇突然在鹰的脖子下方咬了一口。鹰就把这条大蛇丢在了特洛伊士兵的队伍里，尖叫一声，飞走了。波吕达马斯是赫克托耳的朋友，善于解读预兆的他认为这是一个警告，他们不应该继续进攻。他解释道，鹰代表了暂时占优的特洛伊人，而蛇代表了将发动反攻并最终赶走敌人的希腊人。赫克托耳轻蔑地回答道，他才不在乎鸟是怎么飞的。于是，在他的命令下，士兵们继续进攻，但正如波吕达马斯所料，特洛伊人的结局并不好。[21]

在《伊利亚特》的结尾，阿喀琉斯在战斗中杀死了赫克托耳并任其尸体腐烂，但它却奇迹般地没有腐烂，原来是受到了神的保护。特洛伊的老国王即赫克托耳的父亲普里阿摩斯做出了一个大胆的决定，他走到阿喀琉斯帐前，要求赎回儿子的尸体。他祈求出现吉兆。一只巨大的黑鹰（也可能是一只渡鸦）出现在他的右边，他知道他的诉求能达成。[22]

然而，在有些段落里，这种解释似乎只是对引人注目或不同寻常的行为加以穿凿附会。在《奥德赛》中，奥德修斯和珀涅罗珀的儿子忒勒玛科斯抱怨道，母亲的追求者们正在挥霍他们家的财富且拒绝离开。他向宙斯祈求一个神迹。作为回应，宙斯派来了两只鹰。它们懒洋洋地在人们的头顶上盘旋，在风中飘荡。当飞到集会的正上方时，它们把身体弯成拱形，开始猛烈地拍打自己的翅膀，并目不转睛地盯着下方。它们互相搏斗了一阵，然后飞走了。人们惊讶地看着这一幕。一个占卜师解释道，这表明奥德修斯就在附近，不久就会回家，这些追求者要大难临头了。[23]他们看到的很可能是一场求偶舞。原产于希腊的巨型金雕有一种求偶舞，舞蹈动作主要有急剧的飞扑和俯冲。正在交配的一对还会举起爪子，模拟互相攻击和追逐，很容易被误以为真的在互搏。

由于凡人难以承受见到神的真面目，神经常以鸟的外形出现。在《伊利亚特》中，有一次雅典娜和阿波罗像秃鹫一样坐在橡树上观战。[24]在《奥德赛》中，海神伊诺以剪水鹱的模样出现在奥德修斯面前。[25]在著名神话中，宙斯化作天鹅使勒达怀孕，又化作麻雀勾引赫拉。

这类变身向奥托·凯勒和汉斯·布鲁门贝格等神话收集者表明，鸟和其他动物是神的原形，[26] 他们时不时就会重返原形。描述神明时也经常会用鸟和其他动物相关的比喻，例如雅典娜常被说长着“猫头鹰眼”，赫拉则长着“牛眼”。希腊人觉得希腊神的人形比兽形更真实吗？布鲁门贝格曾这样描写奥林匹斯山诸神：“甚至在他们赋有人形之时，依然有动物形象的‘残余韵味’和动物的面目。尤其是在荷马的诗歌里，人们总是不能确定地将变形与比喻区分开来。”[27] 当宙斯派一只鹰飞过战场，我们并不清楚它只是信使，还是宙斯的化身。

在荷马时期之后，鸟兆继续在战争中发挥着重要作用。例如，普鲁塔克记载，在与波斯人的萨拉米斯海战前，地米斯托克利向他的部队喊话，这时一只猫头鹰出现在他的舰队右边，落在一艘船的桅杆顶上。这事尤其引人注目，因为猫头鹰是夜行性动物。希腊人和大多数民族一样，通常将猫头鹰视为不祥之兆。然而，因为猫头鹰和雅典娜有关，雅典娜又是雅典城的守护神，所以在这种情况下，士兵们就把它视为吉兆。[28] 普鲁塔克还说，渡鸦把亚历山大大帝及其部下带到了埃及的宙斯－阿蒙神庙，甚至专门为迷路的掉队士兵指了路。然而，又有一大群渡鸦飞过，其中几只掉在大帝脚边死了，这预告了他即将死在巴比伦。[29]

罗马帝国尽管较少强调猛禽，但鸟继续在占卜中发挥重要作用。传说罗马人通过数秃鹫来选择城址和首位统治者。[30] 苏维托尼乌斯在《罗马十二帝王传》中记载，一只鹪鹩嘴里衔着一根月桂枝，飞进了尤利乌斯·恺撒的前竞争对手庞培的元老院里，在那里被追击的鸟儿们撕成了碎片。占卜师把这解释成恺撒有生命危险的征兆，而不久后，恺撒的确被暗杀身亡。[31]

艾利安是公元 2 世纪的罗马人，他用希腊语写作。他记载了当时许多关于鸟和其他动物的信仰，这些信仰更家常，也生动有趣一些。他讲述了乌鸦如何变成忠贞的夫妻之爱的象征，因为它们从不滥交，当一只乌鸦死了，它的伴侣也不会再找别的伴侣。因此，婚礼上会唱《乌鸦之歌》，夫妻在歌声中保证对彼此忠诚。然而，出于同样的原因，婚礼上若出现一只孤零零的乌鸦就是恶兆。[32]

在希腊罗马神话里，人和神都会经常变身成鸟。根据艾利安的说法，鹳和鹤在生命即将结束的时候会退居到遥远的岛上，在那里，因为它们很有孝心，所以会变成人。[33] 一个名叫喀耳刻的女巫因为皮库斯——拉提姆的首位国王——拒绝了她的求爱，而把他变成了一只啄木鸟。[34] 特拉奇斯国王刻宇克斯与妻子阿尔库俄涅的婚姻幸福美满，丈夫在一次航海中不幸遇难，妻子悲痛地投海自尽。神把夫妻二人变成了翠鸟，又把冬季里的七天定为“平安时期”（halcyon days），在这段时间里，大海将保持平静，以便他们交配。[35]

在古代世界里，甚至连神明也偶尔会用鸟占卜，这简直就是颠倒了角色。在一个放在一具埃及木乃伊旁的护身符上，刻有这样一段文字：“我是贝努鸟，是太阳神拉[1]的灵魂，是领着众神下冥府的向导。”[36] 根据一些传说，当宙斯准备跟提坦诸神开战时，一只鹰飞过，预示诸神会赢。[37] 在一则传说里，一只渡鸦给阿波罗带来了他的情妇科洛尼斯对他不忠的消息。[38] 公元 2 世纪，北非作家阿普列乌斯用拉丁语写成了《金驴记》，书中讲到爱神维纳斯有一只海鸥，能飞遍全世界，给她带来世界各地的消息。[39] 名叫“福金”（Hugine，意为思想）和“雾尼”（Munine，意为记忆）的两只渡鸦会向北欧战神奥丁报告消息。这样的预言鸟显然不仅仅是神的信使或化身，毕竟连神都要靠它们才能获得消息。

关于古代世界如何预测未来的最系统阐述可能要数成书于公元前 44 年的西塞罗的《论占卜》。这是一本极富思想性的对话录，对话双方是昆图斯和他的兄弟马库斯，前者对占卜持怀疑态度，而后者接受了传统占卜信仰。马库斯声称，自己的信仰是所有民族和国家共有的。他把占卜分为“自然的”（natural）和“人为的”（artificial）两大类。自然占卜由梦和因受到神启而发狂时脱口而出的一些言语构成，它是自发的，很少或根本无须解释。人为占卜则由需要专业知识才能解释的预言构成，比如根据鸟的飞行、星象、闪电和其他现象预测未来。[40] 这种分法过去乃至现在依然站得住脚。在西塞罗的时代，随着精英阶层开始信奉鸟占术，鸟占术变得高度神秘起来，有了一套复杂的规则。在备受怀疑的时期，人为占卜通常也有所发展，同时对它的怀疑也导致占卜术变得越来越深奥、复杂和不透明。

但鸟的飞行和行为并不一定需要复杂的解释。假如在一场重要考试前有一只不那么常见的美丽鸟儿从你的头顶上飞过，你很可能会以更积极的态度

1　拉，“Re”又写作“Ra”，是古代埃及人崇奉的至高无上的神，被奉为生命缔造者，其典型形象为头顶日轮的隼头男子，从远古起就与法老联系在一起。

迎接挑战。换言之，人们会把鸟当作某种吉兆，无论有意还是无意。即使在鸟卜变成一门精英间高度秘传的学问后，也还有一种简单得多的形式为普通人所用。在上层社会，人为占卜关注的是国家事务，而自然占卜关注的是个人烦恼。在大多数时期，出于多种原因，鸟卜中几乎没有关于自然占卜一类的记载。专门从事这类占卜的人可能大多是文盲，且无法接触到抄写员。最重要的原因或许是，只有在一个相当具体的情境下才能够理解它，这些情境包括预言接收者的希望和恐惧等。

耶和华的信使

就像宙斯会派一只鹰作为他在场的标志，犹太教和基督教的上帝常会派一只鸽子。一神教有个传统，会定期努力消除异教信仰、偶像崇拜、动物崇拜和迷信的残余，因此敬奉动物会引发诸多争议，但很早以前，鸽子就在犹太教和基督教的图像系统中被奉为圣鸟。甚至早在荷马之前，鸽子就已经和近东的多位女神联系在一起了，如赫梯的阿塔伽提斯和腓尼基的阿施塔特。希腊女神阿佛洛狄忒、罗马的维纳斯、基督教的圣母马利亚都继承了这种联结。

在《塔纳赫》或《旧约圣经》中，神性并不是完全没有女性元素的。在第一个创世故事里，上帝按照自己的形象创造了第一个男人和第一个女人，这表明上帝同时含有男性和女性的特征（《创世记》1：27）。但人们提及上帝时使用的一直都是男性代词，且几乎总是把他描绘成男性。这和古代世界的异教众神形成了鲜明的对比，后者中既有强大的男神，也有强大的女神。这种情况导致了失衡，而长期以来一直和女神联系在一起的鸽子，就为圣像提供了渴求已久的女性元素。

可以说，第一个迹象就出现在创世故事的开头。《圣经》告诉我们，天地一被创造出来，“神的灵运行［hover］在水面上”（《创世记》1：2）。这遣词用字表明圣灵是一只鸟，因此这句话也常被画成这样，尤其是被画成一只鸽子。在许多段落里，特别是在《诗篇》和《雅歌》中，鸽子象征着美丽和纯洁。在《雅歌》中，说话人称爱人为“我的鸽子”，并用近乎渎神的语言来赞美她：

众女子见了就称她有福。王后妃嫔见了也赞美她。那向外观看如晨光发现，美丽如月亮，皎洁如日头，威武如展开旌旗军队的是谁呢？（《雅歌》6：9—10）

对拉比当局而言，鸽子常常代表了犹太民族。[41]《利未记》（1：14）中提到，斑鸠与雏鸽是仅有的可作祭牲的鸟。而且，它们还是买不起更贵肉类的穷人的选择。在耶稣生活的时代，人们早就不用其他动物献祭了，但犹太教圣殿周围仍经常有用于祭祀的鸽子出售。和几乎所有用于祭祀的动物一样，它们充当着人和神之间的中介。很早以前，鸽子就被用来传递信息，因此被认为能把人类的口信传达给上帝。在一个断然拒绝任何动物崇拜的宗教里，鸽子的这一角色并没有得到充分的承认，但在基督教里则开始变得明确。

圣父是基督教三位一体的一部分，另外两部分是圣子和圣灵。圣父和圣子的形象是人格化的，也是男性化的，圣灵的形象则神秘且模糊。尽管基督教教义从未明确地说圣灵是一只鸽子，但也很少将之描绘成别的东西。很早以前，就有关于圣灵究竟是男是女抑或是无性别的争论。在希伯来语中，意为“灵”的单词“rauch”是阴性的，就和它在阿拉米语以及其他许多古老语言中的同源词一样。尽管如此，在《圣经》的许多译本和祷文里，称呼圣灵时使用的是男性代词。然而，被想象成一只鸽子时，圣灵所产生的联想又多是女性化的。

在天主教和东正教崇拜里，耶稣的母亲马利亚常常令耶稣都显得无足轻重。她继承了地中海地区敬奉的许多女神的象征意义，并与鸽子紧密地联系在一起。一本名为《原始福音》的次经记载，马利亚在一座圣殿里长大，教她上帝之道的是一只鸽子。该书还记载，一只鸽子落在了约瑟的手杖上，于是他被选为马利亚的丈夫。[42]其他关于耶稣的记载也提及了此事。关于天使传报，最详细的描述在《路加福音》中。天使加百列出现在马利亚面前，宣布她被选中诞生圣子。马利亚问道：“我没有出嫁，怎么有这事呢？”天使回答说：“圣灵要临到你身上。”（《路加福音》1：34—35）在基督教艺术作品里，这一幕中的圣灵通常被描绘成沐浴在一缕光中的一只鸽子。

正如鹰通常表示宙斯或朱庇特在场，鸽子标志着耶和华在场。在《路加福音》中，当约翰给耶稣施行洗礼时，“天就开了。圣灵降临在他身上，形状

罗马圣彼得大教堂宝座顶上的彩色玻璃鸽子，乔凡尼·洛伦佐·贝尼尼作，1657—1666 年

仿佛鸽子”（《路加福音》3：21—22），接着从天上传来一个声音，宣告耶稣是圣子。其他三部福音几乎一字不差地复述了这个故事。如同荷马史诗中经常出现的那样，我们并不完全清楚此处的是字面意义上的鸟，还是一种比喻。无论如何，无数插画所展现的都是光束中有一只鸽子在耶稣头顶上盘旋，圣父在远处观望。

《圣经》在描述圣灵降临节时，讲到有一群基督徒从世界各地来到耶路撒冷会面：

> 忽然，从天上有响声下来，好像一阵大风吹过，充满了他们所坐的屋子；又有舌头如火焰显现出来，分开落在他们各人头上。他们就都被圣灵充满，按着圣灵所赐的口才说起别国的话来。（《使徒行传》2：1—4）

文中尽管并没有明确提到鸟，但风能让人联想到拍打翅膀。艺术家们常

La Pentecôte
Tableau de Gaudentio Ferrari, qui est dans le Cabinet de M.r Crozat.
Peint sur bois, haut de 8. pieds 1. pouce, large de 5. pieds 4. pouces, grave par Frederic Hortemels.
82

《圣灵降临节》，弗雷德里克·霍斯默斯，1729—1740年，版画。

这里的鸽子在画面中的位置是如此正中，以至于其重要性远远超过了其象征意义

常把这里的圣灵描绘成一只鸽子，它通常位于光束的中心，并浴火而终。由于前现代的人大多是文盲，对《圣经》中事件的可视化描绘实际上要比官方教义中的细节要点更有影响力一些。

通过鸟类行为来洞察天机，这种做法在不同的时代、文化、宗教或哲学信仰中继续存在着，且变化不大。在多神教或坚定的一神教、农村或城市、专制或民主的文化中，都能找到它的身影。对我来说这意味着，它表达了一种冲动，这种冲动在很多方面都是先于文化的。在犹太教、基督教、伊斯兰教和佛教的神学理论基础里，几乎没有认可这类占卜的内容，但鸟卜故事在这些宗教里仍反复出现。

鸟卜无须遵守许多既定规则，在大多数情况下只需要在决定性时刻注意到鸟类不同寻常的戏剧性动作，然后将它解释为命运的预兆。在《古兰经》中，当该隐意识到自己杀了兄弟时，他不知道该怎么办。一只渡鸦用爪子刨地，向他展示如何安葬亚伯，然后该隐就忏悔了。[43]

用中古高地德语写作的史诗《尼伯龙根之歌》创作于公元 12 世纪末。诗歌开篇没多久就讲到，克里姆希尔特公主梦见自己养了一只威武的隼，却被两只鹰撕成了碎片。她的母亲释梦说，这意味着她将嫁给一个高贵的男人，但很快便会失去他。[44] 克里姆希尔特决定永不结婚，但后来还是改变了主意，预言最终还是实现了。

在 14 世纪早期的日本史诗《平家物语》中，在源氏家族和平氏家族开始坛之浦之战前，一位军阀不知道该支持哪边。于是，他让 7 只白色（源氏的颜色）的鸡和 7 只红色（平氏的颜色）的鸡相斗，结果白鸡每次都赢。他认为这是天意，便支持了源氏。[45]

在中世纪晚期和文艺复兴时期，人们密集地使用符号的象征意义。秘密传统对此进行了吸收、部分世俗化和扩大化，几乎使每件物品都充满了意义。鸟常被用来代表炼金术的各个转变阶段，经过这些阶段，贱金属就能变成黄金。相应地，这对应着灵魂的各个净化阶段。关于该过程，不同的炼金术士有着大相径庭的描述。一般来说，第一原质（又叫原始物质）的最初阶段由渡鸦或乌鸦代表，部分是因为它们是黑色的。在中间阶段，金属加热后呈现出多种颜色，故由孔雀代表。在最后阶段，金属加热到白热状态，故由鸽子代表。这些象征符号也被运用在占卜中。

关于西方的秘密传统，最核心的著作是《基督徒罗森克洛兹[1]的化学婚礼》，一般认为它的作者是德国牧师约翰内斯·瓦伦廷·安德里亚，创作时间大约是17世纪初。主角罗森克洛兹要去参加一场皇家婚礼，他来到了一个通往三个不同方向的岔路口，不知道该选哪条路。这时，一只白鸽拍打着翅膀朝他飞来，一点也不怕他，他把自己的食物分给它吃。一只渡鸦突然出现并袭击他们，试图夺取食物。白鸽飞走了，渡鸦还是穷追不舍，罗森克洛兹也愤怒地追了上去。两只鸟就这样带着他走上了正确的那条路。[46]这正是炼金术之道，始于渡鸦，成于鸽子。

现代占卜

历史学家习惯把1801年到1950年称为“现代时期”。人们普遍认为，像占卜这样的迷信做法在这个时期会逐渐消亡。尽管有许多不同的声音，但知识分子普遍认为历史是一部日益理性化的记录。詹姆斯·乔治·弗雷泽、勃洛尼斯拉夫·马林诺夫斯基等文化人类学家相信，人类文化不可避免地会从巫术进步到宗教，最后到科学，而最后一个转变已经开始了。有些人庆祝巫术和宗教之死，有些人表示哀悼，大多数人则是兼而有之。早期的民俗学家开始系统地记录传说和迷信，认为这是文化遗产，必须尽快记下来，以免遗失。

现在回过头来看，这些民俗学家这么容易就能找到传说故事和巫术实践，就应该意识到它们并没有逐渐消失。如今，每日星座运势仍是大多数报纸最受欢迎的专栏。像《世界新闻周刊》这样的通俗小报，里面的传说至少和早期现代民间通俗读物里的一样多。民俗似乎来自社会底层。无论一个国家官方信仰的是基督教、伊斯兰教、佛教，还是共产主义，抑或是其他，可能都不会对它们造成太大的影响。诸如灵魂转世之类的观念，不管信仰体系中有没有它们的位置，在民间传说和文学作品里都会不断出现。

在现代时期，对传统信仰的不停审查和对直觉的不信任有时导致了西塞罗所谓的“人为占卜”的复活，在人为占卜中，预言的艺术被公式化，进而

1　17世纪初，德国创立了一个秘密会社“玫瑰十字会”，托称为15世纪的罗森克洛兹（该人名意为玫瑰十字架）所创。

表述为复杂的规则。其中一个例子就是数喜鹊，最早的记录是 1780 年英格兰林肯郡的一首四行诗：

一只代表悲伤，
两只代表欢乐，
三只预示将有一场婚礼，
四只预示将有新生命降临。

后来的各种版本改动很大。在其中一个版本中，三只预示生女，四只预示生男，此外还加了几行，一共约八行，新增的诗句预测了一个人来生的运气或命运。美国版本里数的是乌鸦，而不是喜鹊。[47]

但是，很难说清楚这些符咒到底在多大程度上是为了好玩，又到底有多少人真的相信。民俗学家即使认真地记下了资料提供者的性别、阶级和种族，也还是不可避免地漏记了他们所讲故事的大部分背景。几个不同版本的存在表明人们可能会改动诗句以符合自己的心愿。也许，这种占卜的主要目的是使人有信心继续执行他们在有意无意间已经做出的决定。

19 世纪早期，格林兄弟记录的德国童话故事里，有所有文学作品中最为夸张的一些法术，其中就包括几个鸟占术的事例。最好的例子也许就是“忠实的约翰”的故事。一个老国王指派自己忠实的仆人约翰照顾年轻的王子。王子刚“绑架”来了一位心爱的公主当自己的新娘（这段情节大概可以追溯到北欧海盗的劫掠行为）。就在这对年轻人即将结婚的时候，约翰无意中听到三只能预言的渡鸦在详细地讲述他们面临的种种危险：会有一匹骏马在岸边等着王子，但马会载着王子远走高飞，不再回来；会有一件漂亮的婚纱等着公主，但它实际上由沥青制成，公主穿上极有可能会被烧死；在婚礼舞会上，公主会突然倒地仿佛死了一般，只有一种魔法才能让她醒过来。知晓了预言的约翰射死了马，烧毁了婚纱，并使公主醒了过来，但当他试图解释自己的所作所为时，却神秘地变成了石头。[48] 故事的主人公无疑使人联想到占卜师或萨满，他们的巫术实践一直延续到了现代，却不再为人所知。格林兄弟相信这些故事里包含着古代神话的孑遗，而学者们仍在争论，巫术更多的是古代的遗产还是浪漫主义的发明。也许说它是两者之和最为准确，毕竟这些法术所具有

FAITHFUL·IOHN
"IT HAPPENED, AS THEY WERE STILL JOURNEYING ON THE OPEN SEA, THAT FAITHFUL IOHN, AS HE SAT IN THE FORE PART OF THE SHIP, & MADE MUSIC, CAUGHT SIGHT OF THREE RAVENS FLYING OVER-HEAD. THEN HE STOPPED PLAYING & LISTENED TO WHAT THEY SAID TO ONE ANOTHER"
SWAIN SC

格林兄弟《家喻户晓的故事》(1886)插图，沃尔特·克莱恩。
图中描绘了忠实的约翰倾听渡鸦的预言的情景。
其中的图案似乎把人带回了维京时代或更早之前，但其精神内涵却是维多利亚时代的中世纪主义

的富有想象力的吸引从未消退。

19 世纪末 20 世纪初，甚至连城里人也通常会靠公鸡打鸣来标记时辰，尤其是清晨。这是日常生活的一部分，任何突然打破模式的事件都标志着重大变化，往往是往坏的方向。在 19 世纪末的爱尔兰，如果一个人要出远门，走到门口时遇见了一只正在打鸣的公鸡，人们就认为出行应该推迟，否则就不会有好的结果。在 19 世纪后期的英格兰西部，人们说，假如公鸡半夜打鸣，就表示死亡天使正从房顶飞过。[49] 在英国，看见一只死鸽子被认为会倒霉。燕子或其他鸟从窗户或烟囱飞进来也常被认为是不祥之兆。[50] 但是，关于这类迷信的记载是如此零散，以至于现在的人很难知道它们代表的是一种共同信仰，还是对陌生局面的个体反应。

关于迷信说法，人们是否相信，甚至是否听说过，都不重要。不同寻常的事件但凡涉及给人留下深刻印象的鸟类，似乎都充满了意义，足以使任何人变成占卜者。在 20 世纪初的英格兰，一个民俗资料提供者报告道，在一场婚礼上，一只年迈的猫头鹰从门口飞进来，落在新娘的椅子上，稍后又绕着房间飞了三圈，接着就从窗口飞了出去。每个人都不由自主地把这当成一个不祥之兆。报告者显然不是一个很迷信的人，因为她回顾此事时补充道："当然，最后什么都没有发生。"[51]

美洲原住民作家埃文 · T. 普里查德用"鸟巫"（bird medicine）一词来定义把鸟类行为理解成信息乃至预兆的做法。根据他的说法，它不一定受制于任何一种信仰体系，也无须遵守任何严格的规则。在他看来，它是普世的，但在北美原住民文化中最为发达。[52] 虽然那些愿意接受鸟的指导的人无法随时把鸟召来，但鸟还是可能会以各种面貌出现在他们面前，比如榜样、老师、信使、故事讲述者。普里查德说，一天，他开车去一所大学面试一份工作，开着开着就迷路了。突然，他看见一只红尾鵟在挡风玻璃的正前方滑翔，似乎正在为他指引方向。他就这样继续往前开了大约 1 英里[1]。接着，鸟飞走了，而他立刻知道那份工作就是他的了。[53]

根据普里查德的一位米克马克族亲戚白狼的描述，在她母亲的葬礼上，一只小鸟停在了墓碑上。当牧师致悼词时，这只鸟转过身来面朝着牧师，仿佛

1　1 英里约合 1.6 千米。

在认真听讲。当尸体被降下去时，它还低头朝墓穴里看。最后，在仪式接近尾声时，它叫了几声，飞走了。白狼始终相信是母亲的灵魂进到了那只鸟的身体里，来向她告别。[54] 这似乎是一场基督教葬礼，但这并不影响对小鸟行为做出的解释，因为这类占卜主要属于意识层面，要先于形式化的信条。

西塞罗所理解的“自然占卜”会涉及从麻雀到鹭的所有鸟类。对个人来说，它们带来的信息非但不无关紧要，甚至可能关系生死。尽管如此，至少在西方文化里，主要还是用单一的一种鸟来表示对国家命运甚至人类前途等的重大关切。正如我们在前文已看到的那样，对荷马史诗里的主人公来说，它就是宙斯之鹰。在基督教里，命运之鸟则成了鸽子，它代表的是圣灵。在现代，在基本世俗化了的文化里，它又变成了渡鸦。

对武士文化来说，因为鹰凶猛好斗、雄壮有力，又是捕食者，所以它是一个合适的选择，也几乎是必然的选择。鸽子标志着与过去异教世界的决裂，因为它在许多方面都和鹰相反。令它脱颖而出的不是它的力量，而是美丽和优雅。它还是一种用于献祭的鸟，适合用来代表一个化为人形的、拥抱被钉死在十字架上这种命运的神。为什么渡鸦在现代世界会成为代表国家命运的鸟类？原因尚不明确。但部分原因无疑是，在一个强调智力成就的时代，渡鸦作为也许是最聪明的鸟，显得尤其出众。

渡鸦的肢体语言，甚至面孔，似乎能表达各种各样的情绪。鹰和鸽子都是能激发钦佩之情的鸟类，然而，从更为个人的层面来说，它们不容易让人产生认同感。它们的表情单一、呆板。它们的个性，至少从人类的视角来看，似乎很平面化。也许这就是为什么它们特别适合代表拟人神。渡鸦似乎更能表达情绪、体现命运，这正适合一个没有明确宗教信仰的社会。它在德国、法国和英国的民间传说里尤其重要。

很早以前，渡鸦在日耳曼和斯堪的纳维亚的文化中便发挥了十分重要的作用。类似罗马军队扛着鹰旗上战场，维京人扛的是渡鸦旗。女武神是把战死者带到瓦尔哈拉殿堂的少女战士，她们就和渡鸦联系在一起。在古代的萨迦里，战场杀敌常被说成“喂渡鸦”。

根据格林兄弟记录的一个德国流行传说，神圣罗马帝国皇帝腓特烈一世（1155—1190 年在位）没有死，只是在图林根的基夫霍伊泽山山脊上睡着了。当他最终出山时，他会把自己的盾牌挂在一棵枯树上，此树就会立刻长出新叶，这就揭开了一个崭新时代的序幕。每过百年，他就会查看一下渡鸦是否还在山上飞，假如它们还在飞，他就会回去继续睡觉。[55]1870 年至 1871 年的普法战争刚开始时，统一的德国的新国旗在山上迎风招展，据说渡鸦“从它们经常出没的地方尖叫着飞了出来”。这事很可能是人为策划的，但无论如何，都向观众暗示了德国皇帝威廉一世是腓特烈一世再生，他将带领他的子民恢复昔日荣光。[56]1888 年，威廉一世死后，基夫霍伊泽山顶上竖起了一座高大的纪念碑。碑的下层是腓特烈一世的砂岩雕像，往上是比它大得多的威廉一世骑马铜像，最顶端则有一座戴着帝国皇冠的塔。

法国有一个很有名的传说是关于一只渡鸦的（在有的版本里是乌鸦）。它身上有一部分羽毛是灰色的。在统治者被废黜或杀死前，它会出现在他们面前。它第一次出现在路易十六的王后玛丽·安托瓦内特面前是在 1786 年左右，当时她住在凡尔赛宫自己的静居处——小特里亚农宫里。只要她走到户外，这只渡鸦就会一直跟着她。在她被捕后，这只渡鸦消失了一段时间，但后来又出现在拿破仑的第二任妻子玛丽·路易丝面前，且出现的地点与之前几乎别无二致。路易丝跟丈夫报告了此事。拿破仑大惊失色，认为她应该离开小特里亚农宫。她照做了，但 1814 年，在拿破仑战败并被流放到厄尔巴岛后，她又回来了。一天，她和父亲一起在那里边散步边回忆过去，这时听见这只渡鸦在他们身后呱呱大叫。路易丝吓晕了过去。我们都知道，拿破仑虽然短暂地重新掌权，但最终还是被击败了。[57]这只渡鸦继续在小特里亚农宫住了一阵子，仆人们会给它喂食，还把它指给游客看。

1872 年法兰西第三共和国的总统阿道夫·梯也尔住在凡尔赛宫时，也见到并认出了这只渡鸦。他不承认自己受到了惊吓，但这只渡鸦跟着他去了巴黎的爱丽舍宫。1894 年，在法国总统玛利–弗朗索瓦·萨迪·卡诺被暗杀之前，这只渡鸦又出现了。大约两年后，据报道，它又出现在了下任总统菲利·福尔面前，愤怒地扇动着它的翅膀。[58]此后不久，福尔就在和妓女性交时突然昏倒且再也没有醒过来。随后，只要这只渡鸦一现身，谣言就会满天飞，恐惧就会蔓延开来。[59]

然而，把渡鸦预言性的一面神圣化得最厉害的是英国。19 世纪 80 年代早期，渡鸦被带到伦敦塔，部分是为了和圣布兰[1]——凯尔特人的渡鸦神建立联系。传说圣布兰的尸体被埋在伦敦塔里以保护伦敦不被入侵。第一批渡鸦是邓雷文伯爵提供的，他坚信鬼魂的存在。凯尔特人约洛·莫根威格是一名学者、伪造者、术士。他使邓雷文家族相信，他们家族在威尔士的城堡是圣布兰原型——历史上的一个真实人物的家。他们把渡鸦带到伦敦塔，可能是试图代表布兰宣示对伦敦塔拥有某种精神上的所有权。

从过去直到现在，伦敦塔作为旅游景点，其卖点在于，它本质上是一间哥特式的恐怖屋，里面发生了很多涉及严刑拷打和处决的可怕故事。约曼·沃德斯在带游客参观的过程中，讲到嗜血的统治者、浪漫的叛乱分子、鬼魂和落难少女的故事时，可能会把这些渡鸦拿来当道具用。导游可能会说这样的话："他们砍下了她的脑袋，渡鸦就立刻飞下来，把她的眼睛啄了出来。"接着，一只真渡鸦就开始呱呱地叫，给故事增添一丝恐怖气氛。[60]

过了一段时间，人们渐渐忘了这些渡鸦为什么会出现在这里，它们变得更加神秘了。"二战"期间，渡鸦被用来秘密侦察敌人的炸弹和飞机的位置。由此诞生了一个传说：一旦渡鸦离开伦敦塔，英国就会陷落，至少伦敦塔会倒塌。和其他许多传说一样，这个传说的源头也被往前推到没有明确日期的遥远过去。伦敦塔的官方出版物告诉参观者，渡鸦自古就住在塔里，查理二世因一个古老的预言而剪掉了它们的飞羽，防止它们飞走。[61] 直到 21 世纪，伦敦塔方面才承认这些渡鸦是现代产物，但即使在新冠疫情期间，那个渡鸦与英国或伦敦塔的命运息息相关的故事依然活在人们心中[2]。[62]

现在，动物占卜仍十分流行。当德国奥伯豪森一家水族馆的章鱼保罗成功地预测了德国足球比赛中全部七场的获胜队伍，以及 2010 年世界杯冠军是西班牙国家队时，动物占卜受到了极大的鼓舞。这是西塞罗所谓的人为占卜的一个例子，它甚至比罗马人所能想象到的更复杂。科学家们精心设计了一套复杂程序以消除偏见。每场比赛前，保罗都会被放在水箱里的两罐贻贝中间，每个罐子上都有一个足球队的队徽，它选哪个，就是预测哪个会赢。在接下来的几

1　圣布兰（Bran the Blessed），字面意思是"神圣的渡鸦"，"bran"在古威尔士语中意为渡鸦，"blessed"指神圣的，如"the Blessed Virgin"是圣母马利亚。

2　疫情期间到访伦敦塔的游客大幅减少，由于无人投喂食物，住在塔内的 7 只渡鸦有的会飞出去觅食，那时《太阳报》还曾动员英国人赶紧去观光以"拯救国家"。

伦敦塔的渡鸦

年里，包括刺猬、牛和大象在内的许多动物都被用来占卜，尤其被用在预测体育赛事的结果上。2012 年，伦敦塔里负责照顾渡鸦的卫士克里斯·斯卡夫在他的推特账户上宣布，他正在训练颇受欢迎的渡鸦梅丽娜预测 2012 年伦敦奥运会的获胜者们。梅丽娜在这方面显然没有天赋，毕竟该项目最终被放弃了。

最近，彼得·多尔蒂写了一本书名很有预见性的书——《它们的命运就是我们的命运》。书中，他科学地论证了鸟类是重大环境变化的最佳监测员。他说：

> 鸟既能自由自在地飞来飞去，又容易被人观察到。它们只是简单地活着，就领略了大气、海洋、植物、森林和昆虫。如果其中任何一个受到了损害，这种影响可能首先会在鸟类的健康和数量上显现出来，而且影响不会局限于一种鸟，它会扩散到不同种类的鸟中去。[63]

鸟类在散播植物方面发挥了重要作用。它们吃下种子,把种子随粪便一起排出，粪便还能做肥料。植物的种子和花粉也能粘在羽毛上被带到很远的地方。有些鸟，特别是鸦科鸟类会藏坚果，藏着藏着，有时会忘了它们的存在,这些坚果便慢慢长成了植物。不单植物，最终是所有生物都会因为鸟的缺席而遭罪。

我认为,古代世界的哲人对此一定是洞若观火,尽管他们表达时使用的是神话语言。例如，如果候鸟的数量与往年不同，他们就会意识到可能出问题了。他们谈的主要是个别鸟，部分是因为他们明白，紧张时刻天上出现一只鸟会比讲述一种缓慢的趋势更富有戏剧性。他们把观察结果和直觉混在一起,这一点与当代的故事讲述者们一样。正如我们今天的做法，他们也通过数鸟来确定生态系统的健康状况，这与占卜师观天求兆并非全然不同。在这两种情况下，我们都很难明辨理性的终点和想象的起点。

4 鸟的灵魂

汝在美中醒来，伟岸的清晨之隼。

——献给太阳神拉的埃及赞美诗

《圣经》里的先知以赛亚把埃及称为“翅膀刷刷响声之地”（《以赛亚书》18：1）。也许没有哪个文明像埃及文明一样，在宗教、艺术和生活的方方面面几乎都给予了鸟类如此突出的地位。埃及的鸟的数量从过去到现在一直都很惊人。它正好位于很多鸟的主要迁徙路线上，其中包括几十万只白鹳。它们现在仍每年两次往返于北极地区、欧洲的大部分地区和非洲南部之间，路上会经过埃及。[1] 许多，可能是大多数，重要的埃及神有时要么被描绘成鸟的样子，要么至少有翅膀等鸟类特征。在一个广为流传的创世神话里，大地之神盖布化为鸟形，产下了一颗宇宙蛋（尽管他是男性），太阳就是从这颗蛋中孵化出来的。

埃及人生活的几乎每个方面都有鸟兽的身影。它们是宠物、神的信使、家禽家畜、猎物，它们的形象还出现在象形文字、装饰图案中。弗朗西斯·克林根德写道：“埃及宗教最显著的特点之一就是图腾与野生、家养动物之间联系的韧性，它一直延续到基督教时代。”[2] 朱丽叶·克拉顿–布罗克甚至进一步指出：“作为一个民族，古埃及人在文化和宗教方面跟野生和家养动物的关系比之前或之后的其他文明都要紧密。”[3] 确实，跟旧石器时代的洞穴艺术相比，埃及艺术在更多的场合里歌颂了更多的动物。在埃及的绘画、雕塑和浮雕中，仅鸟类就有 70 多种。[4]

和之前以及同时期的文化一样，埃及人也着迷于强有力的大型动物，尤其是猫科动物和牛族动物，但他们同时也关注小型动物，比如昆虫。在所有生物中，他们最重视的可能还是鸟类。古埃及象形文字主要由高度抽象的动物图案构成，其中有 60 多个是完整或部分的鸟类形象。[5] 埃及人在日常生活中会用到许多有鸟兽装饰图案的物品，比如梳子、玩具、碗、花瓶、乐器、盒子和运动器具。这些动物也会成为神庙里的威严雕像或幽默画里的形象。在埃及神话里，动物形象至少跟人一样突出，甚至可能更为耀眼一些。

这些情况反映出来的不仅仅是埃及人爱动物。他们的确爱，但这种爱只

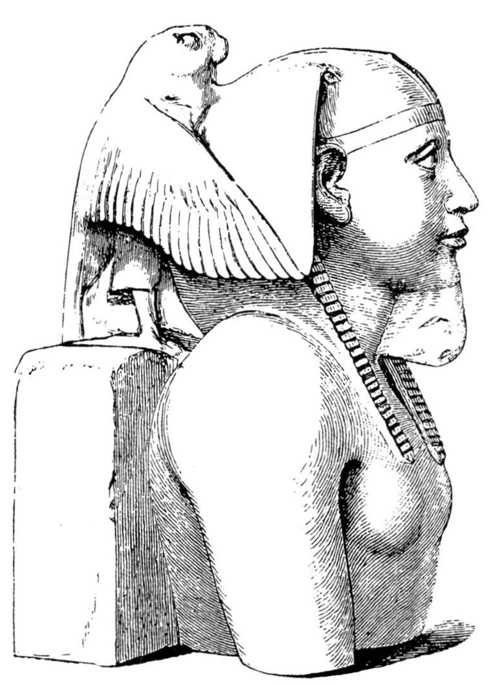

荷鲁斯化身为一只隼，正庇护着法老哈夫拉，约公元前 2480 年，石雕

是对其他生物所产生的各种各样感觉的一部分，除此之外，还有恐惧、敌对和有趣等。人类在表现另一种生物时，或多或少都暗示了自己希望汲取或摒弃的品质。这在国鸟、运动队的队名和 T 恤衫的印花上都有所体现。每个表现形式都含有图腾崇拜的成分，但这种成分在当代有所弱化，很多人甚至没有意识到它的存在。

法老与隼密切相关，他常被描绘成和一只隼在一起。智慧神托特常被描绘成一个男人的身体上长着一个鹮头，但他也可以完全变身成一只鹮或狒狒。很多女神被描绘成秃鹫：天空女神努特、母性女神姆特、丧葬女神奈芙蒂斯、上埃及的守护神涅赫贝特和下埃及的守护神瓦吉特。平衡与和谐女神玛阿特被描绘成长着翅膀的女人，有时用一根鸵鸟羽毛来代表。

环形时间

弗朗西斯・克林根德认为："美索不达米亚艺术的主旨多半是颂扬宇宙纷争和纪念伟大的历史事件……在公元前 1500 年之前，即埃及的古王国和中王国时期，埃及艺术家在他们的作品里都是无视时间和变化的，颂扬的是平静的日常生活以及维持它的仪式。"[6] 美索不达米亚的《吉尔伽美什史诗》的起源可以追溯到公元前 3 千纪，主要讲述了如何接受死亡是不可避免的。而埃及文化认为死亡一点也不恐怖，所以没有任何类似主题的作品。虽然埃及人的冥界也有恶鬼，但他们对死亡的描绘不会传递出我们在欧洲巴洛克艺术和玛雅等文化里经常能感到的那种恐怖的氛围，后一类艺术和文化对死亡的表现更鲜明而具体，里面充斥着骷髅、狰狞的面孔、血流成河的画面和被砍下的头颅。

埃及人的时间观念是环形的。他们有许多创世神话，却没有关于世界末日的神话。他们的生活受季节的节奏支配，尤其受一年一度的尼罗河涨潮和尼罗河三角洲洪水泛滥的影响，后者带来了农业生产必不可少的新鲜泥土。太阳神拉·哈拉胡提通常也是埃及众神中至高无上的神。他永生的方式和宙斯等奥林匹斯山诸神不同。他于黄昏时分死去，接着穿过冥界，并于第二天“重生”。到了约公元前16世纪，埃及人的目标不是永远地活下去，而是跟太阳神拉一起永世轮回下去。[7]天空和冥界只是太阳每日旅程的不同阶段而已。

根据人与动物关系学家亚伦·凯契尔的说法，动物不像我们要经历婴儿期、童年期、青春期、成年期、中年期和老年期这样连续的生长发育阶段。在动物身上，特别是野生动物，前三个阶段是混在一起的，且持续时间很短。它们的老年期几乎不为人所知，即使偶尔有动物活到老，也不涉及任何角色转变。它们大半生都处于单一的成熟期。在不存在连续进程的情况下，动物体验到的时间就是环形的。凯契尔认为，我们渴望与动物建立联系的一个主要原因是，动物使我们从线性时间中解脱了出来，从而摆脱了所有相关的压力。他写道，我们在动物身上寻求的稳定其实是“环形时间的恒定性，是在日复一日、月复一月，四季周而复始、生生不息中形成的生命永恒”。[8]这尤其适用于候鸟，它们每年都会季节性地来来回回。在像埃及这样的文化里，时间对人类来说也是环形的，人和动物在这方面没有什么不同，由此产生的吸引力也就不存在了。在埃及，人和动物之间的界限极具流动性，不需要生物学或哲学来充当沟通的媒介。

在埃及的许多坟墓中，都发现了描绘尼罗河三角洲沼泽地的图画。它们赞美了生命的丰富性。人们猎兽、钓鱼、捕鸟、割纸莎草和采花。最好的一个例子是公元前1350年左右的内巴蒙墓室壁画。已故贵族站在一艘朝着芦苇丛驶去的小船上。他右手抓着三只鸟，脚边还有一些，那可能是捕鸟时用于引诱的假鸟。他举起左手，作势要将一根用来捕鸟的蛇形投掷棒扔出去。在他前面，有些鸟飞散开去，另外还有一些栖息在芦苇丛上。他面前还有一只猫，可能是宠物，它至少抓了三只鸟，后爪一只，前爪一只，最后一只叼在嘴里。一只雁站在船头，喙微微张开，也许是在鸣叫以提醒同伴小心。内巴蒙身后是他手持花束的妻子哈特谢普苏特。她的穿着十分优雅，却不得体，身上的

内巴蒙墓室壁画，约公元前 1350 年，展现了墓主及其妻女一起外出猎鸟的场面

那件长袍完全不适合出门狩猎。内巴蒙胯下是他的女儿，她正在采一朵莲花。画上所附的象形文字补充说明道：“请欣赏：看看美好的事物……沼泽女神塞克特的杰作。”[9]

彼得・丹斯曾抱怨过这类艺术：“令人沮丧的是，洞穴的墙壁上、坟墓里和石灰岩建筑物上所描绘的大量动物身上都插着箭或矛。”他由此认为，这些绘画是人类中心说对支配地位的赞美，[10]不难看出他是怎么得到这个印象的。内巴蒙这个理想化形象连同他的家人一起成为观众关注的焦点，而这位大家长对杀戮毫无心理负担。我们的当代文化使我们倾向于把内巴蒙一家理解成人类的代表，鸟则象征大自然，然而埃及人并不习惯做这样象征性的区分。

这些绘画展现了生死的节奏。通过捕鸟，内巴蒙参与了死亡；通过他的妻女，他参与了生命创造。这些场景想表明他正处于权力和幸福的巅峰，并满心期待这样的日子还会再来。多萝西娅・阿诺德认为：“这些场景本质上是大自然不断自我更新能力的象征，而埃及人希望参与这一循环。”[11]这也就是为什么墓葬画常常会以鳄鱼、野猫之类的可怕捕食者为主角。但埃及人并不信奉人类中心说，事实上，他们甚至没有与英语的“animal”（动物）相对应的词。神明、动物和人类之间的区分并不明确。像人一样，动物死后被制成木乃伊，也有可能成为神，[12] 同时神也可能以动物的形象出现。人和动物都有可能受到温柔、恭敬或务实的对待。

但是，一个不那么以人类为中心的视角不一定更人道、更环保，就像一个以人类为中心的视角不见得保证会善待人类同胞一样。生物中心主义、人道地对待动物和环境稳健是三种不同的诉求，它们的目标未必一致。虽然埃及人通常是怀着尊敬甚至虔诚之心使用鸟类和其他动物的，但他们的确大量捕杀了它们。根据一份当时的记录，拉美西斯三世（约公元前 1187—前 1157

埃及普塔霍特普的墓室浮雕，约公元前 2400 年，此为临摹图，
展示了当时埃及人捕鸟、钓鱼的情景

年在位）在他统治期间捐了680714只鸟给神庙当家禽饲养或当仪式的祭品。[13]塞加拉墓地里有400多万只单个的鹮木乃伊，阿拜多斯墓地里还有数百万只，所有这些都是献给神的祭品。[14]除了鹮，在埃及坟墓里的木乃伊残骸中，人们现在已经鉴定出至少42种鸟，另有10种被置于墓中，供死者来世食用。[15]在更为世俗的场景中，埃及人对待动物可以冷酷无情、极端务实。有些浮雕描绘他们给鹤和其他动物强行喂食，把它们养肥了好上餐桌。[16]

埃及人没有物种等级观念，但这并不意味着他们是平等主义者。现代西方文化虽然在理想信念层面主张人人平等，但在实践中并非如此，甚至还拥有一套相对僵化的身份观。它始终用社会安全号码、指纹、DNA这些限制性最强的标识来标记人的身份。它关注的终极单位是个人，但其理解个人的方式却极其有限。在古埃及文化中，身份的流动性很强，这表现为不同的神可能会被混为一谈，一个神又可能拥有多种形象。然而，这种文化也毫不掩饰其等级制。人与人之间是不平等的，一个物种内的动物个体也不享有同等地位。此外，像卢克索的法老金字塔和雕像这样的历史遗迹，其宏大的规模也表明了这种不平等。

正如法老代表了太阳神拉，个体动物也可能是一位神明的化身，比如阿匹斯牛就是普塔神的载体。当然，人们在这类动物活着时会敬畏它们，不断地祈求它们的保佑，在它们死后还会为它们举行安葬仪式，但这种待遇并不会扩大到其物种内的所有成员。埃及人可能觉得所有牛族动物都是通过阿匹斯牛而活着，正如王国里的所有人都是通过法老而活着，这也类似于参加弥撒的所有基督徒在基督里成为一体。公元前2世纪，在智慧之神托特的神庙建筑群里，有一种酷似圣餐的做法。根据一位神庙祭司的描述，神庙建筑群里有一个禁猎区，里面有6万只活的鹮。神庙工作者会在大厅里的一座托特的鹮形雕像前吃饭。他们认为自己的面包是供品，就像圣餐面包一样，它的灵魂是会被神吸走的。[17]

灵魂鸟

“转世化身”即“灵魂的轮回”，这一说法中含有“灵魂”这一概念。“灵魂”既可以模糊无形，又可以清晰生动。也许正是这种强烈而闪现的性质使它在埃及最初被概念化为一只鸟。这一形象的灵感可能至少部分来自埃及每年都会出现的大量候鸟，它们几乎就像死而复生一样。[18]

古埃及语里的“巴”（ba）一词通常被翻译成“灵魂”（soul）。虽然它肯定不准确，但还算是一个不错的可行定义。埃及人认为巴不是身体以外的东西，而是身体的物质和精神的表现形式。埃及人把巴描绘成一只长着人脸的小鸟，它常在棺材上盘旋。从中王国时期起，巴的迷你雕像就常被放在装着木乃伊的棺材里。它可以享用人们为它留在坟墓里的饮食供品。它能飞遍全世界。它的大脑袋，尤其是它的眼睛，使人想到猫头鹰。它羽毛上的花纹通常像戴胜的，而它笔直的体态则像是隼或鹰。

埃及浮雕的临摹画，显示当长着胡狼头的死神阿努比斯守候在棺材旁时，巴或曰灵魂飞了出来

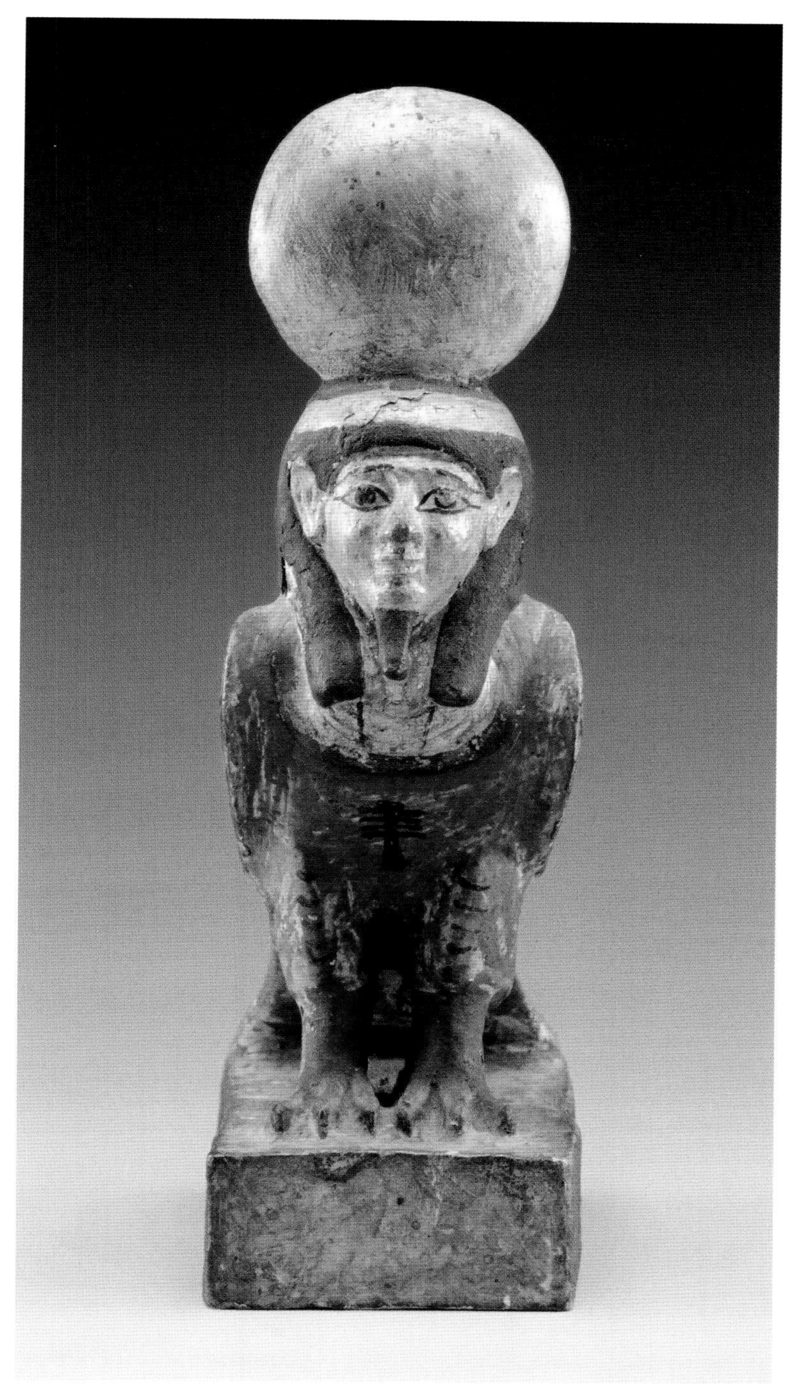

亡者的巴，彩绘木雕，出土自一座埃及坟墓，约公元前 331 年

像守护天使一样，巴会说人话、给人提建议，甚至能和人对话，[19] 就像一首约公元前 2 千纪的埃及诗歌所展现的那样：

燕子：天亮了，你的路在哪里？
女孩：别这样，小鸟儿！你这是在训斥我吗？
我发现我的爱人还在他的床上……[20]

在埃及，燕子是女神伊西斯和太阳神拉的标志，这两位神都与复活和新开端有关。诗中，鸟告诉女孩她现在必须改变她的生活。[21]

灵魂是一只鸟这个观念基于人类思维与飞行之间的相似性。它们都将主体带到遥远的地方，并使其成为一种超然的存在。但巴并不是一个神学概念。埃及人用形象而不是抽象概念来表达他们对死亡、永生、时间等的看法。埃及图像的象征意义特别灵活。因此，它们中有一大部分被带进了或者至少影

燕子，石灰岩浮雕，公元前 430—前 400 年

响了基督教。拉或荷鲁斯的全视之眼变成了犹太教和基督教的上帝之眼[1]。伊西斯抱着她和奥西里斯的孩子（婴儿荷鲁斯）的图像变成了圣母与圣婴的图像。埃及的安卡有点像基督教的十字架。西方人有把灵魂想象成其他许多东西的传统，比如一只蝴蝶、一个长着翅膀的小人、一层薄雾或一种小天使，但巴很可能就是它们的原型，这些后来的表现形式都源于巴。

对埃及人来说，神和人都有“灵魂”。鹮是智慧之神托特的巴；贝努鸟即鹭是死神奥西里斯和太阳神拉的巴。拉的崇拜中心是今开罗附近赫利奥波利斯的太阳神庙，埃及人认为那里是宇宙的诞生地。根据一个神话的记载，是贝努鸟的鸣叫声开启了时间的进程。希腊历史学家希罗多德把贝努鸟又称为“凤凰”，他记述了这样一个传说：在凤凰死后，它的儿子就会把全身裹着没药的尸体运到赫利奥波利斯，把它放进一口棺材，然后存放在神庙里。到了罗马时代和中世纪，这个传说渐渐演变成凤凰的寿命极长，通常会活 500 年，它还会搭起一个火葬柴堆自焚，接着又从灰烬中重生。

除了赫利奥波利斯的那个神庙，没有太多东西能把贝努鸟和凤凰联系在

长着胡狼头的死神阿努比斯正在称一根鸵鸟羽毛和死者的心脏孰轻孰重，
此时在一旁观看的就有化身成鸟的灵魂。埃及，公元前 1250 年。
埃及人的审判场面十分庄严，但不怎么恐怖

1　上帝之眼，又称为全知之眼、普罗维登斯之眼（Eye of Providence）。

一起。希罗多德是这样描述凤凰的:“它的羽毛大部分是红的，部分是金色的，轮廓、大小几乎和鹰完全一样。”而鹭是白色的，外形也与鹰迥然不同。但凤凰的传说中含有环形时间的概念，很像埃及人的时间观。[22] 基督教认为，古希腊、罗马宗教在很大程度上也认为，一个人只有一次人间生命。在基督教里，一个人在炼狱里待了一段时间后要么重生并进入天堂，要么就堕入地狱，永世不得超生。但在埃及的宗教里，正如凤凰的传说，死亡和重生循环不已。

也许是因为希腊人最初没能完全理解埃及人的永生概念，所以巴是作为一个独立的神话形象进入希腊神话的。希腊神话中的塞壬很像巴，两者都是鸟身人头。尽管塞壬最初有男有女，但后来完全变成了女性。在《奥德赛》中，她们用甜美的歌声把水手们引诱到岩岸边，使他们的船只触礁失事。奥德修斯提前收到了警告，于是让水手们用蜡堵住耳朵并把他自己绑在桅杆上，这样他既能听到她们的歌声，也能活下来。[23] 尽管荷马史诗中的死后景况都很惨淡，但塞壬的故事表明死亡的前景仍然可以十分诱人。

希腊神话里的哈耳庇厄有着同样的外形，却一点也不吸引人。她们长着少女的脸，但十分丑陋、肮脏，还因饥饿永远无法得到满足而扭曲变形。她们有时会有女人的乳房，但除此之外，身体是猛禽的身体，爪子是可以把肉撕开的长爪。公元前 2 世纪，阿波罗多洛斯讲述了一个关于伊阿宋和阿尔戈英雄的故事。在故事中，哈耳庇厄折磨了一个受神罚的名叫菲纽斯的盲人预言家:“在一桌吃食为菲纽斯摆好了的时候，她们便从空中扑下来，攫去了大半，留下的一点也弄得非常臭，让人没法享用。”她们就这样为所欲为，直到被北风的儿子们追上并杀死。[24] 除了爪子，哈耳庇厄的行为也会使人联想到秃鹫，就像塞壬类似鸣禽一样。秃鹫和鸣禽在埃及的文化和神话中都很重要。

但灵魂这一概念最终还是进入了希腊文化。与鸟类不同，蝴蝶和飞蛾要经历变态发育过程，有翅生物破蛹而出的一幕会让人联想到灵魂离开肉体。埃及的巴在很大程度上被蝴蝶取代。古希腊罗马文化和东亚文化的主流都把灵魂描绘成蝴蝶，在像霍皮族这样的美洲原住民部落文化中也可以找到类似的描述。虽然灵魂是一只鸟这种观念还会经常出现在民间传说中，但它基本上从基督教中消失了，取而代之的是相信肉体的复活，一直要到早期现代，笛卡尔等人才使之复兴。

鸟灵魂的概念还是继续出现在民间传说中。传说亚述女王塞弥拉弥斯是

希腊神话里的哈耳庇厄，基于乌利塞·阿尔德罗万迪《怪物志》(1538）里的一幅插图绘制而成

由鸽子养大的。她死后，灵魂化作一只鸽子，和路过的鸽群一起飞走了。[25]公元1世纪，老普林尼写道，有人看见一个名叫阿里斯泰俄斯的男人的灵魂化作一只渡鸦，从他的嘴里飞了出来，[26]这有点像埃及人的巴。在古代世界，鸟灵魂的概念并非只局限于埃及，而是传遍了美索不达米亚、东欧和西伯利亚的大部分地区，在那里，它和萨满的灵魂飞翔联系在一起。[27]

比德的《英吉利教会史》记载，公元627年，当撒克逊王爱德文考虑皈依基督教时，他手下的一位贵族把灵魂比作一只麻雀：

> 陛下，在我看来，这个世上的人生（与我们不可确知的不间断

> 的时间相比）就像一只麻雀飞进屋里又很快地飞了出去一样：冬天，当您和您的首领、仆人们吃饭时，它从一个窗口飞进来，接着又从另一个窗口飞出去；客厅中间的火炉把屋子烤得一片暖和，而外面却是雨雪交加的冬天。一旦它飞进屋里，就感觉不出冬天暴风雨雪的凛冽；可是经历一阵短暂的舒暖之后，它又会从你们眼前消失——它从冬天里来，又回到冬天里去。[28]

这位贵族接着继续为新宗教辩护，因为它保证死后还能复活。

玛丽·韦布的小说《珍贵的毒药》以拿破仑战争期间的什罗普郡为背景，记录了当时农村人的许多民间信仰。小说中的叙述者普鲁·萨恩在父亲下葬的时候看见了一只白色的猫头鹰，它“像被风吹过的羽毛一般轻盈柔软”。她的母亲说，那只鸟是她父亲的灵魂，正在找自己的身体。[29] 灵魂是一只鸟这一观念在斯拉夫人的民间传说中出现得尤其频繁。例如，雅各布·格林指出，捷克人相信，当一个人被火化时，灵魂会从嘴里飞出来，在附近找个地方栖息，一直到尸体化为灰烬才离开。[30]

灵魂鸟还出现在童话故事《杜松子树》中。它被浪漫主义画家菲利普·奥托·朗格记录下来，又被格林兄弟收入他们的童话集。它所描绘的仪式可能最初源自古埃及宗教，后来也许作为一种神秘的异教仪式一直流传到了古罗马时代和基督教时代。故事里，一对夫妻祈求上天赐给他们一个孩子，好不容易盼来个儿子，妻子却死了。丈夫把亡妻葬在一棵杜松子树下。哀悼期过后，丈夫又娶了新妻子，生了一个名叫玛琳的女儿。一天，后妻狂怒之下杀死了继子。为了掩盖罪行，她把尸体切碎后放在锅里炖，还喂给丈夫吃。玛琳把哥哥的骨头用丝绸布包了起来，在那棵杜松子树下为他举行了安葬仪式。顷刻间，树仿佛活动了一般，树枝上烟雾和火焰缭绕，一只华丽的鸟儿从中飞了出来。它唱着歌，飞上天消失了。这只鸟到处飞来飞去，它的歌声迷住了很多人，人们送了许多礼物给它，有鞋子、金项链和磨盘。后来，它飞了回去，把磨盘扔在后妈身上，砸死了她，把鞋子送给玛琳，把金项链给了父亲，自己又变回了男孩。最后，一家三口高高兴兴地坐在一起吃晚餐。[31]

这只鸟和希罗多德等人所描绘的埃及的凤凰相似。故事里关于下葬仪式的描述异常细致和精确，这表明人们可能真的举行过这类仪式。但是，它和埃

格林兄弟《杜松子树》的插图，凯·尼尔森，约 1925 年。
玛琳已把她哥哥的骨头仪式性地埋在了杜松子树下。此时，男孩突然重生成一只非凡的鸟儿

及习俗之间最紧密的联系也许是相对环形的时间观和死亡观。灵魂没有像基督教里那样上天堂、下地狱或炼狱，而是重生后在人间继续过着从前的生活。另一种可能性是，凤凰从烟雾和烈焰中重生，也许是暗指炼金术的一些转化过程，因为故事的隐秘风格、凤凰的象征意义和总体上的埃及基调都是早期现代炼金术著作的显著特征。

灵魂会化作一只鸟回来的想法不仅在欧洲文化中屡次出现，在其他许多文化中同样如此。有几个非洲传说都讲到，一个年轻妻子被敌人杀死后，变成一只鸣禽飞到丈夫的住处，把她的悲惨命运唱给丈夫听。[32]西方文明认为自我是由灵魂和肉体组成的，跟其他许多文明相比，这一想法似乎比较简单，甚至可以说是不成熟。例如，墨西哥恰帕斯的策尔塔尔玛雅人把自我看成一个生态系统，肉体里住着 4 到 16 个灵魂，它们可能呈现为各种形态，比如流星、动物和其他人。他们认为所有人都拥有一种被称为“心之鸟”的灵魂，它被想象成母鸡、公鸡、鸽子或拟八哥的样子。有时，魔鬼会引诱心之鸟从嘴巴离开肉体，这时它就成了一只普通的鸟，把心之鸟杀死、烹煮、吃掉会使那个人生病甚至死亡。[33]

不管人们声称自己相信什么，灵魂是一只鸟这个观念至今仍能引起共鸣。科学家约翰·马兹卢夫和艺术家托尼·安吉尔合著了《与乌鸦和渡鸦为伴》一书。书中讲了安吉尔的一桩亲身经历。一天早晨，他被吓了一大跳，原来是有只乌鸦在猛敲他的屋顶。他之前从未听说过乌鸦会做这种事，当他走出去准备察看情况的时候，这只乌鸦立刻飞了下来，站在门廊上，与他对视。过了一会儿，安吉尔开始往回走，打算回屋洗手，但这只乌鸦却呱呱地叫个不停，后来还在他的肩膀上啄了一口。这一举动让安吉尔想起一位病重的朋友，于是他问道：“是弗莱迪吗？”乌鸦只是继续盯着他看。第二天，安吉尔得知他的朋友弗莱迪在乌鸦来找他的那天去世了。[34]那只乌鸦真的是他朋友的灵魂吗？这个想法乍一听令人觉得很不可思议，也的确没有办法证实或证伪。无论如何，该书由耶鲁大学出版社出版，大众和科学界对它的反响都很热烈。托尼告诉我，在 50 多篇评论文章中，只有一篇提及此事，而且并非贬抑之辞。

在基督教故事里的转变时刻，圣灵常常以一只鸽子的面貌出现，比如天使传报、基督的洗礼和圣灵的降临。这只鸽子本质上是基督的灵魂，就像贝努鸟是埃及太阳神拉的巴一样。教会即使最初拒绝承认人类除了肉体还有灵魂，但还是给了上帝灵魂。

动物神的重生

基督教打破了犹太教中将动物与神联系在一起的大多数习俗，特别是在祭祀和饮食方面。在官方教义层面，这使动物仅具有隐喻意义。[35] 在民间宗教层面，它为各种各样的传说和故事留下了可以填补的空白。公元 2 世纪至 4 世纪，埃及亚历山大港出现了一本题为《博物学家》的书。或许我们现在会觉得它幼稚可笑，但它提出的动物观确实彻底改变了基督教，在某些方面甚至为科学调查开辟了道路。和现代科学家一样，作者并不满足于记录信息和事件，而是努力地寻找底层动态模式。但他揭示出来的不是物理规律，而是道德寓意。

《博物学家》里的动物们具象化了各种品质、态度和抱负。原书由大约 50 个相对较短的篇章组成，大部分专门讨论一种特定的动物。受埃及影响最明显的是关于凤凰的那章。作者说，凤凰能活 500 年，当它要死时，会向赫利奥波利斯的埃及祭司发送信号，祭司们就会在祭坛上堆起柴火。凤凰来了，登上祭坛，并点燃木头自焚。第二天，祭司们回来，发现在灰烬中有一条蠕虫。第三天，它变成了一只小鸟。第四天，它就长成和巨鹰一般大了。它跟祭司们打了招呼，就飞回了自己印度的家。[36]

这种描述和希罗多德的记载有相似之处，但在许多细节上还是有出入的。和希罗多德不同，《博物学家》的作者并非身处另一块大陆。事实上，赫利奥波利斯如今已并入开罗，离亚历山大港只有 220 千米左右，因此该作者能轻易地拜访太阳神庙。由于作者使用的是一般现在时，很可能在他写作的时候，古代祭司的一些仪式仍在举行，或至少口头流传了下来。

就和古埃及一样，《博物学家》里也不断使用太阳意象。另一种可能起源于埃及传说的神鸟是夏拉德留斯[1]。《博物学家》的作者说它通体雪白。一个人病了，假如夏拉德留斯把脸转过去不看他，那么他肯定命不久矣。假如他能够康复，夏拉德留斯就会盯着他看。那么，这人也应该盯着夏拉德留斯看。这

1　原文为 charadrius，该词现在用来指鸻属，共有 30 种中小型涉禽，羽毛颜色多为灰褐色，常随季节和年龄而变化。

样一来，夏拉德留斯就能带着疾病飞到太阳那儿，从而把疾病烧掉。作者解释道，夏拉德留斯是承担了世间所有罪孽的基督。[37] 夏拉德留斯与荷鲁斯是有一些相似之处的，后者可化作隼形，且与太阳紧紧联系在一起。但在《博物学家》中，太阳的象征意义被转移到了一只鹰的身上，同时它还告诉我们，这只鹰一生中会朝着太阳飞三次，把身体的衰老部分烧掉，从而实现三次自我修复。

古埃及宗教中有几个秃鹫女神，但没有秃鹫男神。这些神一般是保护者，在绘画作品中，她们常在法老或其他人的头顶上盘旋，有时还会用翅膀保护性地拥着法老。[38] 赫拉波罗曾是古埃及宗教的祭司，他与《博物学家》的作者几乎是同时代人，他在写作中坚称所有秃鹫都是雌性，她们怀的都是北风的孩子。[39]《博物学家》似乎采信了这种说法，因为它提到秃鹫时用的是女性代词，并且讨论了她们怀孕的情况。[40] 中世纪的动物寓言集还会把秃鹫比作圣母马利亚，后者也是处女生子[1]。[41]

跟埃及的动物神一样，《博物学家》里的生物也是人类选择和人类品质的寓言式化身。《博物学家》还讲述了母鹈鹕如何一怒之下杀死幼鸟，但后来却悲痛欲绝，于是切开了自己的胸部，用鲜血使幼鸟复活。根据《博物学家》的说法，猫头鹰象征犹太人，因为它害怕基督的光芒，而戴胜则是模范孝子，因为它们会照顾年迈的父母。

在欧洲中世纪，随着时间的推移，《博物学家》渐渐成了最受欢迎的书，人们添加细节并加以润色，把它翻译成了几乎所有的欧洲语言。到了 12 世纪，它演变成了中世纪的动物寓言集，带着道德说教色彩描述了 100 多种不同的动物。现在，我们认为《博物学家》和中世纪动物寓言集体现的完全是基督教精神，它们也许已经变成了这样，但这只是因为基督教具有吸纳其他传统的非凡能力。动物寓言集里所想象出来的动物其实是埃及神再生。

人们一说起“动物”，主要指的是非人的哺乳动物，其次才是人类和鸟类。当哲学家想要探讨物的客观存在时，他们习惯提到桌子、杯子和石头。当他们想要探讨意识的性质时，他们会提到狗或猫。他们不常提及鸟类。就西方的一般分类而言，鸟类总显得有点异常，因为它们似乎既不是兽类，也不是人类，

1　处女生子，也称孤雌生殖、单性生殖，即卵不经过受精也能发育成正常的新个体。

更不是神明。

动物有灵魂吗？关于这个问题,基督教的官方教义从未给出过答案。教会的隐含立场是它们没有，这样的灵魂即使存在，也几乎被无视了。民间基督教的隐含立场是它们有，因为在无数故事中，动物不仅会说话，会施展魔法，死后还会继续活着。中世纪晚期，随着教义变得越来越严苛、排外，阿奎纳和后来的笛卡尔都公开宣称动物是没有灵魂的。人们普遍把动物地位的下降归咎于这一否定观点。不过，它对鸟类地位的影响可能并不太大。灵魂这个概念在很大程度上已变得抽象，但又并未完全抽象化。这个词仍能使人联想到图像，往往还是一个像鸟一样的小形象。民间传说中的鸟通常还能变身。

但是，既然说鸟**是**灵魂，又何谈**有**灵魂呢?

5　迁徙与朝圣

移徙是人类对尊严、安全和更加美好未来的一种渴望，是社会结构的一部分，作为人类大家庭来说，它是一个有机的组成部分。

——潘基文，2007 年至 2016 年联合国秘书长

约瑟夫·坎贝尔在《千面英雄》中写道，神话由一个故事的多个变体组成。他将这个故事称为“单一神话”。故事的第一个阶段是“分离”或“出发”，即英雄接到一个召唤，这个召唤将把他带离他的原生社会。第二个阶段是“被传授奥秘的过程中所经受的考验和取得的胜利”，第三个也是最后一个阶段是“归来并与社会相结合”。[1] 接着，他用这个基本结构阐述了大量神话中的英雄故事，从吉尔伽美什一直讲到佛陀。尽管坎贝尔本人也许没有意识到，但“出发—挑战—最终归来”这一环形模式和动物迁徙的模式几乎完全一致，后者的出现甚至早于人类的进化，却与我们的冒险观、命运观和英雄观密切相关。

很多种动物都会迁徙。在迁徙过程中，它们表现出来的导航定位的技能至少不比任何一个人类探险家差，同时它们还克服了重重困难，是当之无愧的值得赞扬的英雄。绿海龟从巴西迁徙到南大西洋中的一座小岛——阿森松岛上。帝王斑蝶从美国飞了约 4000 千米来到墨西哥的特定地区，在那里的神圣冷杉林中冬眠，且每年都会回到同一片树林，甚至同一棵树上。蓝鳍金枪鱼往返于墨西哥湾和挪威之间。但最出名的迁徙生物还是鸟类。举一个夸张的例子：每年，北极燕鸥在南极洲过冬，之后再回到位于冰岛的繁殖地。自古以来，人们都把燕子、大杜鹃等候鸟的归来看作春天来临的预兆。

迁徙通常是相对于固定住所而言的。对鸟类来说，固定住所指的就是鸟巢。白头海雕、渡鸦等一些鸟类的巢可能会使用很多代。加斯东·巴什拉引用鲍利斯·帕斯捷尔纳克的话来谈“本能，我们就像燕子一样，凭借本能建造世界——一个巨大的鸟巢，糅合了大地和天空、死亡与生命”。[2] 恋家和漫游癖之间的对立贯穿于人类文明发展的始终。

今天鸟类的迁徙模式大体上形成于上个冰期即将结束时。在那之前，旅程还没这么长，因为全球气候相对温和的地区分布还没这么广。[3] 正当人类开始定居下来的时候，鸟类开始了长途迁徙。也许正因如此，人类才把怀旧之情都

一只北极燕鸥展开了它史诗般的旅程

集中在鸟类的身上。几乎所有人类文化中都弥漫着一种难以捉摸的感情，我们渴望回到那段现在虽印象模糊却无比怀念的旧日时光。这可能，至少在某种程度上，是出于残存的迁徙本能。大雁迁徙的景象立刻就能勾起我们对一个时代的怀旧之情。回想起来，那个时代至少看起来像是一个充满奇妙冒险的时代。

直到新石器时代，人们才开始建造永久定居点，当时所有人都在迁徙，至少是在游牧。在可靠的地图、铺好的道路和指南针出现之前，人类在长途旅行中认路的方法和迁徙动物类似，即辨识记忆中的地标、观察天空和依靠直觉这三种方式相结合。虽然他们的方法没有 GPS 有效率，但商人、士兵、朝圣者和拓荒者往来各地似乎都还算顺利。定居下来的早期农耕者和继续流浪的游牧民之间的冲突是《圣经》中该隐和亚伯故事的基础。

在许多远古故事中，人们都是跟着鸟才来到其命运之地的。传说，萨宾人跟着一只啄木鸟来到了他们未来城市的所在地，于是他们将其命名为“皮塞嫩郡”（Picenum），即啄木鸟镇。[4] 在日本传说中，太阳女神天照大神的后裔神武天皇是日本的第一代天皇，他跟着一只神奇的乌鸦来到了大和，并在那里建造了他的首都。如今墨西哥的国旗上有一只嘴里叼着一条蛇的鹰，这是为了纪念一个传说：阿兹特克人的神派来了一只鹰，帮他们标出了墨西哥城应该建在什么地方。在爱尔兰史诗《夺牛记》的开头，康丘佛国王和厄尔斯特的贵族们被一群奇异的鸟儿诱到了一座仙丘[1]。他们在那里找到了一个婴儿，他就是太阳神鲁格（Lugh）的儿子库丘林。[5] 里昂（Lyon）、莱顿（Leiden）甚至伦敦（London），这些城市的原名都很有可能是“Lugdunum”，它是凯尔特语中“Lugdon”的罗马字母拼写形式，意为渡鸦山。人们很可能是跟着一群鸟来为这些城市选址的。[6]

鸟类的迁徙与吉卜赛人、贝都因人、爱尔兰流浪者[2]等世界上仅存的几个游牧民族的漫游有相似之处。水手文化是流浪传统最大的继承者，从古代至少到 20 世纪，一直都与鸟紧密地联系在一起。它从世界各国的文化中汲取养分，是属于全世界所有人的，但女性除外[3]。有关大海的歌曲，正如所料，充满了对远方的家园和心上人的思念之情，比如一首至晚可以追溯到 19 世纪中叶、有时被称为《海葬》的海洋民谣。它开头唱道：“哦，不要把我葬在那深深、深深的海里。”说话者是个奄奄一息的年轻水手。歌中他娓娓道来，听到“自由奔放的风声和鸟儿的歌声”，他便想起了自己的童年家园。[7]

水手们会不断地观察鸟。这样做的目的很多，比如判断岸的远近、预测天气、确定海洋生物的存在和决定船的航向，无疑也有排遣远航寂寞的意图。在水手传说中，海鸥、鲣鸟、三趾鸥等水鸟是在海里淹死的人的灵魂。在苏格兰的部分地区，人们被告知不要杀鸥属鸟类，因为它们可能是逝者的灵魂。这样的信念有时会转移到其他鸟的身上，它们就是柯尔律治写作《古舟子咏》

---

1 仙丘（fairy mound），又名仙山（fairy hill）或仙堡（fairy fort），是爱尔兰境内环状巨石阵、环形城堡（ring fort，尤指铁器时代的山堡，有环状堤墙和环沟护卫）、山堡（hill fort，建在山上的要塞，四周有堤坝和壕沟防御系统）或其他环形史前住所的遗迹。据说，这些遗迹要么是仙人和其他超自然生物的家，要么是另一个世界的入口。

2 2017 年 3 月初，爱尔兰流浪者（Irish Travellers）被爱尔兰政府正式确定为本土少数民族。根据 2011 年人口普查，他们占爱尔兰总人口的 0.6%。研究显示，他们是在 17 世纪中叶左右从定居人口中分离出去的。

3 古代西方人认为女性会给远航的船舶带来不幸，这种不幸可能表现为恶劣的天气，因此曾有条不成文的法则，即贡献一位女性旅客给汹涌的波涛以使大海恢复平静，我国古代也有“有女同行，航行不利”的说法。

一诗的基础。[8] 布列塔尼人说，暴君似的船长，其灵魂会化作海燕永远翱翔在大海上。[9] 对觉得自己几乎要迷失在时间里的水手来说，鸟类迁徙的景象是他乐见的，可能会唤起他对陆上四季的记忆。

迁徙还是冬眠?

人们总是惊讶于鸟类每年会精确地在固定时间抵达，其可靠性高到人们可以据之推定播种或收获的时节。看来，鸟要么自己就是神，要么就是受到了神的指引。在《圣经 · 旧约》中，耶和华问约伯:“鹰雀飞翔，展开翅膀一直向南，岂是借你的智慧吗?”（《约伯记》39: 26）对古埃及人来说，许多鸟在春天和秋天的到来是世界季节性再生的一部分。

这些鸟就这样直接消失了，然后又在约定的季节回来，没人知道它们去了哪儿，又是如何去的。《淮南子》是公元前 2 世纪初中国学者收集自然和哲学文本汇编而成的著作。书中把许多鸟类的季节性出现和消失归因于变形。它说，燕子进入大海而变成了蛤蜊[1]。根据《礼记 · 月令》的说法，仲春，鹰化为鸠；季春，田鼠化为鴽（鹌鹑）；季秋，爵（小鸟）入大水，化为蛤；孟冬，雉入大水，化为蜃。[10] 在古希腊，有些人相信大杜鹃在暮春会变成鹰。亚里士多德把这一看法记了下来，但既不表示认可，也不反驳。[11]

亚里士多德在《动物志》中写道，有些鸟类，比如燕子和鸢，并非迁徙，而是冬眠。根据他的说法，燕子被人发现全身没有羽毛，躺在洞里，而鸢在春天被人看见从藏身之处飞了出来。[12] 亚里士多德被誉为古代世界一贯最精准的自然史作家。许多学者都把上述言论看作他相对少见的极其严重的错误。关于鸢的叙述相对而言似乎可以理解，因为它们是伏击型猎手，捕食靠的是神出鬼没的能力。关于燕子的叙述则比较难以解释。燕子常在屋檐下筑巢，是随处可见的鸟类，但它们在长时间出远门后仍能找到自己家的能力让人觉得不可思议，故而人们不愿相信燕子在迁徙。也许，亚里士多德在洞里发现的燕子是从巢里掉下来的幼鸟。

1　根据《淮南子 · 时则训》的记载，“雀入大水为蛤”，“雀”专指麻雀或泛指燕雀等小鸟。《淮南子 · 地形训》亦记载，“立冬燕雀入海化为蛤”。

燕子成了基督教中复活的象征，部分是因为人们相信它们会从冬眠中苏醒。中世纪的欧洲画家有时会在基督诞生的马厩的屋檐下画燕子筑巢，在他死去的场景中也会画燕子在十字架上方盘旋。关于燕子埋在落叶堆里、藏在空心树的朽木里，甚至在月亮上过冬的传说一直流传到了现代。

16 世纪早期，瑞典的乌普萨拉主教奥劳斯・马格努斯在《北方民族史》中说燕子在水中冬眠，并用一幅渔民用渔网捞起燕子和红额金翅雀的插图加以说明。从 16 世纪到 19 世纪，科学界分为两派，一派是包括皮埃尔・贝隆和约翰・雷在内的“迁徙派”，另一派则是包括卡尔・林奈和乔治・居维叶在内的“冬眠派”，他们就“鸟类冬天去哪儿了”这个问题一直争论不休。[13]

这个问题这么长时间都难以解决，部分原因是自然科学家们采用的解决方法不太合适。除了采集标本，他们一般不会花太多时间在户外。对羽毛、鸟巢和鸟皮等物件的分类通常非常系统，但自然环境中的鸟类观察报告依然充斥着道听途说。直到 18 世纪下半叶，这种情况才因吉尔伯特・怀特的工作有所改变。怀特是汉普郡几个堂区（包括他的出生地塞尔伯恩在内）的牧师。他缺乏正规的自然科学教育，但事后证明这是他的优势，让他能不受既定方法

渔夫正在用渔网捕捞冬眠的燕子。
奥劳斯・马格努斯《北方民族史》（1555）一书中的插图

论的影响，一门心思地仔细观察塞尔伯恩的野生动物。他是观察到雨燕在空中交配的第一人，也是观察到苍头燕雀在冬天会分性别结群的第一人。[14]

在一封写于 1767 年 8 月 4 日的信中，怀特谈到一个传闻：在一场暴风雨中，白垩质峭壁上的一块岩石脱落下来，掉在了海滩上，人们在碎石中发现了一些燕子。但他对这些燕子是否在冬眠没有下定论。[15]1822 年，人们在德国的最北端发现了一只鹳，它的脖子上插着一支中非制造的巨箭。这推动了迁徙说的进一步发展。20 世纪 20 年代，当南非发现了一些在英国被套上标记环的燕子时，这个问题基本得到了解决。[16]

比起跨洲飞行数百甚至数千千米而不迷路，鸟类冬眠似乎听起来更合理。回过头来看，无怪乎许多人一度都持冬眠的观点。从蝙蝠、熊到束带蛇、箱龟，许多动物都会冬眠。也许我们真正该问的是，为什么鸟不冬眠？原因可能在于鸟类的新陈代谢率非常高，这使它们难以进入蛰伏状态。

尽管鸟类冬眠极为罕见，但并非完全没有。北美小夜鹰分布于美国西部、墨西哥和加拿大一小片区域，是唯一已知真的会冬眠的鸟类，但这足以证明确实存在会冬眠的鸟。另外，还有一些像蜂鸟、燕子这样的鸟能随着气温的降低和便捷可得的食物的减少而减缓自己的新陈代谢。

人类在冬天则更多地待在室内，睡得更多，动得更少，把新陈代谢减缓到进入或许可以称为“半休眠状态”的程度。有些鸟类也会这么做，尤其是那些鸟巢在洞里而非露天的鸟类，它们在异常的天气条件下，比如正常的四季交替被打乱时，会这么做。直到 20 世纪，仍偶有关于燕子冬眠的传闻，[17] 并很可能流传至今。

鸟类如何迁徙

是什么使候鸟在世界各地和各种天气情况下都能找到迁徙路线，而且后来还能返回自己的鸟巢？在过去的半个世纪里，对鸟类感知能力的研究已取得极大的深化和完善。研究人员做了大量的系统性实验，他们先剥夺鸟的某种感官，再进行测试。他们还做了被迫迁徙实验，即把鸟从它们习惯的迁徙路线上运走，然后仔细观察，看它们能否找到回家的路，以及是如何找到的。

这些研究取得了惊人的成果，从而获得了很多关于鸟的感知世界的知识，这在 20 世纪中叶几乎是无法想象的。直到最近，研究人员才普遍认为，关于鸟为什么能迁徙，只有一种解释，就是它们可能拥有某种视觉记忆，或通过遗传获得的意境地图[1]之类的东西。但是，随着我们的研究方法日益完善和精确，关于鸟类在迁徙中究竟是如何找到自己路线的这个问题，也变得越来越复杂，越来越难以回答。

红隼可以看见并追捕 50 米外的一只甲虫，[18] 其他许多鸟也有可以与之比肩的视力。人类的视网膜内有三种视锥细胞，而鸟有四种，这可能是它们能看见我们看不见的颜色的原因。从鸽子到鹰，许多鸟都能看见光的偏振。鸟的体内有一个指南针，使它们能通过地磁场确定自己身在何处，[19] 而且它们能察觉到气压的细微变化。鸟类还能通过天体确定自己身在何处，也能基于嗅觉记忆创建出一幅意境地图。[20]

此外，鸟还能区分人耳无法感知的声音的多种变化。[21] 当一只鸟鸣叫时，它的发音器官鸣管能同时发出两种叫声或曲调，人耳分辨不出来，但其他鸟分得清。我们听到的“啾啾”声可能连续不断地变了 10 个音调，大致相当于一句有实质内容的话。[22] 哪些能力对迁徙而言是重要的，这取决于鸟的种类和环境。[23] 但鸟认路本领的高低取决于它围绕单一任务整合许多不同能力的才能大小。

对人和动物来说，要明确区分感觉（feeling）、意志（volition）和知觉（perception）可能很困难。感觉是对心理意象的反应，而且从来都离不开感官联想。[24] 与之类似的是，即使是在感觉很微妙且没有被意识到的时候，知觉的背后也总是伴随着感觉。[25] 正如鸟类常常能感知到我们所无法感知的图景和声音，它们可能有一些我们素来没有的情感。我们很难想象，当一只红尾鵟落在高处，一歇就是几个小时，其间偶尔换换姿势，并低头四处扫视以寻找猎物时，会有什么样的感觉。整合多种官能是比单独运用任何一种官能都要复杂得多的能力，而且这种糅合使我们几乎不可能把鸟类行为概括成一个简单的刺激－反应模式。把所有感官印象联系在一起的似乎是某种近似“意识”（consciousness）的东西，我们称之为“意识”的这个概念虽然有时很有

1　意境地图（mental map），又称印象地图、心理感知地图或构想地图。

用，却是出了名地含混不清。

迁徙与朝圣

做一只鸟是什么感觉？回答这个问题大体有两种方法。一种是分析法，即尽可能多地了解鸟的各种官能和习性，然后努力将这些信息综合起来。另一种是整体法，即用富有艺术性的方法做研究，试图凭借一次直觉的大飞跃把这个问题给解答了。分析法产生的大多是理论，而整体法创造的主要是故事，这两种方法对我们弄清鸟类的生活都是有用的。

在伊斯兰文化中，有些鸟一直被认为是神圣的，比如在麦加筑巢的鹳，因为迁徙和朝圣有着相似之处。12 世纪，苏菲派诗人阿塔尔在波斯史诗《百鸟朝凤》中描绘了戴胜召集其他鸟儿前去朝拜百鸟之王西莫尔格的情景。根据伊斯兰教的传说，戴胜是所罗门和示巴女王之间的信使。戴胜告诉其他鸟儿，西莫尔格第一次现身是在中国的一天夜里，它让它的一根羽毛飘到了地上。从那以后，人们（或者说是鸟类）就一直试图根据那根羽毛想象它的样子。西莫尔格又被称作“鸾”，是中国神话里的一种神鸟，在大多数情况下即“中国凤凰”的一个变体。鸾有五彩羽毛，鸣声也五音俱全。它是除凤凰外的其他所有鸟的始祖。[26] 波斯画家们常把西莫尔格描绘成长着长长的飘逸的红、金、蓝等各色羽毛的样子。

面对戴胜的召唤，许多鸟都拒绝了，且借口连连。夜莺不愿离开他心爱的玫瑰，猫头鹰对废墟里的宝藏恋恋不舍，孔雀则只顾回忆自己在天堂里的日子。鹦鹉、鹰、鸭子、山鹑、雀和其他鸟也都拒绝了，于是戴胜挨个批评了它们的自我辩解。过了一会儿，一大群鸟就浩浩荡荡地出发去朝圣了，途中经过了 7 个山谷，分别代表了“苏菲之路”的 7 个阶段——追寻、热爱、灵知、信主、统一、困惑和寂灭。

一路上，鸟儿们靠讲故事维持情绪高涨，它们讲的大多是人类的爱情故事。一个出身卑微的苏菲派苦行僧疯狂地爱上了一位公主，公主起先同情他，但最后还是轻蔑地拒绝了他。一个伊斯兰教教长爱上了一个傲慢的女基督徒，她折磨他，激他亵渎真主，但她最后皈依了伊斯兰教。一个苏丹爱上了一个

戈登·C.艾默《鸟类飞行》(1939)中的插图。人们总是非常欢迎鹳在闲置不用的烟囱里筑巢

渔民男孩，却误以为情人对他不忠，差点就杀死了那小伙子，幸亏他的大臣们及时出手把男孩救了下来，有情人终成伴侣。

最后，每千只鸟中只有一只活了下来，其余的都死于饥饿、干渴、高温、溺水或捕食者的尖牙利爪。剩下的30只鸟儿精疲力竭、又湿又脏、惊恐万分，但一位传令官不准它们觐见西莫尔格。离开时，它们看见自己在湖中的倒影构成了西莫尔格的模样，这表示真主就在心中。这是一个神秘主义的顿悟，人、

阿塔尔《百鸟朝凤》的插图，萨瓦的哈比布拉，约1600年，金银粉彩墨画

《戴胜》，出自布赖特与蔡尔兹出版社出版的《鸟类博物志》(1815)

《脚上无毛的猫头鹰》，水彩版画，出自威廉·渣甸的《博物学家文库》(19世纪30年代)。欧洲和近东的人们在很长的一段时间里都认为猫头鹰经常在废墟里逗留，尤其喜欢去古老的城堡

鸟、神之间的差异就此消失了。《百鸟朝凤》既能给人强烈的感官刺激，同时又显得朴实无华。里面充满了丰富多彩、令人回味的意象，但带给读者的感官享受却显得格外脆弱、转瞬即逝，有点像雾天里的一道彩虹。

迁徙与天意

观看一只鸟，看着看着就成了一只鸟，至少对《致水鸟》一诗的作者威廉·卡伦·布莱恩特来说，情况便是如此。该诗首次发表于1818年，开篇写道：

> 在夕阳残照中间，
> 冒着滴落着的露水，
> 掠过玫瑰色的云端，

你独自往哪里飞？

猎人休想伤害你，
他觉察不到你飞行，
你背负紫霭滑得疾，
形迹模糊难看清。

你在寻找芦苇荡，
抑或是宽阔的河畔，
抑或是起伏的波浪
不断冲击着海岸？

有个神将你照管，
教你认清自己的路，
在海边、沙漠和空间，
孤身漂泊不迷途。

诗人甚至无须告诉我们，他也感到孤寂、害怕，也渴望有一个能让他安静沉思的地方。又过了几小节，诗歌结尾处写道：

教你在辽阔高空
平安地翱翔的那神，
在我漫长的旅程中
也将给我以指引。[27]

正如这只鸟被神指引着前往其目的地，布莱恩特相信自己也正被一股神力引导，它将带领自己经受住一切不确定性和磨难的考验，砥砺前行。

从伊索寓言到中世纪动物寓言集，再到后来的许多作品，它们都保持着一个传统，即把大自然看作一本书，从中可以汲取实际经验、道德训诫和宗教教诲。《致水鸟》这首诗继承了这一传统，其中心思想是锲而不舍。就像这只鸟，不管前方有多少危险和不确定性，也不管自己有多疲惫，都要继续长途飞行，诗人也必须在人生的旅途中勇往直前。就像这只水鸟信赖大自然而不绝望，诗人也必须相信神，相信他“也将给我以指引”。

“天性”是“天意”的世俗说法，这两种说法都可能让人不禁要问：相信神究竟意味着什么？诗中并没有暗示相信神就意味着被动、顺从，因为那只水鸟在漫长的旅程中仍然不断地努力扇动翅膀。对于诗人来说，相信神也起不了多大的安慰作用，因为他深知自己可能会面临多大的危险，这些危险既有公开的，又有隐蔽的。他必须相信敏锐的直觉，有点像一只鸟迁徙的感觉。

今天的迁徙

随着整个人类社会变得越来越城市化和工业化，人们日益怀念过去的乡村生活。1856 年，儒勒·米什莱写道：

> 要是拿破仑在 1811 年 9 月就注意到了鸟儿在提前迁徙，那该有多好啊！他本可以从鹳、鹤那里得到最可靠的消息。从它们过早的离去中，他或许可以猜到一个可怕的严冬即将来临。[28]

通过拿破仑俄法 1812 年战争的灾难性结局，米什莱批评了人类的傲慢，正是这份自大使我们相信我们总是比动物懂得多。他叹惜道，除了一些乡下人，人类离大自然已经太远，以至于都认识不到鸟类的智慧。

到了 19 世纪，即使对许多农民来说，鸟类迁徙也不再是播种和收获的最佳时节的重要标志，但候鸟仍受到人们热烈的欢迎。20 世纪初，迁徙中的鹳仍受到保护，人们对它们甚至可谓呵护备至，尤其是在德国和荷兰。人们在房屋附近和屋顶上特意留出空间让它们筑巢。[29] 这些鸟提醒人们注意自己在生活中错过的大自然的节奏。但两次世界大战以及随之长驱直入的工业化进程，不仅破坏了环境，而且破坏了风俗。

然而，一只候鸟就能激发我们重新发现自己没意识到的能力。文学作品中最好的例子在已故的温弗里德·塞巴尔德所写的小说《奥斯特利茨》中。小

大雁在迁徙途中觅食

说主人公是生活在威尔士的一个小男孩，大家都叫他“戴维德·埃利亚斯”。一天，校长告诉他，他的法定名字叫“雅克·奥斯特利茨”。多年以后，人到中年，他才凭直觉认识到，自己可能是在纳粹上台后被犹太父母送上火车逃离德国，而后被一对英国夫妇收养的。他没有系统的计划，但在模糊的回忆、机缘巧合和零星信息的帮助下，重走了一遍童年时走过的路，最终来到布拉格，在那里偶遇了自己以前的保姆。她告诉他，他的亲生父母的确是犹太人，在他 4 岁时就把他送走了，在他走后不久，他的父母就被关进了集中营。

当奥斯特利茨重走儿时路时，他就像一只候鸟，一路上似乎都是被直觉指引着，而且这些凭感官获得的感觉大多属于非意识层面。书中充满了形形色色的鸟类形象，在英国的一座乡间庄园里，有从外国进口的白凤头鹦鹉；在一家位于火车站附近的大型鸟舍里，饲养着色彩鲜艳的各种雀鸟；还有在寒冬中掉落在冰上冻死的鸟儿们；等等。奥斯特利茨在启程前也谈到了鸽子：“没人知道这些鸟儿是如何做到的。它们被人送上漫漫征途，前路茫茫，一片虚空，凶险无比。它们因预感到自己必须飞很远而害怕得差点崩溃。尽管如此，它们依然勇往直前，朝自己起飞的原点飞奔而去。”奥斯特利茨的一位朋友曾放飞过一只白色的信鸽，预期它能自己找到回鸟舍的路。起初，它没有如期返回，但最终还是走着回来了，原来它断了一只翅膀。[30] 也许这正是奥斯特利茨对自己旅程的预期。

《奥斯特利茨》创作于 21 世纪初。当时，政治动乱和环境剧变使越来越多的人成了难民。大多数新移民都是因气候变化或社会动荡而往北逃到了欧洲和北美。仇外、排外的心理和复杂的官僚政治相结合，使他们的行程变得格外危险。对鸟类来说，迁徙一直都很危险，然而在21世纪，它们面临的障碍比以往任何时候都要多。首要的就是栖息地受到破坏。此外，电网可能会干扰它们的磁感，光污染则遮蔽了视觉线索。

即使不是难民，也必须与高度的不安全感做斗争。最近，后人类主义哲学家罗西·布拉伊多蒂用“游牧”一词来形容我们与当今这个世界的相处之道。在这个世界里，所有传统的身份标识，比如性别、种族和物种，都要打上一个问号。[31] 今天的迁徙可能不太像坎贝尔在《千面英雄》里所描绘的那种古代史诗中的环形模式，而更贴近当代人类的日常生活，人们在迁徙途中必须不断与困惑、迷惘和压力做斗争。大雁迁徙一定有许多秘诀，但最主要的就是获得宁静的秘诀。

第二部分

历史中的鸟类

6　自然 – 文化

他看着它们飞翔；一只鸟儿紧跟着一只鸟儿：黑色的身影一闪而过，一转弯，一阵翅膀的扑动。他试图在它们如箭离弦、颤动着的黑色身影飞过之前，数清它们的数目。六，十，十一：是单数还是双数，他很想知道。十二，十三：又有两只盘旋着从高空飞下来了。它们上下翻飞，不过直线也好，弧线也好，它们总是在转圈子，总是从左飞到右，环绕着空中的神庙飞翔。

——詹姆斯·乔伊斯，《一个青年艺术家的肖像》[1]

游隼和渡鸦在摩天大楼的楼顶上自由自在地生活着，那里有点像它们偏好的栖息地——海边的悬崖峭壁。稍低一点的地方，比如太平梯上，偶尔也会有隼在那里安家。鸽子、麻雀等其他鸟类会利用商店的雨篷或桥梁格构里的任何缝隙来筑巢。《圣经》里巴别塔的原型可能是巴比伦供奉马尔杜克的乌尔神塔或埃特曼安吉塔庙。[1] 据说，巴别塔上有多层露台，露台上还有花园，因此肯定有许多鸟类生活在那里。塔上的砖块偶尔会开裂、掉落，这都为鸟儿筑巢开辟了新空间。

根据《圣经》的记载，全世界的人都来到巴比伦定居，接着，

他们说：来吧，我们要建一座城和一座塔，塔顶通天，为要传扬我们的名，免得我们分散在全地上。耶和华降临，要看看世人所建造的城和塔。耶和华说，看哪，他们成为一样的人民，都是一样的言语，如今既作起这事来，以后他们所要作的事就没有不成就的了。我们下去，在那里变乱他们的口音，使他们的言语彼此不通。于是，耶和华使他们从那里分散在全地上。(《创世记》11：4—8)

《圣经》中的巴别塔故事虽然没有明确提到鸟，但其象征意义和鸟有关。渴望“通天”就是想像鸟一样飞上云端。鸟是最会发声的生物，然而，不同

1　译文引自《都柏林人；一个青年艺术家的肖像》，乔伊斯著，徐晓雯译，南京：译林出版社，2003 年。

种类的鸟鸣声也完全不同，就像人类的语言一样。巴别塔的故事几乎就像是耶和华在对人类说："你们既然这么想成为鸟，那么就如你们所愿吧。"

如今，人们总是难以接受文化分歧，这种不满推动人们一再试图改变他人的信仰或征服世界。也许巴比伦帝国通过制定一套法律、行政和商业的规范用语创造出了人类团结的假象，但这种假象最终还是随着帝国的崩溃而土崩瓦解了。罗马帝国最终把相当大的一部分人类统一在一个政府之下，甚至在某

让·德·拉·封丹寓言《燕子和蜘蛛》的插图，J.J.格朗维尔，1844年，版画。
鸟儿们在高楼大厦的隐秘处过着自己的小日子，多无视人类

种程度上强行推广自己的语言。在《圣经·启示录》中，“巴比伦”有时被用作“罗马”的代名词。就许多方面而言，《启示录》中的故事和巴别塔的故事有着相似之处，但其冲突的规模要大得多。从基督教的视角来看，人类的傲慢已经从一个相对实际的问题变成了一宗罪。在善恶两军开始第一场大战之前，书中告诉我们：

> 我又看见一位天使站在日头中，向天空所飞的鸟，大声喊着说，你们聚集来赴神的大筵席。可以吃君王与将军的肉，壮士与马和骑马者的肉，并一切自主的为奴的，以及大小人民的肉。(《启示录》19：17—18)

书中继续讲道，那头野兽的追随者们和那个假先知都被杀了，“飞鸟都吃饱了他们的肉”(《启示录》19：21)。尽管琐罗亚斯德教的教徒会为了让鸟将尸体吃掉而故意把尸体露天放置，但对古代世界的许多民族来说，举行一场合乎体统的葬礼才能让死者安息，而被鸟吃掉则是奇耻大辱。在《圣经》中，仅就这段话而言，似乎鸟接受了人类的上帝，它们至少能听懂天使的话。尽管将鸟分类的主要依据常常是食物，但在这里，所有鸟都共享一餐。

民族中心主义

现在，我们正处于一个时代的尾声。这是一个西方——特别是大英帝国——占主导地位的时代，它使人类文化显得比实际情况要同质化得多。在这个时代，理论家在解释风俗习惯的显著差异时，会把他们不熟悉的习俗说成是“原始的”或“落后的”。换言之，人类文化虽然有差异，但都在同一条发展轨道上。西方主导地位的丧失有点像巴别塔倒塌后人类从此四散开来。殖民时期，大部分西方人都是以妖魔化和理想化相结合的眼光来看待其他文化的，于是自以为是的优越感就油然而生了。

在我看来，民族中心主义在今天关于动物意识的讨论中表现得尤为明显。首先，研究者常把西方文化中盛行的观点视为理所当然。当他们问道动物是否“知道时间”时，他们主要指的是西方文化才有的线性时间。当他们问道动物是否“理解死亡”时，指的是动物是否像一位世俗的欧美知识分子那样理解死亡。当他们问道动物是否有“道德”时，指的也是21世纪知识分子的道德。当他们问道动物是否有“自我意识”时，指的是当代资本主义中盛行的那种身份认同。某种程度的民族中心主义也许是不可避免的，但这些视角即使在人类中间也绝非普遍存在。

即使抛开大象的墓地和乌鸦的葬礼不谈，也很难想象所有动物都认识不到死亡，而只是把死亡当作身体不再运转的一种状态。死亡随处可见，在野外几乎是家常便饭。许多秃鹫只吃腐肉，可见它们一定能区分活体和尸体。而人类对死亡的反应绝非只有悲伤。例如，他们可能把它视为一场冒险，一次和亲人、爱人团聚的机会，或是宇宙和自己开的一个天大的玩笑。有些文化对待死亡的态度极其随便，葬礼上可能会有打斗、开玩笑、闲聊之类的各种行为。[2]

动物对死亡可能也有许多不同的看法，它们可能也有多种道德观，对于什么算是一个个体生物，可能持有无数的见解。像上帝或量子物理学中电子的位置一样，个体的本质——灵魂似乎徘徊在肉体现实和虚无之间。人们对灵魂持有各种不同的观点，有人认为它是本质，也有人认为它是社会建构出来的，还有人认为它其实是幻觉。如果动物行为学家用人类学家研究人类社会的方法来研究动物，可能会很有趣。他们可能会问诸如“它们如何理解死亡？”“它们的道德基础是什么？”“如果有的话，是什么定义了它们的个体概念？”之类的问题。这些动物行为学家将从动物身上学到一些哲理，就像许多原住民所做的那样。

《创世记》中关于巴别塔的描述可能会误导人，因为它把文化描绘成神的审判的产物，而不是对包括动物群、植物群、天气和地形在内的环境的反应。即使早在《圣经》成书的时代，人们就已经开始把文化视为大自然之外的东西。假如事实果真如此，的确有可能把同质性强加给全人类，但可惜的是，文化主要是由人们对自然界做出的各种反应构成的。

环境因素把人分成不同地缘群体的同时，也是这些群体之间的中介。忽视环境要素往往会使差异看起来远比实际情况棘手。为了纠正这一点，布鲁诺·拉图尔不谈人类“文化”，而是提出了“自然 – 文化”的说法。[3] 现在，这一术语已为许多人类学家和哲学家所采用。鸟类的多样性不仅映照出，而且帮助创造了人类文化的多样性，因为不同的人群会对不同的鸟产生强烈的认同感和共鸣。

如果将人类文化从其环境背景中剥离出来，它就会变成一个抽象的自含式表意系统，且几乎是不可通约的。在不同文化间提供有机联系的正是植物、动物和自然景观。它们充当着相对稳定的参照物，来自不同文化的人可以使用它们来沟通交流。动物的象征意义虽然文化差异相当大，但也许可算是人类有史以来最接近通用语言的东西。例如，在许多不同文化中，鹰和大型猫科动物都是王权的象征。

随着商贸活动的发展，动物及其相关的知识、传说被带到世界各地。这些野生动物被关在园中，或是由私人豢养，或是向公众展览。自文明诞生以来，这一直是一种展示巨大财富和权力的形式。这些动物还可能被当成宠物养，比如猫和狗。最常见的可能还是雕像和画像，这些形象无法与活物对证，并继续在传说中发扬光大。东亚和欧洲本土早就没有了犀牛，但关于它们的描述在流传过程中不断得到扩充，从而发展出了不同种类的独角兽。每当动物，即使只是它们的形象，被输出到外国的时候，都会附带输出一些独特的思考方式，这使得它们能在不同的文化间充当中介。

鸟类尤其适合当文化大使。很多品种的蜥蜴只分布在一个极其特定的区域内，比如某雨林中数十英亩或更小面积的地方。具有飞行能力的鸟类，其分布范围比这要广阔得多，也容易看见得多。蜥蜴通过密切适应特定的栖息地而生生不息，鸟则有点像人，能利用多处栖息地。由于活动范围狭窄，蜥蜴往往会使自然－文化分离开来，鸟类则会使它们结合在一起。

我们和鸟类之间的关系在不断且相对快速地演进。它们也反映出以文化、地理、历史、性别等为界所划分出的不同人群之间的关系。19 世纪的欧洲人之所以会对极乐鸟着迷，除了它们很美，还因为它们和印度尼西亚、新几内亚、澳大利亚这样具有异国风情的地方联系在一起。有些鸟和宗教联系在一起，比如鸽子和基督教。有些则是国家象征，比如美国与白头海雕、英国与欧亚鸲。麻雀在传统上和普通人联系在一起，孔雀和雉鸡则会使人联想到奢华。

但什么是人？许多传统定义，比如“会使用工具的动物”“理性动物”，貌似已不再合理，而像“拥有语言的动物”之类的定义已经遭到严重的质疑。然而还有一些，比如“灵魂持有者”，在许多人看来几乎无法理解。法律、生物学和诗歌都给“人”下了种种定义，它们大多是不可通约的。[4] 人类与其说是由心理或生理特征定义的，不如说是由关系定义的。换言之，我们存在于一张巨大的错综复杂的关系网中，我们与动物、植物、机器、大地、天空等都联系在一起。当然，我们和鸟类的联结只是这种关系结构中的一部分，但这部分很独特也很重要。出于这种考虑，我将努力地追溯人和鸟在历史上所产生的各种联系。

渡鸦与乌鸦

人和其他每个物种的关系都是独一无二的。我们和狗、猫、蜥蜴、蚕、羊、鸡的关系各不相同，这种不同表现在用途、责任和象征意义等方面。这些关系经历了数百乃至数千年的演化才变成今天这个样子。许多今天被称为“家畜、家禽”的动物最初和我们都是共生关系，双方都不十分清楚关系的成因，但都从中获益。

至晚自工业革命以来，这些关系大多已演变成支配关系。唯一的例外可能就是我们和狗的关系。现在，至少在西方国家，狗已完全融入当代的人类文化，有自己的电视节目、名牌服装、旅馆、美食、精神科医生等。它们尽管可能和我们一样，也深受精神迷惘、漫无目的之苦，但同时也享受着现代社会所带来的大部分便利。

在我们与动物的关系中，我们与乌鸦和渡鸦的关系十分特别。从一开始，这种关系就是相互的。其他动物可能觉得人很有用，但似乎只有鸦科鸟类（即乌鸦、渡鸦及其亲戚们）觉得我们很有趣。它们是鸟中的人类学家。一个人走在街上，可能会注意到它们停在电话线或路灯上仔细观察路过的男男女女。根据大卫·奎曼的说法，这是因为乌鸦有点像人，它们的智力水平大大超过了其进化生态位的要求。用他的话来说就是，乌鸦“不满足于陈旧的达尔文物竞天择理论所给定的狭隘的进化目标”。[5] 乌鸦的智力甚至超出了解决问题的需要，这使它们进入了神话、诗歌和哲学的视野。

但它们对人类感兴趣还是有实际好处的。黑猩猩很少或压根不能理解人用手指指着某物或某处是什么意思，但乌鸦和狗一样，不用人教就能明白。日本仙台市的乌鸦们知道红绿灯的意义，还弄明白了该如何让它们为“我”所用。绿灯时，它们把核桃放在车前，让车轮碾过。等到变成红灯，它们就俯冲下来，吃核桃肉。乌鸦知道超市什么时候会把没卖掉的食物当垃圾扔出来，于是会有一群乌鸦定时定点地等着聚餐。在快餐店附近找到的纸袋，它们会用爪子抓起底部抖几下，看看里面是否还有食物。黄石公园的渡鸦弄明白了该如何拉开徒步者的背包拉链。有一次，妻子和我看见一小群乌鸦围在它们的首领身边，那首领抓着一个小包裹朝我们飞来，在我们的头顶上盘旋，接着就把包裹丢在我们脚边。原来这是一小块用透明薄膜包起来的三明治，它似乎在叫我们帮它拆开包装，我们当然心领神会地照办了。

乌鸦常常会给跟它们交朋友的人留礼物。一个著名的例子发生在华盛顿州西雅图一个名叫加布里埃拉·曼的 8 岁小女孩身上。据报道，她与当地乌鸦建立起了亲密的关系。她从 4 岁开始便和它们分享自己的午餐便当，到报道此事的时候，她已经定期在家里的花园中喂它们了。乌鸦给她带来了几十件小东西作为回报，包括海玻璃、珠子、耳环、纽扣和小坠饰，她把它们收在盒子里。有一次，母亲把相机的镜头盖落在了小巷里。乌鸦捡到后，把它还了回来，就放在花园里鸟澡盆的边上。[6]

《格林童话》中有一个名叫《白蛇》的童话故事。故事主人公遇到 3 只掉在地上、快要饿死的小渡鸦，他把自己的马杀了，留给它们当食物。后来，这个年轻人必须从生命之树上摘下一个苹果以赢得他爱恋的公主的芳心，如果失败了，就会被处死。就在他几乎绝望的时候，之前救的那 3 只渡鸦给他带来了苹果。[7]

科学家约翰·马兹卢夫已经证明，乌鸦不但能识别人脸，还能记好几年，甚至能把它们的记忆，无论是美好的还是不愉快的，一股脑儿地传给自己的后代。它们记得那些骚扰过它们的人的面孔，逮着他们经过便会大声斥责。[8] 对动物和人来说，记忆并非简单得如同相机拍照。要记住某事，首先需要把它看作一个相互联系的统一体，而不是一团互不相干的细节。要记住人脸，鸦科鸟类还必须能解读它们，也就是说要能读懂人类的表情。要想记得更牢，通常需要主体重视客体。对鸦科鸟类而言，需要记住的既包括藏食物的地方，也包括人类的长相。

文学作品中关于鸦科鸟类的描述总给人一种它们一直在观察我们的感

先知以利亚在荒野里被渡鸦喂食的情景，1702年，版画。
在野外，渡鸦可以与一伙人或单独的个人建立关系

觉。苏格兰民谣《两只渡鸦》就是一个很好的例子：

> 我在路上独自行走，
> 听见两只渡鸦对谈，

一只对另一只问道：
“今天我们去哪儿吃饭？”

“在那土堆后面，
躺着一个刚被杀的爵士，
无人知道他在那里，
除了他的鹰、狗和美丽的妻子。

“他的狗已去行猎，
他的鹰在捕捉山禽，
他的妻子另外找了人，
所以我俩可以吃个开心。

“你可以啃他的颈骨，
我会啄他好看的蓝眼珠，
还可用他金黄的发丝
编织我们巢上的挡风布。

“多少人在哭他，
却不知他去了何方，
不久他只剩下白骨，
任风永远飘荡。”[9]

这两只渡鸦知道这位爵士跟他的妻子、鹰和猎犬关系如何，它们一直密切关注着每条关系线的发展。这种观察方式几乎与人类，至少是诗人和科学家观察鸟类的方式无异。

维京人、西伯利亚人、美加西北海岸的美洲原住民等都生活在北极圈附近，在他们的神话中，渡鸦很重要，且其中的相似之处表明，他们的这种传统可能都源自很早以前的渡鸦崇拜。[10] 在海达人、特林吉特人、夸扣特尔人以及类似的部落中，渡鸦是主要的神祇。有许多传说讲述渡鸦如何偷取天堂

民谣《两只渡鸦》插图，亚瑟·拉克姆，约 1919 年，水彩画

的光芒，将之以阳光、月光和星光的形式释放出来。它还用蛤蜊中的不成形物质造出了人类。在许多文化中都有人声称渡鸦曾与之交流，它们用叫声把猎人引向猎物或给人指路。渡鸦还能给船只指引陆地的方向，提醒船只暴风雨即将来袭。甸尼族人和中世纪的猎人都会把他们的部分猎获物留给渡鸦。[11]对人类而言，它们是向导、老师、朋友，有时也是祸害。

最能将乌鸦文化与人类文化联系在一起的也许是“乌鸦葬礼”。其他乌鸦会聚集在死乌鸦周围，鸣叫一阵，仿佛在哀悼，然后才飞走。这种行为遵循了一个清晰的模式，它显然没有任何实际的必要性，而是一种仪式性的活动。它们聚集在死者周围的原因是否和人类一样？也许一样吧，但这个原因究竟是什么？无论是乌鸦还是人类，这一行为都很难解释，只能含糊其辞地说它不知怎的就减轻了我们的悲痛之情。

根据约翰·马兹卢夫和托尼·安吉尔的说法，死乌鸦的配偶和近亲们可能会在葬礼上表达悲痛，但其他大多数乌鸦前来聚在一起是为了获知它的死因和是否有危险迫近等信息。他俩还在研究某一特定成员的缺席对乌鸦的社会组织可能会产生哪些方面的影响。[12]就像在人类社会里一样，我们未必能假定某个单一事件在任何时候或对每个参与者都具有相同的意义。甚至有可能每只乌鸦就像每个人一样，对死亡的理解差别很大。不管怎么说，乌鸦葬礼可能始终处于科学和神话的交会处。

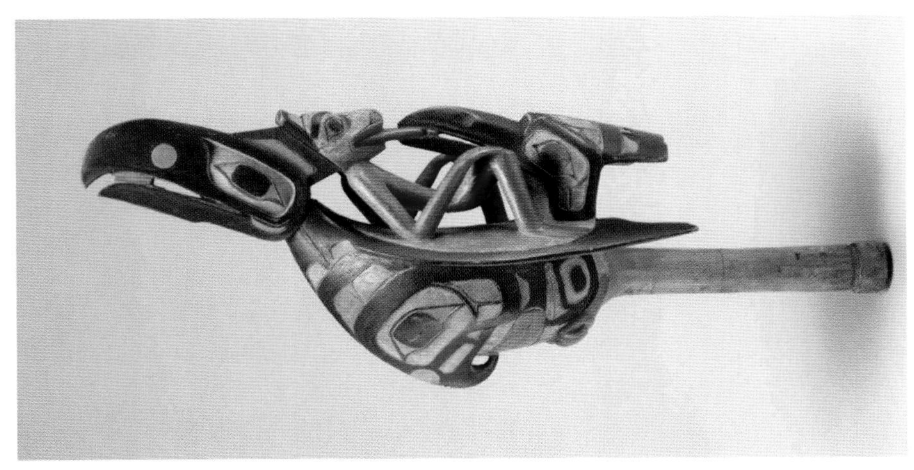

钦西安族印第安人用于仪式性舞蹈的渡鸦拨浪鼓，太平洋西北地区，19 世纪

维多利亚时代为纱线做广告的贸易卡片，美国，19世纪。
乌鸦常和非洲裔美国人联系在一起。有趣的是，在一个充斥着种族主义的社会里，
该广告中的黑色竟是积极正面的

1990 年，当诺尔曼·胡德牧师在伦敦塔地界内他自己的房间里去世时，据说伦敦塔的渡鸦们为他举行了葬礼。它们聚集在之前从未去过的圣彼得皇家锁链堂附近，呱呱大叫了一阵子才安静下来。[13]

猫头鹰

民间传说和文学作品总是把乌鸦与猫头鹰做对比。乌鸦日间活动，猫头鹰则大多夜间出没；乌鸦总是叫个不停，猫头鹰则以悄无声息地飞行著称。雄乌鸦比雌乌鸦稍大一些，但猫头鹰的情况恰恰相反。乌鸦以智力著称，猫头鹰则以智慧著称，这两者绝不是一回事。智力是可以测量的，科学家们已通过大量测验证实乌鸦是最聪明的鸟类之一，只有一些鹦鹉可以与之匹敌。相比之下，智慧是无法具象化的，没有任何测验可以确证猫头鹰是名副其实还是名不副实。在人类文化中，乌鸦具有广泛的联系和象征意义。它既能是顽皮的贤者，又能是严肃的末日预言家。相比之下，在全世界的文化中，猫头鹰的意义出奇地一致。它们和夜晚、巫术、死亡、智慧联系在一起，几乎所有的猫头鹰神话都是这些主题的变种。在全世界的民间传说中，没有别的鸟能引发如此深刻的矛盾心理。

在视觉和平面艺术作品中，猫头鹰可能是最常出现的鸟类了，但还是远不如它们在民间传说和文学作品中显眼。在古代，猫头鹰和许多女神联系在一起，但这些女神大多是众神中的边缘人物，且经常在巫术活动中从旁协助。她们的原型是英国国家博物馆所藏的、用黏土烧制的“伯尼浮雕”上的一个古巴比伦形象，俗称“夜之女王”。它展现的是一个长着翅膀、戴着圆锥形帽子的裸体女人。她腿的末端长着鸟爪，很可能是猫头鹰的爪子，爪下趴着两头狮子，身旁还有两只巨大的猫头鹰。她两眼直勾勾地盯着人看，大大的眼睛让人不禁联想到猫头鹰的眼睛。[14] 她的身份不明，但学者们提出了三种说法：天后伊南娜、冥界统治者埃列什基伽勒、荒野恶魔莉莉丝。在犹太人的民间传说中，莉莉丝是亚当的第一任妻子，被预言家以赛亚称为“夜间的怪物”（screech owl，直译为“鸣角鸮”，《以赛亚书》34：14）。

在古代世界里，雅典属于少数几个对猫头鹰的正面看法占上风的地方，他们的正面看法基于猫头鹰以智慧著称的名声。猫头鹰被认为是雅典娜的化身，雅典娜是雅典的守护神，她的形象被铸造在许多硬币上。雅典娜还是战争女神，很好战，脾气暴躁，尽管身为女性，却厌恶女性。她的面容，甚至她的智慧，都透着一股严厉的气质，这种严厉是捕食者才具有的严厉。将雅典娜

《夜之女王》，古巴比伦浮雕，公元前 1800—前 1750 年

和猫头鹰联系在一起的主要是雕塑作品和绘画作品，在神话中他俩的联系并不紧密。

在古代世界的其他地方,猫头鹰通常是女巫的化身或厄运的预兆。根据民间传说，它们栖息在许多罗马皇帝的家里发出鸣叫声，从而预言了他们的死亡。[15] 阿兹特克人认为猫头鹰是死神米克特兰堤库特里的信使,其叫声是危险的预兆。[16] 对印度教徒来说,猫头鹰可能是冥界之王阎摩的使者。对维多利亚州西部的澳大利亚原住民而言,猫头鹰则是吃小孩的妖怪穆鲁普的信使，[17] 但他们也相信猫头鹰是有智慧的。弗雷泽岛上流传着一个故事：造物主因丁杰给鸟类分发礼物的时候，猫头鹰非常安静地坐在一旁，所以起初它被忽略了。当意识到还有猫头鹰时，因丁杰本以为没礼物可发了，但后来还是赐予了它“理解力”这份礼物。[18] 在纳瓦霍人的故事里，猫头鹰常会来帮主角的忙，但它们也可能是死亡的预兆。[19]

在非洲，猫头鹰种类繁多，更常被听见而不是被看见。人们看见它们时，看见的通常只是一双闪闪发光的眼睛。这双眼睛令人不安地近似人眼,部分是因为它们也只能朝前看。撒哈拉以南非洲的传统文化大部分建立在村庄和毗连丛林之间的反差上，村庄是相对安全的地方，而丛林是巫师和危险野兽的领地。塞内加尔和几内亚的巴迪亚兰克人认为夜访村庄的猫头鹰是巫师的化身。[20] 中非西部的乌利人认为猫头鹰是蓄谋杀人的魔术师变身来的。[21]20 世纪 60 年代末，当蒙博托·塞塞·塞科筹划处决扎伊尔[1] 民选总统帕特里斯·卢蒙巴时，蒙博托的秘密特工就被称为“猫头鹰”。[22]

小鸟可能会结伙对付大型猛禽，但这种“围攻”行为尤其经常地发生在白天出来的猫头鹰身上。其他鸟类会绕着它飞，不断骚扰它，甚至会攻击它，最后通常是猫头鹰这只不受欢迎的鸟识趣地飞走，这让人联想到人类社会的许多相似之处。亚里士多德注意到了这种行为,并提到猫头鹰和鹪鹩之间存在着一种特殊的敌意。他还兴许带着讽刺意味地说，小鸟不断攻击猫头鹰并拔它羽毛的行为人称“欣赏”。[23] 艾利安则认为猫头鹰本身就是女巫，其叫声是咒语，把小鸟吸引来，使它们“昏昏沉沉、惊恐万分”。[24] 中世纪的动物寓言集把通常躲着日光的猫头鹰比作拒绝接受启示之光的犹太人，围攻猫头鹰的小鸟代表正义的基督徒也就不言而喻了。[25] 猫头鹰的面容还能用来表示贵族

1　扎伊尔，即今刚果民主共和国。

《被昼行性鸟儿们嘲笑的猫头鹰》，马丁·施恩告尔，1435—1496 年，版画。
这只猫头鹰是和罪恶联系在一起的，甚至可能是魔鬼的代表。
它嘴里叼着一只小鸟，其他小鸟则试图把它赶走

以猫头鹰为饰的盾牌，匈牙利，约1500年。这面盾牌的贵族主人把猫头鹰作为自己的象征，被小鸟群殴成了贵族引以为傲的一点

对平民大众的蔑视。在纽约大都会艺术博物馆所藏的一面约16世纪初的匈牙利盾牌上，有一只猫头鹰，身旁的题词是：“虽然所有鸟儿都恨我，但我乐在其中。”[26]

在此后的几个世纪里，欧洲的贵族阶层无可挽回地把大部分权力都慢慢输给了中产阶级，与此同时却保留了，甚至增加了自身的魅力。随着人类征服或至少自称征服了大自然，像暴风雨这样的自然现象和大型捕食者这样的自然生物就只能激起一阵战栗而已了。在戈雅1799年所作的著名版画《理性的沉睡产生怪物》中，古老的恐惧感短暂地回来了。画中一名男子弯腰趴在桌上，头埋在胳膊里，很多猫头鹰和蝙蝠一窝蜂地围在他身边，而他的猫无助地躲在一旁。很难说是出于艺术灵感，还是在机体结构上犯了错误，画中的这些猫头鹰，尤其是男子背部正上方的那只，可以移动瞳孔，从而用眼角的余光扫视四周。这使它们看起来带着人类的特征，有点像鬼魂，特别可怕，令人不安。[27] 当时在诗人和艺术家中弥散的浪漫主义忧郁就崩溃成了原始的恐惧。

到了19世纪，猫头鹰已经和浪漫主义风景画联系在了一起，这类风景画通常以深林里或峭壁上的城堡废墟为特色。夜间出没的鸟儿足以让人联想到巫术或即将到来的死亡，因此激起一阵怀旧的战栗。1854年，艺术家J.J.格朗维尔用一幅木版画含蓄地讽刺了戈雅画作中的浪漫主义加强版。这幅木版画描绘了一只绅士猫头鹰和一只颇像贵妇的老蝙蝠黎明时飞离一栋摇摇欲坠的豪宅的情景，同时配上《它们被光吓到了》的标题。[28] 在遥远的地平线上，还有许多别的猫头鹰和蝙蝠。这里用了双关语，“光”还可以用来指启蒙哲学家们。对这幅画的另一种解读是，这些哲学家猛烈地抨击了迷信，从而过度美化了启蒙，同时把消除旧信仰说得过于容易了。

然而，20世纪中期，随着人与大自然的距离越来越远，猫头鹰的天性和

《理性的沉睡产生怪物》，弗朗西斯科·戈雅，1799 年，版画

《它们被光吓到了》，J.J. 格朗维尔，《今日之变形》（1854）中的插画

名声都被全盘否定了。在迪士尼 1942 年出品的电影《小鹿斑比》中，一只日间活动的猫头鹰在一片阳光明媚的田野上兴高采烈地教导着一群兔宝宝。在 20 世纪末出版的哈利·波特系列丛书中，霍格沃茨魔法学校用猫头鹰来送信，但这其实更像是信鸽做的事情。这些猫头鹰也是日间活动，且不生活在森林里，而是住在一个叫“猫头鹰棚屋”的地方，这本质上是一间鸽舍。它们不再是独居动物，通常一出现就是一大群，给食堂里的学生们捎来消息。[29]

J.K. 罗琳的哈利·波特系列丛书不仅鼓励那些在互联网上长大的孩子阅读大部头书籍，而且能激发他们思考在智能手机乃至移动电话诞生之前，生活是什么样子的。对此，我跟许多人一样甚感欣慰。然而，在上述例子中，我觉得霍格沃茨和魔法部做得有点过头了。有时，它似乎坚持把所有魔法都规范化、制度化。但我希望它能让猫头鹰有点魅力，如果不能，至少容许它拥有一点个性。

猫头鹰很可能是感官最敏锐的动物。嵌在眼窝里无法转动的巨大眼睛闪耀着智慧的光芒，它们既强壮又庞大。此外，它们的眼睛跟猫眼一样，在黑暗中会发光。即使在星星和月亮被云层遮住的时候，猫头鹰借着微弱的月光和星光，也能看得很清楚。它们的视敏度，即捕捉细节的能力，不是特别出色，却能分辨出极远处物体的形状，且在觉察运动物体方面特别擅长。仓鸮的视觉灵敏度至少是人类的 35 倍。[30]

猫头鹰捕猎主要靠的是声音，因此其听力甚至比视力更出色。许多猫头鹰头上长着两簇羽毛，常被误认为是耳朵，但其实它们真正的耳朵长在稍下一点的位置，就是两个被羽毛盖起来的开口。耳孔周围有一圈羽毛，在面部形成一个凹陷的圆盘，这些羽毛使猫头鹰的眼睛看起来比实际的大一些，但事实上起到的是过滤入耳声音的作用。猫头鹰的耳朵是不对称的，一只高，一只低。声音传到两只耳朵的时间差可能只有三千万分之一秒，却足以告诉猫头鹰田鼠所在的确切位置。[31]

长期以来，人们一直惊讶于猫头鹰拥有的精准锁定能力，它们能定位在 30 米外的树叶下移动的一条蛇。秋风拂过，假如我们能听清每片绿叶发出的沙沙声，我们的思考能力和想象力很有可能会被压垮。也许，在猫头鹰的世界里，丰富而强烈的感官没有给人性化的思维留有余地，或者说它们根本不需要。也许正因如此，猫头鹰在问题解决类的智力测试中得分才不高。然而，在我看来，森林里树叶沙沙作响时，能分清哪些声响是风吹出来的，哪些是潜在的猎物弄出来的，这是需要某种智力的。

那么，猫头鹰真的聪明吗？它们让我想起乔治·艾略特的《米德尔马契》中的一句名言："要是我们的视觉和知觉，对人生的一切寻常现象都那么敏感，那就好比我们能听到青草生长的声息和松鼠心脏的跳动，在我们本来以为沉寂无声的地方，突然出现了震耳欲聋的音响，这岂不会把我们吓死。"[32] 我不知道猫头鹰能否听见松鼠的心跳声，但它们听见的可能性肯定比我们要大得多。而思想和感觉之间的差异可能没有人们通常以为的那么大。研究已证实，感觉中充斥着情绪，甚至也许还有意志，因此把猫头鹰的感官敏感度视为一种智慧不是完全没有道理。无论如何，猫头鹰似乎都占据着一个阈限空间——夜之域，在那里，恶可能变成善，愚蠢可能变成理解力。

鹦鹉

1650 年左右，佛兰芒艺术家小杨·勃鲁盖尔在他的橡木画板油画《人间伊甸园》中，把伊甸园的那条蛇画成了一只红色的鹦鹉，准确地说是一只绯红金刚鹦鹉。亚当和夏娃是猴子，可能是吼猴。它们高高地坐在苹果树的一根大

《人间伊甸园》，小杨·勃鲁盖尔，约1650年，木板油画。
画家把亚当和夏娃画成了猴子，把伊甸园之蛇画成了鹦鹉

树枝上，靠近画面中心。两猴中间还有一根朝上长的次生枝，它的外形就像《圣经》里的智慧树。鹦鹉栖息在同一根树枝靠左一点的地方，它看着猴形夏娃拿着一个苹果，可能正要给她的伴侣吃。

再低一点的地方，有一对蓝白色的鹦鹉栖息在一棵小树上。草地上的草看起来像刚割过，整个场景与其说是丛林，不如说是贵族家的花园。鸟兽大多成双成对地在休息。一头雄狮躺在一头牛和一只鹿中间，并没有骚扰其中任何一只食草动物，因为根据传说，在大洪水之前，所有动物都是食草动物。[33]至晚从中世纪后期开始，亚当和夏娃就偶尔和猴子联系在一起了，但以这种方式如此公开地将两者等同起来，即使只是比喻，也预示了进化论的诞生。[34]《圣经》中的伊甸园之蛇显然不是普通的蛇，画家有时会把它描绘成一条龙，有时甚至描绘成一位长着蛇尾的女子。

然而，勃鲁盖尔在暗示绯红金刚鹦鹉是一种邪恶的生物吗？显然不是。《圣经》里的描述被世俗化到了不像道德寓言而只是故事的程度。这幅画展现的是人类从自然王国里走出来的那一刻，至少是当时的欧洲人想象中的大概情景。状况的改变既可以被视为祝福，又可以被视为诅咒，也许两者兼而有之，但在本例中，它只是历史而已。

那么，为何是鹦鹉？把伊甸园之蛇描绘成一只鹦鹉是勃鲁盖尔的原创，但在传统中可以找到充足的依据。如果不算变成了天使代言人的巴兰的驴子，那么这条蛇就是《圣经》里唯一能像人一样说话的动物。从亚里士多德的修辞学到笛卡尔的语言学，思考与表达使人类成了拥有语言的动物，但鹦鹉似乎挑战了这一点，因为它们能学舌。当然，鹦鹉还有一条长尾巴，有点像蛇尾，特别是它垂着的时候。也许，勃鲁盖尔不同寻常地从字面意义上理解了“人类的堕落”这一概念。一旦完全变成人，我们的祖先就不再生活在树上，这可能预演了进化论。最重要的是，这条蛇只跟夏娃说话。在有关伊甸园的绘画作品中，她常显得跟蛇有某种亲密的默契，这表现在他们之间遮遮掩掩的眼神交流中。

鹦鹉曾经且现在仍然和人类女性紧密地联系在一起。和鹦鹉一样，女人的价值常被肤浅地和外表联系在一起，甚至两者都被物化成某种社会地位的象征。在基督教历史的大部分时间里，信徒都认为伊甸园之蛇是雄的，但在13世纪，情况发生了变化。这个生物常被描绘成长着一张女性面孔，且往往是夏娃的替身。勃鲁盖尔笔下的那只绯红金刚鹦鹉性别不明，但它栖息在树

01847
Puck
WEEK ENDING MAY 9, 1914
PRICE TEN CENTS
Blue-bird lady though you be,
With your hat perched careless-wise,
No such likeness do I see,
Blue-bird lady though you be;
You are more than that—to me
You're a Bird of Paradise!
Blue-bird lady though you be,
With your hat perched careless-wise!

《泼克》杂志 1914 年 5 月 9 日刊的封面。左下角的小诗把这位头戴鲜艳羽毛帽的"蓝鸲女士"比作一只极乐鸟。具有异域风情的外来鸟很早就和女性联系在一起

枝上靠近夏娃的那一边。

长期以来，鹦鹉都因拥有学舌能力而被当作动物伴侣饲养着。《五卷书》是古印度 – 波斯的一本寓言故事集，大约成书于公元前 3 世纪，但可能很早之前就开始口口相传。书中有一只会说话的鹦鹉，它差不多被英迪拉和其他神当成宠物照料着，尽管似乎没有被笼养。[35] 艾利安写道，在印度，鹦鹉被养在皇宫里，但从不会被关在笼子里，也不会被吃掉，因为“婆罗门认为它们是神圣的，甚至把它们排在百鸟之首”。[36]

首次提到鸟笼的是公元前 8 世纪的一份希腊文本，现已不存，但约 9 个世纪后的文本引用了它。公元前 5 世纪和前 4 世纪的希腊花瓶上常有柳条鸟笼的图案。[37] 美洲人也独立地发明了笼子，最终被西班牙人烧毁的蒙特祖玛动物园就有一个大型鸟舍。把鹦鹉带进地中海世界的是亚历山大大帝，他的军队到达了印度的边界。此后，笼养鹦鹉就在古希腊、罗马和埃及流行了起来。它们之所以受到珍视，是因为颜色鲜艳并具有异国情调，但最重要的还是它们拥有惟妙惟肖地模仿人类说话的能力。即使在人们对这些鹦鹉相对熟悉了以后，它们也从未与印度失去联系。在罗马镶嵌画里出现的鹦鹉多半是自由飞翔的，罗马可能曾经有过数量庞大的野生鹦鹉种群。[38]

长期以来，精美的鸟笼和其中的鸟儿一样，都是地位的象征。该图出自 20 世纪早期艾奥瓦州一家售鸟公司的目录，展示了一只被养在一个球形鱼缸里的鹦鹉

罗马帝国衰亡后，宠物鹦鹉的受欢迎程度有所下降，但当西班牙人在南美洲发现了新品种后，它们又重新流行了起来。这些新品种中最突出的是绯红金刚鹦鹉，正是勃鲁盖尔所画的品种。墨西哥和美国西南部的几个部落已经部分驯化了它们。11 世纪末 12 世纪初，在明布雷斯人的陶

《鸟贩图》，中国，
15世纪末或16世纪初，卷轴设色画。
小贩给围着他嬉戏的孩子们展示精美的鸟笼、
镀金的栖木以及养鸟要用到的其他器具

器上，包括金刚鹦鹉在内的多种鹦鹉是主要的图案。[39]欧洲人开始引进它们时，这些鸟早已习惯了人类的存在。从17世纪到19世纪，笼中鸟成了富裕中产和贵族家庭里的一件摆设。有些鸟笼是如此奢华，有着复杂精细的雕刻或金工，以至于其中的鸟只是展示鸟笼的借口。鸟笼常被造成宝塔状，也许是在强调它来自异国他乡。到目前为止，最具声望的宠物就是鹦鹉了。

一个例子就是德国艺术家马丁·施恩告尔于15世纪70年代创作的一幅名为《圣母子与鹦鹉》的版画，现藏于纽约大都会艺术博物馆。图中，马利亚用右手打开了一本《圣经》，左手抱着圣婴。她看着婴儿耶稣，而耶稣则看着栖息在他左手上的鹦鹉，仿佛在听它说话。因为鹦鹉的自然叫声是“ave”，而天使加百列出现在马利亚面前，告诉她她即将生下基督时，对她的问候语也是“ave”，所以鹦鹉就和马利亚紧密地联系在一起了。在这幅版画里，这只鸟似乎扮演着预言者的角色。根据传统信仰，《圣经》预言了弥赛亚的降临，画中的鹦鹉正提前诉说着他的故事。[40]

1504年，在勃鲁盖尔《人间伊甸园》诞生的一百多年前，阿尔布雷特·丢勒创作了一幅关于伊甸园里的亚当和夏娃的版画。他笔下的伊甸园更像是一座原始森林，而不是花园。夏娃用右手从蛇那儿接过一个无花果。亚当在一旁看着，左手张开，做出准备从她手中接过无花果的样子。夏娃还从智慧树上折下了一根细枝，把它拿在左手上，藏在身后。亚当的右手握着一根花楸，即生命树的树枝，枝上还栖息着一只鹦鹉。[41]后来被勃鲁盖尔合为一体的蛇与鹦鹉在这里看上去几乎是在协同行动，它们象征着人类的堕落和救赎。在汉

《圣母子与鹦鹉》，马丁·施恩告尔，15 世纪后期，版画。在这幅德国画作里，马利亚右手翻开《圣经》，也许是在宣告弥赛亚的降临；左手抱着婴儿耶稣，耶稣的手上栖息着一只鹦鹉。马利亚全神贯注地看着耶稣，而耶稣则注视着鹦鹉，因为鹦鹉很可能在告诉他即将发生的事情

《亚当和夏娃》，阿尔布雷特·丢勒，1504年，版画。
亚当的右手举着一根花楸——生命树的树枝，枝上还栖息着一只鹦鹉

斯·巴尔东·格里恩1533年创作的《圣母与鹦鹉》中，马利亚俨然一副贵族小姐的样子。她的头发被精心整理过，脖子上戴着一串珍珠项链。她正在给圣婴喂奶，基督则直视着赏画人。此时，一只非洲灰鹦鹉轻啄她的脖子。这在我们看来可能有点色情，但其实是在暗指马利亚所拥有的原始纯真。[42]

有钱的女士在请人画肖像画时,常会让自己的宠物鹦鹉也一起入画。在接下来的几个世纪里,这样的画作变得越来越普遍。其中大部分鹦鹉看上去就像是代理男友或丈夫。笼中鸟，尤其是笼中鹦鹉，成了情欲的象征。把它们从笼中放出来，即使仍在屋内，也暗示着性压抑的释放。詹巴蒂斯塔·提埃坡罗于1760年左右创作了一幅题为《年轻女子与金刚鹦鹉》的画作，画了一位袒露着半边酥胸、可能是高级妓女的妖媚女子正爱抚着一只鹦鹉的情景。当某人，或许是她的情人，走过来的时候，她似乎一直在看着自己心爱的宠物，也许还在跟它说着话。觉察到有人走近，她转过头来，显得有些惊讶，但仍不失冷静。[43]1866年，居斯塔夫·库尔贝在《女人与鹦鹉》这幅画中描绘了一名披头散发的裸女慵懒地仰躺在床上。她的左手抬了起来,上面停着一只鹦鹉。[44]

鹦鹉在欧洲之所以魅力无穷，除了学舌能力和鲜艳颜色，还因为它们和殖民帝国偏远角落里的原始丛林有关。一般来说,热带鸟类似乎体现了一种原始的辉煌,探险家们把这种辉煌和异域他乡联系在一起。欧洲人迷上了撒哈拉以南非洲的鹭鹰、鸵鸟和织雀，新几内亚的园丁鸟和极乐鸟，澳大利亚的琴鸟和笑翠鸟，拉丁美洲的蜂鸟和巨嘴鸟。但他们最感兴趣的还是鹦鹉，欧洲的鹦鹉可能来自热带地区的任何地方。鹦鹉的学舌本领足以让人觉得它们十分聪明，而且讨人喜欢。“鹦鹉学舌”跟“猴子学样”的意思差不多，都指不加理解地模仿。对欧洲人来说，这种颜色鲜艳的鸟和大型灵长目动物都代表了原住民。教鹦鹉学说话在象征层面上有点类似于把“文明”带给“未开化的野蛮人”，甚至连通过研究这些生物而获得的科学知识也是征服的战利品。

鹦鹉尤其在欧洲和北美开创了一个宠物饲养的新时代。随着城市化的发展，人与野生动物和农场动物的接触越来越少，但把经过驯化的动物带到家中，在某种程度上弥补了人与动物的接触不足。自新石器时代以来人们都是这样做的，但现代宠物饲养的规模却是前所未有的。同样的新趋势还有，人们不再指望动物做打猎、捕鼠这样的工作，养它们通常只是为了有它们做伴或彰显自身的地位。对中产阶级来说，鹦鹉往往过于昂贵，且养起来很费力。

《圣母与鹦鹉》，汉斯·巴尔东·格里恩，1533年，木板油画

《年轻女子与金刚鹦鹉》，詹巴蒂斯塔·提埃坡罗，约 1760 年，布面油画

《女人与鹦鹉》，居斯塔夫·库尔贝，1866 年，布面油画

在早期现代，鹦鹉的受欢迎程度可以和金丝雀相媲美，后者是一种黄色小雀鸟，来自非洲西北海域的西班牙群岛——加那利群岛。19 世纪，全世界最受欢迎的宠物鸟是虎皮鹦鹉，这是一种从澳大利亚引进的长尾小鹦鹉。

这些宠物的待遇反映了人类社会的所有悖论和矛盾。在宠物市场上，它们通常被养在肮脏、狭小的环境里，但在主人家里有时却能备受呵护。由于短暂兴起的风潮或主人一时的心血来潮，各种各样不同寻常的颜色和外形都被人工培育了出来，但往往是以它们的健康为代价的。鹦鹉及其亲缘动物们继续代表着一种极度奢华的幻想。

在 20 世纪后期的几十年里，艾琳·佩珀伯格系统地教一只名叫亚历克斯的非洲灰鹦鹉学习单词及其相关概念。买下亚历克斯时她是哈佛大学的一名化学系学生，在成为化学家的梦想破灭后，她想出了一个在当时算是相当不切实际的主意，即通过教亚历克斯学人类语言而不只是随机的单词来为科学做贡献。在接下来的 30 年里，她教亚历克斯识别颜色、形状和材料，以及 6 以内的数字。它还学会了 100 多个英语单词。[45]

2007 年，31 岁的亚历克斯去世，它的遗言是“我爱你”，这也是它每晚都

威廉·渣甸的《博物学家文库》(1848)中鸟类学部分的扉画，水彩版画。
颜色鲜艳的凤头鹦鹉、绿鹦鹉让人联想到遥远的浪漫国度。
背景里洗浴的人代表的则是一种原始的纯真

《伦敦利德贺家禽市场》，出自《哈珀周刊》1876 年 3 月 16 日刊。孔雀也许最后注定是要在贵族的花园里漫步的，但在运送途中，它们和鸡一样被关在窄小的笼子里，连转身的空间都没有

会说的。各大新闻广播电视台都播报了它的死讯，美国的几乎每家报纸都刊载了它的讣告。它在媒体上轰动一时。[46] 在许多人的心目中，它或许已成为人类世界和动物世界之间最杰出的使者。亚历克斯的故事激发了人们的想象力，尤其唤起了和动物交谈的渴望，它早已贯穿于世界各地的神话传说中。

和佩珀伯格的成就相比，她与亚历克斯的关系更令公众着迷，这部分是因为这项工作是在科学界的边缘地带展开的。如果佩珀伯格像大多数科学家一样，只在实验室里作为团队的一分子工作，比较几个匿名实验对象的测试结果，可能就只有少数专家才会对她的成就感兴趣。既然大部分研究是在她的家里进行的，且以高度个性化的单一受试者为中心，那就显得浪漫多了。在佩珀伯格的自传《我与亚历克斯》的封面上，有一张他俩的合影。佩珀伯格坐在地上，膝盖竖起，上面栖息着亚历克斯。她转头面对读者，会心一笑，它则心不在焉地凝视着远方。这张合影让人联想到几个世纪以来许多女人与她们的鹦鹉同框的肖像画。

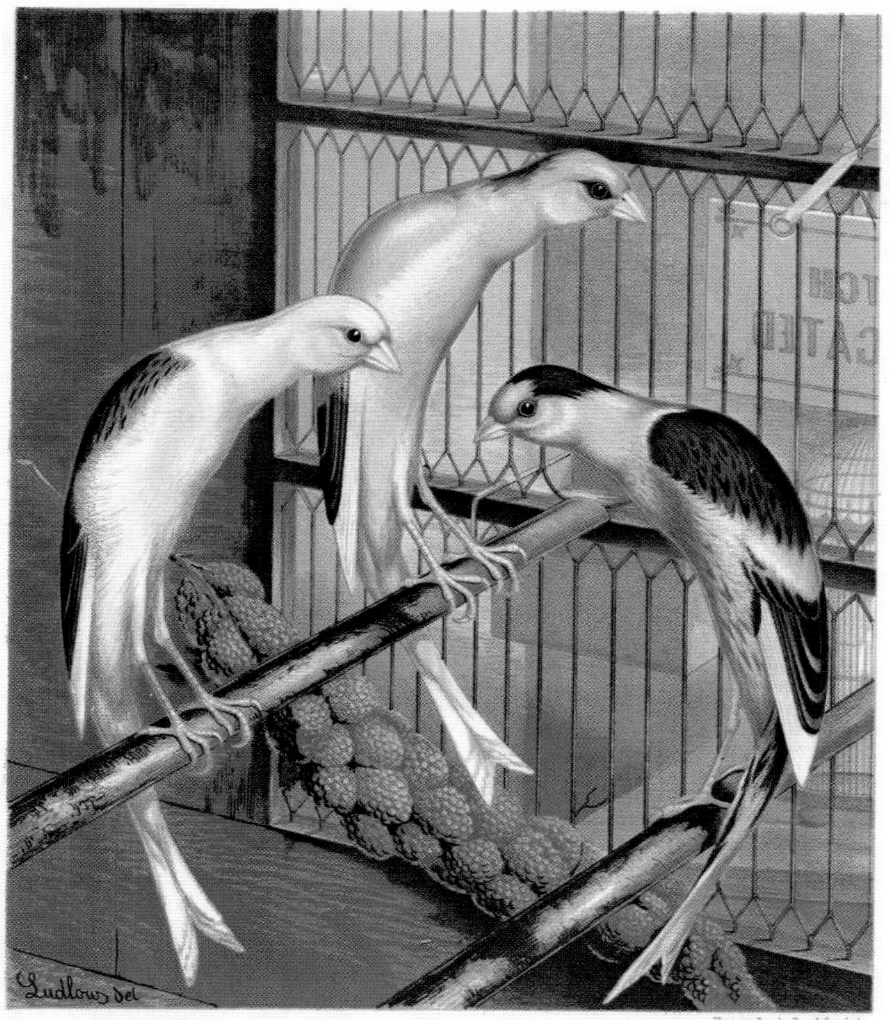

《苏格兰花式金丝雀》，卡塞尔《金丝雀和笼鸟》(1880) 中的插图，彩色石印画。笼鸟通常是人们为了新奇而人工繁育出来的，因此它们时常会有各种各样的生理问题

21 世纪，人们已经不像从前那么普遍地接受笼养，至少在没有其他鸟持续陪伴的情况下，这是不太被接受的。研究人员发现，强调把学习人类语言而不是解决问题作为衡量智力的标准可能还是狭隘了一些。尽管如此，亚历克斯和佩珀伯格的故事所拥有的魅力和价值还是远远超出了科学研究的范畴。在《美女与野兽》里，一个女人把一个野性十足但本性纯良的男人带进了文明社会。亚历克斯和佩珀伯格的故事就像这个童话故事一样深深地吸引着我们。

原住民传统

每一个种、属或属于某个民间分类系统的鸟都离不开它们和人类经过数百年乃至数千年的演化而形成的特殊纽带，也都有其独特的形象、权利、特权和预期。论及这样的关系时，很难把先天和后天、传统和生物学区分开来。有事例表明，人和鸟的关系改变了鸟的行为，有些改变甚至可能已经达到了不可逆的程度。自古以来，人们都知道燕子会在屋檐下筑巢。如今，北美的大部分家燕都已不再在树上筑巢，而只在人类的建筑物里筑巢。

响蜜䴕与中非的几个民族建立了密切的共生关系。莫桑比克的尧人想找蜂蜜时，就会发出隆隆的叫声。响蜜䴕闻声而来，带着他们找到树洞里的蜂巢。尧人采完蜜，会给它们留下一些。[47] 肯尼亚的游牧民族相信，附近有蜂蜜时，响蜜䴕就会主动来找他们，以跳舞的方式召唤他们。[48] 采蜜者大多会故意留一些给鸟儿，但也有少数人不留。无论如何，响蜜䴕都是受益的，因为它们能食用并消化对人类用处不大的蜂蜡，这一能力在脊椎动物中是独一无二的。[49]

这一合作行为，至少在鸟这边似乎是与生俱来的，因为响蜜䴕和大杜鹃、牛鹂一样，是巢寄生鸟类，它们在其他鸟的巢里产卵，因此不太可能从父母那里学到与人类合作之道。如果我们把这种关系算作“驯化”的实例，那么它很有可能是最早的例子。然而，响蜜䴕和蜜獾之间也有着类似的关系，这表明它们之间的纽带可能主要是鸟儿主动缔结的。[50]

这一关系同时也是关于原住民知识的一个极具戏剧性的例子，它并非源自西方范式，却备受重视。今天的环境问题是国际性的，是跨文化的，需要西方的环保主义者和那些与他们同忧却以完全不同的方式看待自然界的人密切合作。那些人的分类方法和西方人的可能大致相似，但绝不会精准地一一对应。他们理解“人类”的方式与我们的可能根本不同，和鸟的关系也完全两样。他们关于植物和动物群的知识从来都不像林奈分类法这般系统，但建立在可能更广泛的观察的基础上，这种观察是大多数科学家都没有足够的时间去做的。他们的知识还让他们倾向于以实际任务为导向，比如打猎。

西方的鸟类学知识并非无懈可击，任何一种原住民传统也是如此。当意见不一时，各方都可以通过对话来调解分歧。无论是存在误解，还是一方有错，各方在此过程中都可以加深理解。这是新兴的民族鸟类学（ethno-ornithology）的学科基础，该学科试图对鸟类进行多文化的比较研究。[51] 但是，民族鸟类学中的鸟也只是在扮演巴别塔出现之前它们早就在扮演的角色，即在文化（或“自然－文化”）间充当中介，只是现在可能略微明显一些。

符号的意义以一种有机的方式随着环境的变化而变化，这有点像鸟兽本身。跟其他一切生灵一样，它们也在不断地改变和进化。它们占据着主观域和客观域之间的阈限空间。的确，一只绯红金刚鹦鹉既不是伊甸园之蛇，也不是圣母马利亚。但假如我们沉思片刻，就可以发现，关于金刚鹦鹉与人的关系，这样的类比能告诉我们很多东西。这是增强纽带的一种方式，就像已婚人士之间的伴侣关系一样，不一定要永远和谐才是深刻的。正如已婚伴侣通过彼此跟某一种族和传统的某些元素产生联系，我们也通过金刚鹦鹉跟远方的土地和大自然联系在一起。

可以这么说，在鸟的世界里，乌鸦是学者，猫头鹰是牧师，鹦鹉是诗人。乌鸦展现的是智慧，猫头鹰展现的是无声的理解，鹦鹉展现的则是口才。这样概括其实过于简单了，但我主要想说的是，在人类的心灵里，每种鸟都有其独特的领地，即使领地的边界不是十分明晰。如果它们灭绝了，或者我们失去了跟它们的一切联系，某些物或某些人是能填补空白的，但其生命力绝不可同日而语。工业革命发明出来的大机器有点像那些在文明诞生之前部分因人类作用而灭绝的大型哺乳动物。闹钟可能会让人联想到公鸡，而防盗报警器就像一只狂吠的狗。拓麻歌子和其他电子宠物可能是仿照鹦鹉、猴子、恐龙等任何一种生物制成的。但只要跟活物比较一下，就能看出它们失去了一些极为宝贵的东西。

我将以澳大利亚原住民的一个传说来为本章作结。本章论及的三种鸟都出现在这个故事里，还有一只雄伟的楔尾雕充当会议主席。索尼娅·提德曼和蒂姆·怀特塞德在讲述这个故事时指出，讨论对死亡的恐惧在原住民的故事中是极不寻常的。他们认为，可能随着传教士的到来才出现了这种担忧。也许澳大利亚原住民与其祖先的联系如此紧密，以至于个人的死亡显得无足轻重。无论如何，这个故事都很好地表明了鸟常常在不同文化间充当中介。

一只年幼的凤头鹦鹉从一棵高树上跌了下来，昏倒在地。动物们试着叫醒它，但都未成功。于是，大家聚在一起，召开了一个大会，试图弄明白发生了什么。它们首先向以智慧著称的猫头鹰求助，但猫头鹰一言不发。楔尾雕抓起一颗鹅卵石，丢进河里，看着它沉下去，然后说道：凤头鹦鹉就像这颗鹅卵石，已经去了另一个世界。其他动物对这个说法不满意，于是又向懂更多的乌鸦求助。乌鸦抓起一件打猎用的武器，丢进河里，看着它沉下去后又浮了上来。乌鸦解释道，我们与它是一样的，去了另一个世界又折了回来。接着，雕鸮问，有谁自愿前往死后世界以探明真相。昆虫们自告奋勇地前去冒险。当水蚤变成蜻蜓、毛毛虫变成蝴蝶飞回来的时候，大家全都明白了，乌鸦是对的。[52]

7 鸟类政治

鹪鹩、鹪鹩，百鸟之王，
于圣司提反节，在荆豆丛中被抓；
在冬青树与常春藤上，
所有的鸟儿都将为我歌唱。

——在爱尔兰的科克，人们带着鹪鹩游行时演唱的歌曲

我在纽约州奥西宁的新新惩教所里教书。这一巨大的建筑群建于 19 世纪初。当时，安全问题事关石头与铁，而非数字技术。庞大的监狱建筑群中有一部分已成废墟，废墟的屋顶和墙壁就成了渡鸦筑巢的地方。秋天，位于哈得孙河边的监狱院落上空常有成群的双色树燕飞过。在监狱的场景里，它们的出现差不多被视为预言。犯人们告诉我，过去每当执行死刑时，就会有大批乌鸦聚集在那里，尤其是 1953 年朱利叶斯・罗森堡和艾瑟尔・罗森堡因从事间谍活动而被用电刑处死的时候。

再往北一点的奥本惩教所更为古老，犯人们不停地穿梭于这两座监狱之间。最早是奥本的老犯人告诉我，冬天有大批泛滥成灾的乌鸦绕墙栖息，据科学家们估计有好几万只。为了赶走乌鸦，当地人尝试了从敲锅到射击的一切手段，但只取得了有限且暂时的成功。监狱建在卡尤加人的村庄遗址上。一些犯人告诉我，这些乌鸦是逝去的美洲原住民的灵魂。

我没有找到任何记录表明乌鸦因罗森堡夫妇的处决而聚集在新新监狱。奥本作为乌鸦栖息地的古老程度也很成问题。我搜了几个数据库，都没能找到相关文献，提及在 20 世纪 90 年代末之前就有大批乌鸦在奥本周围栖息。乌鸦往往会不断地转移。当城镇被乌鸦淹没时，常会引起小恐慌，人们意识不到这些访客只是暂时路过。乌鸦大批出没的情形有些可能持续不了 1 年。它们会多次重回故地，持续时间偶尔可长达 10 年左右，但我从未听说过乌鸦会在近一个世纪的时间里不断回到同一栖息地。正如经常发生的那样，人们乐于把传说追溯到遥远的过去，似乎这能增添几分浪漫色彩和权威性。

乌鸦是印第安村民的灵魂——这一想法符合美洲印第安人无论是传统还是现代的知识。美洲原住民特别是易洛魁人的族长们认为，乌鸦集会，即使规模很小，亦是一个提醒他们也应该开会的信号。如今，大型的乌鸦集会据说是那些消失的部落或村庄里的人的灵魂在聚会。[1] 在奥本跟我讲乌鸦传说的学生都是西班牙裔和非裔美国人，并非美洲原住民。我没有细问，但这个故事很有可能是他们从原住民那儿听来的。不过，也有可能是其他种族的人独立创作出来的。

这种联结并不会令人感到惊讶，因为乌鸦栖息地很容易让人联想到繁忙的人类村庄或城市。除了安顿下来或离开，每只乌鸦似乎都照着自己的日程表行事，就像市场上的人一样。不难看出，这一形象对日常生活受到严格管制的犯人所具有的吸引力。他们必须穿同样的衣服，服从命令，并遵守严格的作息表和数不胜数的规矩。

牛郎和织女的故事源自中国，但东亚各个其他国家都流传着许多不同的版本。它为鸦科鸟类在秋季群聚和栖息的行为提供了一种神话解释。[2] 在朝鲜的一个版本里，太阳神有一个女儿，她织出来的布是全世界最漂亮的，她寸步不离自己的织布机。太阳神满世界地为她寻找合适的丈夫，最终选中了一个一心一意养牛的年轻牛郎。婚后，夫妇两人恩爱异常，整天只顾着在草地上散步，完全懈怠了自己的工作。太阳神一怒之下把女儿变成织女星放在西边，把牛郎变成牵牛星放在东边，中间还用一条银河把他们隔开。在他们的苦苦哀求下，太阳神允许他们一年见一面。起初他们欣喜若狂，但接着就发现夜色太黑，两人之间的星河也太宽了，于是号啕大哭起来，泪水落下，变成了滂沱大雨，淹没了大地。最终，乌鸦和喜鹊飞来，搭起了一座乌鹊桥，使这对爱人得以从两边上桥，在中间团聚。[3]

科学家们花了几十年的时间深入研究乌鸦的栖息行为，但尚不能完全解释清楚。乌鸦群栖的原因有保护自己不被捕食者捕获，跟其他乌鸦交换关于食物来源和求偶机会的信息等。原因也许并非单一，可能和聚集在纽约中央公园里的人群一样动机多元。就奥本惩教所而言，乌鸦群聚的部分原因可能是夜晚监狱高墙上明亮的灯光。

将奥本和新新监狱里的乌鸦传说稍加调整，听起来就跟亚述人、古希腊罗马人或中世纪的一样。几千年来，关于鸟的民间传说大体上变化并不大。如前所述，我们把鸟类世界看作人类世界的平行世界，其制度也和我们的相对应。这就不可避免地使它们以人类社会中各色人等的面貌出现，有国王、资本家、

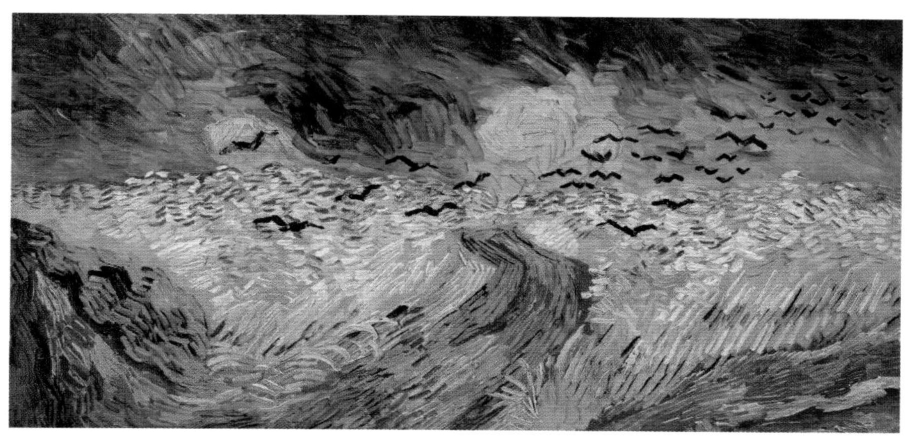

《麦田上的鸦群》，文森特·凡·高，1890 年，布面油画

无政府主义者、弄臣、家庭主妇、部长、隐士、共产主义者和艺术家，等等。这些形象是人类幻想的产物吗？最终，答案多半是肯定的。我认为，我们不能也不应该完全避免把鸟类拟人化，但尽量不要做得太过。我们必然会把我们的希望、恐惧、抱负投射到对鸟类社会的描述中，因此这种描述能够反映出我们自己的许多问题。

早期寓言

传说，公元前 6 世纪时，伊索这位半传说中的寓言作家曾是萨摩斯岛上的奴隶，他因善于讲故事而获得了自由。《伊索寓言》中的许多故事至今仍尽人皆知，比如《龟兔赛跑》《蚂蚁和蚱蜢》《狐狸与葡萄》。总的来说，它们以人类社会为蓝本打造了一个动物王国，其中不同的动物对应着不同的人群，划分的标准有阶级、声望、职业和性别等。狮子是国王，狐狸是弄臣；鹰是鸟类王国的统治者。不仅为了生存，而且为了地位，所有动物不断地相互竞争。这些寓言微妙地表达了我们的身份焦虑，无论是作为个体，还是作为群体的一员。

希腊文学中流传下来的最古老寓言见于赫西俄德的《工作与时日》。它大致诞生于传说中伊索所处的那个年代，但一般不认为是伊索的作品。

一只鹞鹰用利爪生擒了一只脖颈密布斑点的夜莺，高高飞翔到云层之中，夜莺因鹰爪的刺戮而痛苦地呻吟着。这时，鹞鹰轻蔑地对她说道："不幸的人啊！你干吗呻吟呢？喏，现在你落入了比你强得多的人之手，你得去我带你去的任何地方，尽管你是一个歌手。我可以你为餐，也可放你远走高飞，全凭我高兴。与强者抗争是傻瓜，因为他不能获胜，凌辱之外还要遭受痛苦。"[4]

乍看之下，它的寓意似乎是"强权即公理"，但作者立刻就予以了驳斥，告诫他的兄弟佩耳塞斯"要倾听正义，不要希求暴力"。赫西俄德描绘了一个无法无天的时代，他相信这个时代将会终结。鹞鹰显得极为狂妄，在寓言里，

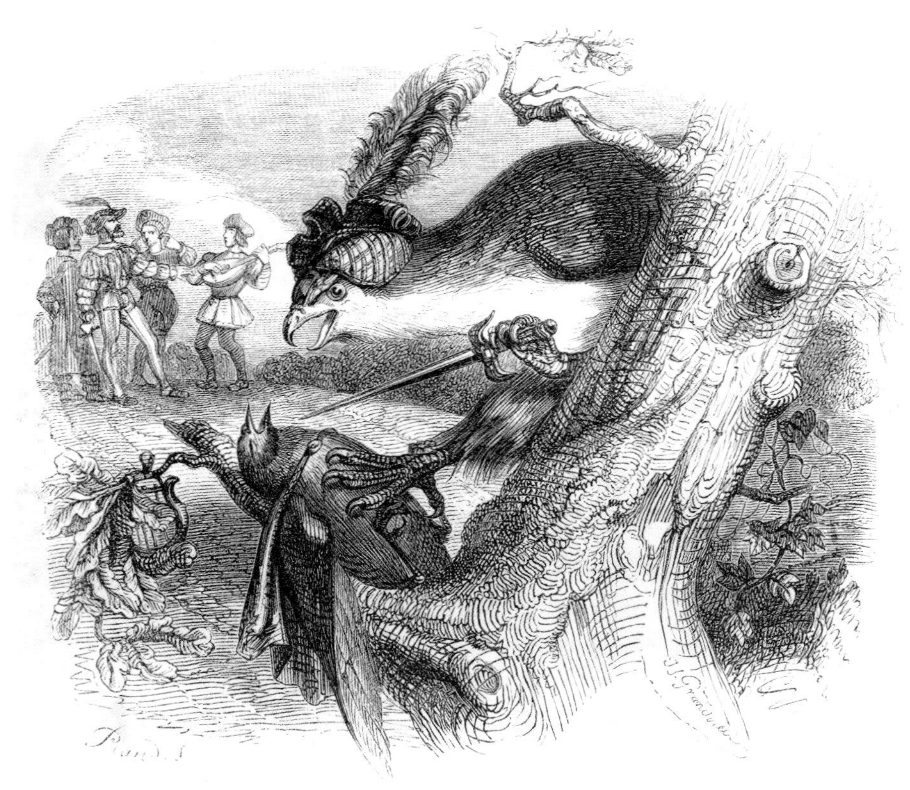

让·德·拉·封丹重述了赫西俄德的寓言《夜莺与鹞鹰》，
1844 年 J.J. 格朗维尔为此作了一幅版画

这几乎无一例外地将导致毁灭。这则寓言似乎并不完整，赫西俄德可能漏记了鹞鹰受到命运的惩罚。也许这个故事在当时众所周知，以至于他默认读者们是知道结局的。[5]

这则寓言可能参考了忒柔斯和菲洛墨拉的故事，尤其考虑到赫西俄德在同一本书中提到了这个故事。[6] 根据一个古老的传说，色雷斯国王忒柔斯娶了雅典公主普洛克涅，妻子恳请丈夫邀请自己的妹妹菲洛墨拉来做客。忒柔斯同意了，却在妻妹到达后强奸了她，又为了不让她说出去而割掉了她的舌头。菲洛墨拉把她的遭遇织成挂毯，给姐姐看。为了报仇，姐妹两人一起杀死了忒柔斯和普洛克涅的儿子伊堤斯，把他做成晚餐给忒柔斯吃。忒柔斯发现真相后追杀两姐妹，但众神希望结束这场屠杀，于是把忒柔斯变成了戴胜，把普洛克涅变成了夜莺，把菲洛墨拉变成了燕子。该故事的罗马版本调换了姐妹两人的名字，也许是因为无法说话，只能通过织布与姐姐交流的妹妹更像是通过歌声交流的夜莺。古希腊曾流行一种看法，在埃斯库罗斯、亚里士多德

让·德·拉·封丹重述了菲洛墨拉与普洛克涅的故事，
1844 年 J.J. 格朗维尔为此作了一幅版画

等人的作品里都能找到，即戴胜出生时本是一只鹰。[7] 在前文那个寓言中，鹞鹰追捕夜莺可能是暗指忒柔斯追杀菲洛墨拉一事。

云中鹁鸪国

喜剧诗人阿里斯托芬在他的许多剧作中都使用了几乎同一种讽刺手法，尤其是在《鸟》中。开场时，两位雅典的前公民欧厄尔庇得斯和珀斯特泰洛斯在一只乌鸦的带领下四处游荡，寻找传说中的国王忒柔斯。他们厌倦了雅典同胞们永无休止的争吵，尤其讨厌诉讼不断。既然忒柔斯变成了一只鸟，他们认为他也许能给他们一点建议。

他们抵达后，忒柔斯告诉来访者鸟儿过着怎样无忧无虑的生活，于是珀斯特泰洛斯有了一个主意。首先，他告诉忒柔斯和其他鸟类，鸟比神还老，理应统治大家。接着他说道，他们应该在天上造一座城，把献给神的祭品的气味全都挡下来，这样就可以用饥饿迫使众神屈服于他们的权威。忒柔斯给了欧厄尔庇得斯和珀斯特泰洛斯一条植物的根来咀嚼，这使两人长出了翅膀。鸟儿把他们的空中之城命名为“云中鹁鸪国”。之后又发生了一些事，最终众神屈服了，接受珀斯特泰洛斯成为他们的统治者。接着，珀斯特泰洛斯又娶了宙斯的女儿巴西勒亚为妻。[8] 婚宴上的佳肴全是鸟肉，尽管盛况空前，但珀斯特泰洛斯的统治地位似乎一点都不牢靠。

就许多方面而言，戏剧都是最短暂易逝的艺术形式，因为幽默有赖于一时的引述和微妙的联想，这些都是作者的同时代人所熟悉的，却可能不为后世所知。《鸟》中肯定充满了各种影射和笑话，即使是古典文学研究者也几乎不可能使之再现。即使他们能抽象地解释这些段落，我们也不可能做出像阿里斯托芬的公民同胞们那样的反应。从另一方面来看，他笔下的空中之城似乎就像是今天的伦敦或纽约，装腔作势、妄念谬见、讨价还价、小打小闹，一样不缺。剧中的几个片段诡异得就像是发生在当下。当珀斯特泰洛斯最初想到云中鹁鸪国这个点子时，立刻出现了几个想赚快钱的雅典人，其中就有一个想分割空气加以出售的测量员。

此外，该剧还揭示了人鸟关系的方方面面。我们对鸟类仍怀着敬畏、利用、嫉妒和困惑的复杂感情。这部喜剧和《伊索寓言》的表现形式可能不同，但所要传达的精神是相似的，至今仍有意义。情况往往是，幽默来自看似荒诞不经却又有点道理的事件。《鸟》勾起了人对与大自然亲密接触的怀念之情。在阿里斯托芬的时代，这种感情在城市居民中就已经很明显了。他们一定也偶尔抬头张望，欣赏鸟儿，既羡慕它们所拥有的特殊能力，又赞赏鸟类社会的复杂程度。

同时，他们也一定意识到了过分怀旧的危害。剧中，社会沦落到原始混乱的地步，鸟、神、人之间的每个差异都受到了质疑。其中可能有美索不达米亚神话中安祖鸟的故事的影子。丑陋可怕的安祖鸟常被描绘成狮首鹰身，它趁恩利尔在洗澡，偷走了“天命牌”塔布雷特，从而获得了最强大的力量。其他神都吓坏了，只有战神尼努尔塔敢于挑战这个怪物。经过一场漫长的战斗，他终于获得了胜利，恢复了宇宙秩序，确立了自己作为至高神的地位。[9] 安祖鸟和尼努尔塔的故事就像阿里斯托芬的戏剧一样，很可能含有滑稽讽刺的成分，因为它呈现了众神愚蠢、不怎么勇敢的一面。[10]

阿里斯托芬的《鸟》是如此渎神，很难想象在那个许多习俗和价值观都没有被暂时搁置的时代，它是如何被容忍甚至赞誉的。在阿里斯托芬从事创作的

一枚苏美尔－阿卡德印章的临摹画，描绘了尼努尔塔和安祖鸟搏斗的情景，公元前2千纪

时代，戏剧与仪式尚未完全分离。喜剧和悲剧表演都是酒神节庆祝活动的一部分。跟古罗马的农神节、中世纪的傻人节以及拉丁美洲和欧洲部分地区的狂欢节一样，酒神节也涉及等级制度的废止甚至颠倒。在农神节期间，主人将服侍他们的奴隶；在中世纪的傻人节，一个社会弃儿将被暂时封为国王。[11]这些节日主要源自巴比伦人的撒卡亚节，它是新年前庆祝活动的一部分，庆祝秩序之神马尔杜克战胜了混沌女魔迪亚马特。这个故事又与尼努尔塔打败安祖鸟大同小异，[12]马尔杜克和尼努尔塔这两个神还常被混为一谈。

百鸟集会

在《伊索寓言》里，有些动物有时会组建它们自己的政府，尤其是鸟。比如在《爱慕虚荣的寒鸦》里：

> 朱庇特想在鸟类中指定一个王，便指定了一个日子，令百鸟全都按时出席，届时他将挑选其中最美丽的鸟为百鸟之王。为了展现自己最好的一面，众鸟都跑到河里忙于梳理自己的羽毛。像那些有自知之明的鸟一样，寒鸦也意识到自己的丑陋，根本不可能被选为百鸟之王，于是他在河边等着众鸟散去，捡起他们脱落下的羽毛，小心翼翼地全固定在自己身上，结果他看上去比其他鸟都华丽。指定的日子来临了，众鸟都来到朱庇特的王位前。浏览了一遍眼前的众鸟，朱庇特决定立寒鸦为王。为了王位大选而来的其他鸟，纷纷从寒鸦身上拔下本属于自己的羽毛，暴露出寒鸦那丑陋的本来面目。[13]

我们可以把这个故事看作对人类狂妄自大的含蓄批评，说得更明确些，是批评我们利用动物的特性来达到自己目的的做法，比如我们利用了牛的力气和马的速度。换言之，我们像寒鸦一样，试图通过穿戴别人的羽毛和皮毛来美化自己，但最终也将无所遁形。

《本生经》是公元前300年左右用巴利语撰写而成的故事集，主要讲述的是佛陀前生为各种动物时的故事。在一个故事里，身为猴王的他为了猴群的繁衍兴旺牺牲了自己。在又一个故事里，他是一只年幼的鹦鹉，从田里衔来谷物喂养自己年迈的父母，其孝心打动了农民，使他们不再反对他偷食。他还是鹌鹑王，劝他的臣民们不要打架，因为他知道如果不齐心协力，就不可能战胜人撒下的罗网。

在其中的一个故事里，陆生动物选了狮子当它们的国王，这让鸟类担心它们无君主的社会将退化到无政府的状态。一开始，它们选猫头鹰当国王。乌鸦表示反对，抱怨说猫头鹰太丑了。猫头鹰于是追着乌鸦飞，它俩都飞走了，最后鸟儿们选中“金色的绿头鸭”（可能是鸳鸯）当它们的国王。[14]

《五卷书》是公元前 200 年左右的一本动物故事集，一般认为其作者是婆罗门毗湿奴・沙玛。书中，所有鸟儿都聚在一起，召开了一次大会。国王是迦楼罗，他拥有人的躯干、巨鹰的翅膀和喙。鸟儿们抱怨他过于关心毗湿奴和拉克希米这两位神的事，忽略了鸟类同胞。猫头鹰干瘪的脸庞和夜视能力给它们留下了深刻的印象，于是被选为君主。正当猫头鹰要登上王位的时候，乌鸦来了。乌鸦反对说，猫头鹰既没有孔雀和天鹅的美貌，它的相貌实在是太丑陋恶毒了，又没有迦楼罗的威望，后者的名字就足以吓跑敌人。最终，鸟儿们取消了加冕典礼。从此，猫头鹰便与乌鸦为敌。白天，乌鸦围攻猫头鹰；夜里，则是猫头鹰攻击乌鸦。[15]

《猫头鹰和夜莺》是 12 或 13 世纪用中古英语撰写而成的一首长诗。诗中，两鸟对骂，因为它们在争夺暗夜之王的地位。夜莺说，猫头鹰外表肮脏，叫声刺耳可怕。猫头鹰回击道，不像夜莺，自己是有用的，能帮教堂捕鼠，叫声还能感召罪人，使其忏悔，而夜莺的歌声只会激起人们的淫欲。夜莺反驳道，它歌唱是在颂扬上帝，接着又补充道，猫头鹰被杀后，会被制成标本，用作稻草人。猫头鹰则回应道，不像夜莺，它甚至死后也在帮助人类。但是，就在这嬉笑怒骂间，它俩就道德问题展开了一场深刻的辩论。

最终，猫头鹰受够了，威胁要唤来鹰等其他猛禽攻击对手。这时，天开始亮了，鸫、啄木鸟等鸟儿一个个都出来了。百鸟之王鹪鹩也前来解决纷争。它建议猫头鹰和夜莺去找一个名叫“吉尔福德的尼古拉斯”的智者陈情，这人可能就是该诗的作者。它们欣然同意，然后就去找他了。

诗中，夜莺自始至终都栖息在一朵花上，这暗示了花园，而花园通常是

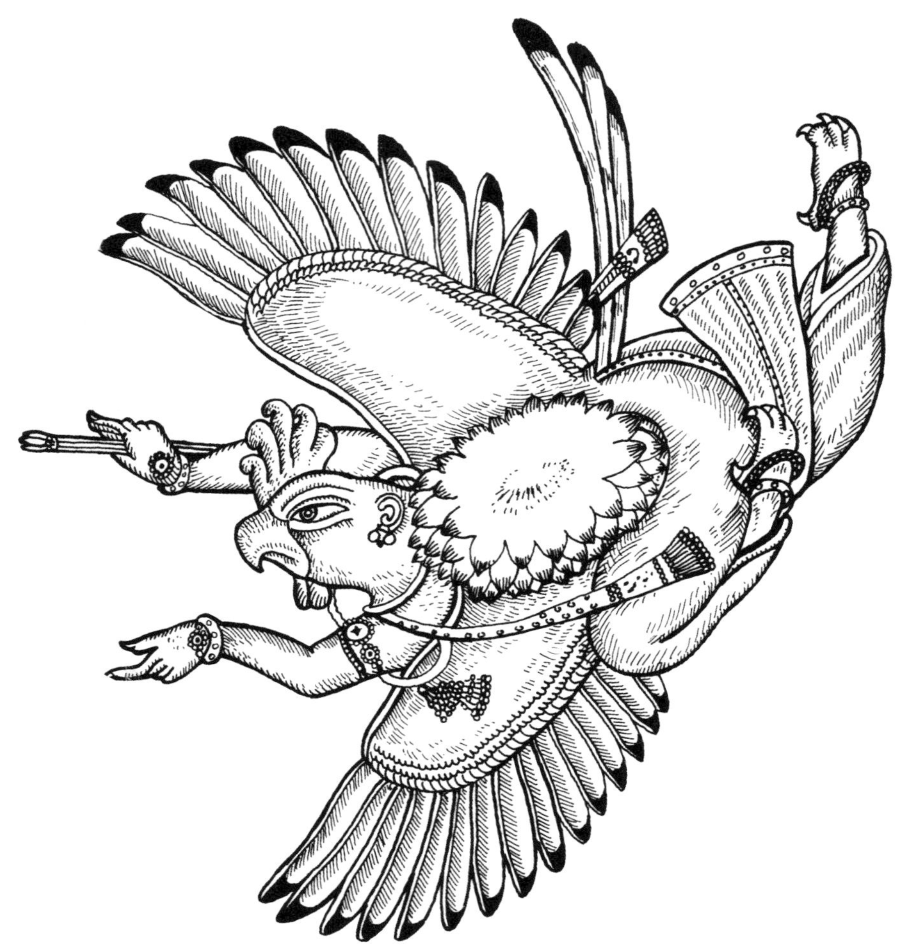

迦楼罗，印度教神话和宗教里的百鸟之王

关于典雅爱情[1]的诗歌和故事的背景。猫头鹰栖息在一根爬满常春藤的树枝上，这暗示了修道院。这两只鸟似乎分别代表了骑士精神和教会的价值观。也许该诗呈现的是一种伪装成争吵的辩证法，因为尽管猫头鹰和夜莺强调的价值不同，但最终双方似乎都拥有同样的基本价值观。[16]

1　典雅爱情（courtly love），中世纪的一种爱情观，主人公通常是骑士和已婚贵妇人。骑士对贵妇的爱情被看作一种高贵的情感，但这种爱情一般无法实现。这一主题曾对中世纪和文艺复兴时期的文学起到重要作用。

《瓦尔特·封·德尔·弗格尔瓦伊德爵士》，出自《马内塞古抄本》(约1304)

不同的物种代表着不同的阶级、职业和人生哲学。参加辩论的真的是鸟吗，抑或是人类的替身？其中提到的像教堂这样的人类机构是实指，还是在比喻草地上或森林里的某个地方？尼古拉斯是人，还是鸟？在这里，人鸟之间的界限如此模糊，以至于上述问题的答案似乎并不重要。

在用中古高地德语撰写而成的题为《世界的挽歌》的冥想抒情诗中，恋诗歌手瓦尔特·封·德尔·弗格尔瓦伊德（1170—1230）指出，鸟是人的榜样。他眺望田野、溪流、森林，发现从成年雄鹿到蠕虫，所有生物都有天敌，这导致了残酷的打斗。鸟类也不例外，要不是它们商定组建了一个有国王和法制的政府，它们会毁灭自己的。鸟中的贵族和仆人都谨守本分。接着，瓦尔特把这种秩序和他那个时代的德国做对比，后者被无数心胸狭窄、长期敌对的公子王孙统治着。[17] 许多鸟一身华丽的羽毛和有规律的行为模式很容易让人联想到同样有着华服和仪规的宫廷。

鸟类议会

1380年左右，杰弗雷·乔叟用中古英语写成了一首题为《众鸟之会》的长诗。该诗的叙述者思考爱情的奥秘、力量和危险，这是他没有亲身经历过的。他开始读西塞罗的《西庇阿之梦》，读到古罗马统帅大西庇阿把他的养孙小西庇阿带到苍穹之上，俯视整个宇宙。大西庇阿告诉养孙，用一生去追求荣耀是毫无意义的，因为与天相比，地球不过是个小点。此外，行星终将回到原点。过去将被遗忘，时间将重新开始，因此只有行善积德，才有可能获得福佑。

天色渐暗，叙述者趴在书上睡着了。大西庇阿出现在他的梦里，把他带到一个古老的维纳斯神殿后便消失了。叙述者看见丘比特正准备射箭，还见到了维纳斯本人以及神圣或世俗的爱情故事里的一些神话人物。这天是情人节，是鸟儿们选择伴侣的日子。他看见它们井然有序地齐聚在草地上，猛禽排位最高，其下是吃虫的鸟类，再往下是水鸟和以种子为食的鸟类。它们站在自然女神身边。女神向大家介绍了一只美丽的雌鹰，引来了三只雄鹰的追求。它们用典雅爱情的语言向雌鹰求爱，各自表达了对她的忠诚和挚爱。这时，其他鸟儿都选好了自己的伴侣，迫不及待地想要离开，但社会各阶层的代表却在雌鹰该嫁给哪位求婚者的问题上分歧很大，它们争论得很激烈，甚至生起气来。自然女神让它们别说话了，转而征求雌鹰的意见，但雌鹰说自己还没有准备好。应雌鹰的要求，自然女神把为她择偶一事推迟到下一年。然后，鸟儿们唱着歌，向自然女神和即将到来的夏天致敬。叙述者醒来，发现鸟儿们都已飞走，并下决心要多研究研究。

我对该诗的解读是，叙述者在梦里实现了西庇阿的预言，即当恒星和行星重新排列时，时间将终结并重新开始。通过进入一个异教神殿，他回到了过去。最终，在草地上，他成了伊甸园中最早的亚当。根据《圣经》第一个创世故事，亚当早于夏娃被造出来。这可能是自然女神和各种鸟的言辞中都没有提到人类建筑的原因。像吃禁果前最初的人类一样，叙述者听得懂动物的语言。传说鸟兽直到大洪水之后才开始吃肉。诗中，尽管灰背隼指控大杜鹃把蛋下在麻雀窝里犯了谋杀罪，但猛禽及其猎物们还是和平共处的，在这个世界里，没有恐惧，也没有暴力。

大自然的秩序是完美的，每种鸟在集会时都自发地各居其位。对中世纪晚期和文艺复兴时期的男男女女来说，宇宙的谐和在于它有一个精密的网络，该网络由相似之处、标识特色和对应物组成。他们相信，正如人是最高贵的陆地生物，海豚是最优等的海洋生物，玫瑰是最高级的植物。同样，鹰是最尊贵的鸟类。其他鸟不假思索就选好了伴侣，但鹰却像人一样要经过深思熟虑。它们遵循一套复杂的骑士守则。鹰和人不仅有自由意志，而且正如雌鹰最后的请求所显示的那样，还具有延迟满足的能力。[18]

在中世纪晚期和文艺复兴时期，社会的组织方式日益等级化，有关动物王国的描述反映了这一现象。这个金字塔模式和众所周知的食物链是一致的。君主和贵族等同于捕食者，这正符合他们的战士身份。吃虫的鸟类在某种意义上也是捕食者，所以它们位列第二级。最末的是吃种子和谷物的鸟类，它们对应的是农民。对寓言家玛丽·德·法兰西（1160—1215）来说，等级似乎反映了内在价值。在她的动物故事里，高阶动物拥有美德和骑士精神，低阶动物则愚蠢、无知。[19]

乔叟使用了基本相同的等级划分法，尽管他描述的可能是捕食诞生前的原始时代。然而，对他而言，鸟的位阶与其说是优越性问题，不如说是组织问题。在《坎特伯雷故事集》里，他并没有赋予等级较高者以更伟大的人格，也没有把较高阶的鸟类描绘成道德或智力超群者。鹰的言辞大多是对宫廷作风含有爱意的讥讽，而且我们还不能确定是否是发自内心的嘲讽。以斑鸠为代表的谦逊的食籽鸟提议召开一个忠贞会议，这些鸟虽然没有那三只雄鹰那么自命不凡，但至少和它们一样能言善道。国王应该有国王的样，而农民也应该按其地位身份行事，这并不是因为君主是更好的人，而是因为这是上天定好的。同样，不同的鸟其价值可能相同，但用一个较现代的说法，每种鸟都被限制在某一特定的生态位上。

乔叟根据食物对鸟类进行分类的方法至少可以追溯到西西里岛的腓特烈二世（1198—1250 年在位）。令人惊讶的是，它很科学，完全没有涉及中世纪动物寓言集的基础——基督教讽喻。诗中的大自然被拟人化，作品的比喻框架很像 20 世纪早期一些博物学著作里的，在后者的扉画上，大自然可能会以异教女神的面貌出现，身边还围着各种动物。在《众鸟之会》里，自然女神是鸟类的统治者。像封建君主一样，她是上帝的代表。这些鸟儿聚在一起就像当时的英国议会开会，后者虽然获得的权力越来越多，但在很大程度上仍是顾问。

作为去过文艺复兴时期的意大利的文化人，乔叟很可能已意识到情人节是基督教对罗马牧神节的盗用，后者既庆祝罗马城的建立，又庆祝生育。传说这天是鸟儿择偶的日子，他对这个传说的引述是流传至今的最早记载之一，但在他的时代和随后的几个世纪里，英法都有许多其他文献提到了这个传说。

基督教的教会年历[1]正在部分地世俗化，也许甚至在异教化，情人节正在变成情人们交换爱情信物的节日。人类正在向鸟类学习。

鹰——百鸟之王

鹰在飞行中展现出了巨大的力量、自由和皇家尊严。看到栖息在树上或岩石上的鹰，我们会立刻注意到它伟岸的身躯和凶狠的目光。鹰地位崇高也应归功于它避开人类的习性，人们故而通常只能远观。鹰一般独自飞行，笼罩在庄严的孤寂中。

与人们普遍认为的相反，鹰绝不是飞得最高的鸟，但它们显得威不可犯，似乎不受人类烦恼的侵扰。这可能就是鹰在强大帝国必争之地是最受欢迎的象征符号的原因，比如那些曾经被巴比伦、罗马和墨西哥统治过的地区。在那里，统治者和普通人的区别在于前者有浮华的排场。在权力分散的社会里，以鹰代表国王的图案不太常见，比如凯尔特人和维京人更喜欢渡鸦。以鹰为主角的故事不是很多，但在王室象征体系中它无所不在。

在地中海沿岸的大部分地区，鸟类的统治者一直是鹰。鹰的这一地位也许是在《伊塔那史诗》中确立的，它是世界上最古老的文学文本之一，讲述了伊塔那——近东远古国王之一如何骑着鹰去见天上的神仙。[20] 埃及人的主要对手赫梯人认为，所有生物中只有鹰是神圣的。在赫梯国王的授权仪式上，当祭司做祈恩祷告时，一只鹰会被举在国王和王后的上方。然后，鹰被放飞，飞上天去找太阳神和风暴神，跟他们讲述这对王室夫妇所有的荣耀。[21] 双头鹰最初是赫梯王室的一个古老象征，流传下来最终被沙皇帝国和奥地利帝国采用。宙斯是希腊神话中的至高神，罗马神话中他对应的是朱庇特。他们的象征都是鹰。古罗马军团和拿破仑军队的军旗上都装饰着鹰的图案。

许多罗马统帅和皇帝都被鹰预言过未来终成大业。苏维托尼乌斯记载，当提比略来到罗得岛时，一只岛上从未见过的鹰飞来，落在这位未来皇帝的房子上。他还写道，在贝特里亚库姆战役之前，两只鹰似乎在空中打斗。其中一只

1　教会年历，又称礼仪年、教会礼仪日历、基督教年历，是基督教的礼仪节期循环。

远处半空中的鹰抓着一只兔子，照片，布朗兄弟摄于20世纪30年代

获胜时，来了第三只鹰把获胜者赶跑了。因此，两个争夺罗马帝位的人打到筋疲力尽之时，将出现第三人，即韦斯帕芗，顺利地夺取帝位。普鲁塔克曾带着怀疑的口吻讲过一个故事：军事指挥官马略年轻时，曾有一个鹰巢连同 7 只雏鹰一起掉在他的斗篷上。占卜师解释道，这意味着他将 7 次当选为执政官——国家的最高职位。[22]

正如世俗权力挪用了十字架，基督教教会也采用了像鹰这样的军事符号。鹰成了“福音书”作者之一圣约翰的象征。在《约翰福音》中，他以肉身升天，径直朝着神秘的高处飞去。基督教中的鹰还借用了埃及隼神荷鲁斯所具有的大部分象征意义，后者与法老和太阳密切相关。中世纪的动物寓言集说鹰会直视日轮。在但丁《神曲》中天堂的第六层，公正的统治者们，比如罗马皇帝图拉真和《圣经》中的大卫王，其灵魂一起构成了一只巨鹰的形象。[23]

在印度教神话中，百鸟之王大多是迦楼罗，他是人鹰混合体，形象通常是一个长着鹰喙、鹰翅的男人。美洲印第安人，尤其是生活在北半球的，常把鹰和至高无上的权威联系在一起。美国西部的印第安人通常把鹰和神话中的雷鸟混为一谈。阿兹特克人的太阳神威齐洛波契特里有时被描绘成鹰的样子。但是，赋予鹰君王的地位，无论看似多么顺理成章，都远非普遍现象。在古埃及，隼被认为是地位最高的鸟；在北极圈周围，包括欧洲、西伯利亚和北美的部分地区，则通常是渡鸦，维京人也是打着渡鸦旗投入战斗的。在中国，凤凰象征皇后，更笼统地说，象征皇室。

鹰是国王这一理念传遍了欧洲的大部分地区，传播它的首先是罗马帝国本身，接着就是随之而至的古希腊罗马的文学文化。但是，它可能从未融入民间文化，尤其是在帝国的边缘。因此，要想挑战它并不十分困难。

鹪鹩——觊觎王位者

英国多塞特郡有一份 15 世纪末的手稿，即《舍伯恩弥撒书》。手稿上的彩绘表现了树林里、草地上常见的大多数鸟类，其中只有鹪鹩在歌唱。它的嘴巴张得大大的，大到我们可以看见舌头。[24] 在欧洲的大部分地区，尤其是在除苏格兰之外的凯尔特人的地区，和鹰争夺王位的是鹪鹩——一种与鹰截然不同的微型鸟。它很小，只能短距离飞行，但歌声很美。鹰在高高的悬崖或树上筑巢，鹪鹩则在低矮的树枝上、岩石或墙的缝隙里以及地洞里做窝。鹰是太阳的象征，而鹪鹩是阴间的象征。天空偶尔会有零星的鹪鹩飞过，它们的飞行模式是不可预测的，这使人很难捕捉到它们。对乡村居民来说，它们并不陌生。

鹪鹩扮演权力挑战者一角由来已久。苏美尔人的谚语是现存最古老的文学作品之一，其中有一句描述的是，大象吹嘘自己是地位最高的动物，鹪鹩回应道，在它自己的领地里，它和大象一样伟大。[25] 关于鹪鹩的王室地位，只有零散的文学记载。亚里士多德提到过鹰和鹪鹩之间的敌意，并略带讽刺地暗示说，鹰因鹪鹩被俗称为“国王”而有些愤愤不平。在很多语言中，包括拉丁语、希腊语、西班牙语、丹麦语、威尔士语和瑞典语，鹪鹩的俗名里都含有意为“国王”的单词。在法语里，它叫“roitelet”，意为“小国王”；在德语里，它叫“Zaunkönig”，意为“树篱之王”；爱尔兰语中的同义词是“dreolin”，原义为“德鲁伊特[1]的鸟”，这表明它拥有和德鲁伊特相似的地位。有研究者提出，这也是英语中“鹪鹩”一词“wren”的起源，[26] 但这种推论是有争议的。

一只微型鸟为了争夺鸟之皇冠向鹰发出挑战，这个想法肯定部分受到了小鸟追着大鸟飞这一常见之景的启发。如果能提前得到警告，得知鹰、猫头鹰等猛禽的存在，那些速度和力量都不如它们但动作更为灵敏的鸟类往往就能把它们赶走。普鲁塔克在他的《道德论丛》中随口提到了一则伊索寓言：停在一只鹰的肩膀上的鹪鹩突然飞起来，超过了那只大鸟。[27] 在《伊索寓言》流传至今的各个版本中都找不到该故事，但它被民俗学家记录了无数次，在欧洲的大部分地区有许多变体。最有名的版本可能是格林兄弟记下的一个童话故事，其标题就是《鹪鹩》。

很久以前，在所有鸟都说同一种语言的时代，它们举办了一场国王选举大会，决定谁飞得最高谁就当国王。5 月的一个清晨，比赛开始了。参赛者们一起朝天上飞去。不久后，除了鹰，其他鸟全飞不动而放弃了。鹰终于开始往下落，其他鸟都表示应该立鹰为王。但就在此时，一直藏在鹰的羽毛里的鹪鹩飞了出来，飞得高到可以看见坐在天庭宝座上的上帝。它大喊道：“我才是国王！”[28]

1　德鲁伊特，古凯尔特人中一批有学识的人，担任祭司、教师、法官、巫师、占卜者等。

《鹪鹩》，出自威廉·渣甸的《博物学家文库》(19世纪30年代)，水彩版画

这个故事中的鹪鹩就像民间故事中的许多主角一样，比如大拇指汤姆和聪明的小裁缝，靠耍花招战胜了较大、较强的对手。在一年中的大部分时间里，人们对待鹪鹩的方式和它的王室地位相称。它受习俗的保护，有许多迷信都认为杀死或伤害鹪鹩的人会受到可怕的惩罚。在威尔士，有一些俗语说毁坏鹪鹩窝的人将会一生身体欠佳，甚至会受到永恒的诅咒。如果有人杀了一只鹪鹩，他的房子就会被火烧毁。在康沃尔郡，杀鹪鹩者可能会为大家所避之不及。在法国的一些地区，传说一个人哪怕只是摸了一下窝里的鹪鹩，都会被闪电击中。[29]

但一年一度，通常是在圣司提反日（圣诞节次日），对鹪鹩的这种保护会撤销。人们猎杀鹪鹩，用木棍和石头打死它们，然后把它们立在杆子上穿过城镇游行，翅膀通常被展开钉在木板上，这使它们看起来有点像十字架上的基督。该仪式流传范围很广，而且地域差别相当大，使用的通常是原始武器，不可能用现代价值观加以解释，因此它可能非常古老。民俗学家们的共识是，其起源很可能要追溯到新石器时代，[30] 但这一点因缺乏文献资料而无法证实。爱德华·阿姆斯特朗对猎杀鹪鹩的仪式进行了详尽的研究，得出的结论是，它是巨石建造者们留下的遗产，是在青铜器时代传到不列颠岛上的。[31]

从口述传统开始，鹰和鹪鹩相互竞争的故事被记录了无数遍，通常只有微小的变动。相比之下，用来解释一年一度捕杀鹪鹩活动的故事却发生了巨大的变化。格林兄弟在他们的故事中加了第二部分：鸟儿们最初拒绝承认鹪鹩为它们的国王，而是决定谁钻进土里钻得最深就认谁当国王。鹪鹩跑进一个老鼠洞里，再次大喊道："我是国王！"其他鸟决定把鹪鹩困在洞里，派猫头鹰看守洞口，但鹪鹩趁猫头鹰睡着逃了出来。[32]

人们给出了捕杀鹪鹩的种种原因。一个故事说，鹪鹩用它响亮的歌声出卖了躲在花园里的基督。又一个故事讲，鹪鹩叫醒狱卒，出卖了正在越狱的圣司提反。还有故事讲，当爱尔兰的詹姆斯二世党人的军队准备突袭威廉三世的军队时，一只鹪鹩落在了英格兰的一面鼓上，鼓声大作，惊醒了英格兰军队。[33] 所有这些故事听上去都像是在合理化这个仪式，而其最初的目的和起源早已湮没在历史的长河中。

马恩岛等地仍在举行这一仪式，主要是为了维持和过去的联结，部分是为了吸引游客。猎杀鹪鹩因不人道而遭到反对，所以通常并不杀它们，游行时用羽毛、模型或笼鸟替代。开展仪式性狩猎活动的不再是成年男子，而是男孩。就跟美国的土拨鼠日一样，它还常伴有滑稽的元素，可能会用粗粗的绳子把鹪鹩的身体吊起来，表演者还会装出一副很吃力的样子。这种反讽使它避免被指控为幼稚的迷信，但可能的情况是，参与者连同一些观众都会觉得，该仪式比他们通常愿意承认的还要感人。

鹪鹩的仪式性杀戮是现今关于献祭最古老、最清晰、最真实的示例之一。自 19 世纪下半叶以来，献祭一直是大量学术著作的研究对象。詹姆斯・乔治・弗雷泽、勒内・基拉尔、马塞尔・德蒂安等众多学者都写下了相关著作。祭品本质上是一个替代品，它承担了另一方的角色、地位和终极惩罚。动物祭品是代人受死。《圣经》中的一个故事就是很好的一例。亚伯拉罕被要求把自己的儿子以撒献祭给上帝，在最后一刻，一个天使阻止了他，并指着一只公羊，于是他杀了这只羊以代其子。

鹪鹩以一种类似的方式被赋予了国王的地位，之后代替真正的君主被杀，而象征真正君主的是鹰。弗朗西斯・克林根德认为这是中世纪神圣狩猎的一个例证。猎物一般是成年雄鹿，高潮是把猎物的各个部位根据角色仪式性地分给包括狗在内的所有参与者。最终，雄鹿的头被献给领主。这象征着他自己的头，表示他已经死了，又被救活，所以可以继续统治下去。在马恩岛上，用作祭品的鹪鹩的尸体被郑重地葬在教堂墓地里。在法国的一些地区，它被献给当地的领主或镇长。在有些地方，尽管鹪鹩很小，但还是被分给参与者们食用，有点像做弥撒时教徒们分食代表基督身体的面饼。[34]

尽管有不少学识渊博、才华横溢的人试图解释献祭仪式，但如今要领会其意义绝非易事，因为现在很少有人的生活是以农历年为中心的。基拉尔是一名天主教徒。根据他的说法，是基督的降临使献祭过时了。通过承担全世界的罪孽并被钉死在十字架上，耶稣使未来的所有献祭变得不再必要，世界慢慢地走在废除献祭的路上[35]。但是，基督不但没有如基拉尔声称的那样下令终结献祭，反而至少是在西方文化里提供了一个理解献祭的范式[36]。基督常被称为“国王”，有时还被描绘成头戴王冠的样子，但人们从来未曾想象他像一个真正的君主或总统那样管理着天国。鹪鹩献祭尽管看起来像是异教所为，但现在却蒙上了一层基督教的象征意义，它与基督故事的相似性是显而易见的。

我们不只与农历年疏远，更笼统地说，是与自然界疏远了，这使得我们难以理解献祭仪式。另一个障碍就是王权制度。称鹪鹩为“百鸟之王”，这是什么意思？它对我们的意义想必远小于对那些生活在有国王实际统治时期的人们。诚然，每个国家都有一个元首，他继续以某种神秘的方式代表着国家。也许选举以其现代的华丽盛况，也在上演某种君主被处决后又复活的大戏。

火鸡——总统候选人

1782 年，新独立的美利坚合众国的政府设计了一个国徽。其主体是一只白头海雕，它后来成了国鸟，被印在硬币、政府办公室的墙壁和官方文件上。在 1784 年的一封信里，本杰明·富兰克林开玩笑地抱怨鹰类道德败坏，并表示自己更喜欢火鸡，因为火鸡会英勇地保护小火鸡。[37] 至晚从那时起，火鸡就时而与白头海雕争夺美国国鸟之位，争夺的方式就跟鹪鹩在欧洲挑战鹰一样。

新大陆所拥有的自然资源最初在人们看来是取之不尽、用之不竭的，这种天佑之福似乎使美洲有别于欧洲。当外来殖民者第一次踏上后来成为美国的这片土地时，火鸡似乎无所不在，且出奇地容易捕杀。火鸡是物产丰饶的象征。在作为“新伊甸园”的美洲，大自然的馈赠似乎无穷无尽。用杰克·桑蒂诺的话来说：

> 火鸡象征着深深的几乎如母爱般的滋养。在我们美国的荒诞故事中，动物都很巨大。猎物多如牛毛。猎人朝一棵树开一枪，鸟儿就连续不停地掉 24 个小时。在建国初期，美国似乎拥有一切，而且比其他任何地方都要多。[38]

在 11 月第 4 个星期四的感恩节大餐中，火鸡是传统主菜。感恩节是正式庆祝 1621 年清教徒前辈移民们在马萨诸塞州喜获丰收的节日，这天也俗称“火鸡节”。1863 年 10 月 3 日，亚伯拉罕·林肯总统宣布感恩节为国家法定节日。这时，南北战争的转折点——葛底斯堡战役已经结束数月了。设立这个节日，也许潜意识里含有把一个分裂的国家重新团结起来的目的。除此之外，还要重建与过去的联结，复兴美国这一原始纯真之地的神话，以及为向西扩张做准备。换言之，美国人可能很快就会回到射杀火鸡的状态，而不是自相残杀。火鸡实际上是一种替代性的祭品，旨在帮助人们结束一个暴力冲突的时代。

感恩节一直具有浓厚的怀旧色彩，因为它是一个自建国以来一直在稳步城市化的国家对乡村生活的庆祝。在 17 世纪的新英格兰地区，过度狩猎已使野生火鸡变得极为罕见。到 17 世纪 70 年代，火鸡几乎从马萨诸塞州消失了。当感恩节成为国家法定节日时，火鸡在新英格兰地区已绝迹，只在人烟稀少的地方还零星有一些火鸡。[39]19 世纪末 20 世纪初，几乎所有的感恩节火鸡都来自养殖场，但人们仍假装是从野外猎来的。[40] 很多明信片上都有猎人在田园风光中搜寻火鸡的场景。

在 19 世纪末 20 世纪初的美国明信片中，感恩节火鸡所具有的献祭的象征意义是显而易见的。它们展现了一个以血祭为特征的仪式性循环，该循环由敬畏、蔑视、和解组成：献祭对象的地位得到升华，接着它在蔑视中被杀，最终在怀念中复活。[41] 这一模式在许多文化中都有记载，但最好的例子可能是不列颠岛和欧洲大陆上部分地区的鹪鹩仪式。

在这一时期的明信片上，火鸡头戴王冠或有着其他标记以显示其地位崇高。有时，它被身着节庆服装的年轻女孩们深情地喂食。有时，它骄傲地展开尾羽，站在南瓜和当季水果间。有时，一排火鸡扛着美国国旗在游行，美国国徽上的雕也换成了火鸡。在一张明信片上，山姆大叔把皇家权杖递给一只头戴王冠、坐在宝座上的火鸡，宝座下方还有“今日统治者”的字样。一张 1910 年发行的美国明信片上，有一只头顶上悬着大王冠的火鸡，它栖息在一张盾牌上，盾牌上的纹章由美国国旗上的星星和条纹组成。

在备受敬爱之后，迎接它们的是处决。在一张明信片上，一个扮成清教徒前辈移民模样的小男孩用他的老式大口径短枪瞄准了一只野生火鸡。在另一张上，一个蹒跚学步的天使般的小孩握着一把斧头，正准备砍火鸡的头。还有一些明信片呈现的是活火鸡与斧头并置的画面，表示它很快就会被砍头。这暗示的是英王查理一世以及其他被废黜的君主和觊觎王位者的命运。感恩节庆祝活动中的弑君仪式在一定程度上是美国人向英王造反的重演。

在农场里，8 岁甚至更小的儿童可能会负责烹饪之前的准备工作，如屠宰家禽、拔毛和开膛破肚。[42] 明信片显示杀火鸡这份苦差事是发泄对父母不满情绪的一种渠道，因为画面上常常是成年雄火鸡和雌火鸡带着一种父母的威严

20世纪头十年的美国明信片

A Thanksgiving
Offering
COPYRIGHT 1907 ULLMAN MFG CO N Y
2126

20 世纪头十年的美国明信片。这类明信片上常见的一类图案是孩子们射杀火鸡或将之斩首

1922 年，一个打扮成清教徒前辈移民模样的美国小男孩自豪地拎着一只死火鸡，
他身旁还放着一把斧头

成对出现，在有的明信片中，它们还正在照看人类小孩。从建国起，美国人就不断地反抗其清教徒传统。每一代人都反对继承这份历史遗产，且每一代都认为自己是第一个这样做的。和其他父母的形象一样，明信片上清教徒前辈移民模样的父亲和母亲既是敬畏的对象，又是嘲笑的对象，而一只雄火鸡和一只雌火鸡代替他们成了祭品。

被用来献祭的火鸡偶尔也等同于美洲原住民、新移民或少数民族。在一张明信片上，一个清教徒前辈移民家庭住在与其格格不入的20世纪的现代房屋内。他们一家人围坐在桌旁，正在吃感恩节晚餐，窗外有一个美洲原住民流着口水，凝视着他们。这个原住民的头饰带上插着的羽毛把他和将要被吃的鸟儿联系在一起。在另一张明信片上，一个年轻男子头戴土耳其帽[1]，这表示他是一个外国人，一只火鸡正在把他从一个美国女孩的身边赶走。

"二战"结束后，养殖业变得更机械化了，这使感恩节餐桌上的火鸡到了差点就让人认不出来它是只鸟的地步。超市的火鸡普遍是"已涂好油脂的"，无须屠宰，只需极少的准备工作就能上桌。对大多数人来说，盘中的感恩节火鸡与森林或田野里的没什么关系。

20世纪，这一庆祝活动出现了一个意想不到的转折，即火鸡赦免仪式，把它正式确定下来的是乔治·赫伯特·沃克·布什总统。美国总统先在白宫草坪上举行仪式"赦免"两只火鸡，然后去吃另一只。该仪式从未明确说明是火鸡的什么罪行得到了赦免，但相关传说暗示可能是企图谋权篡位。它挑战了白头海雕作为国鸟的地位。作为某种临时统治者，它甚至挑战了共和国的权威。随着民主国家内部的权力变得越来越分散和隐蔽，弑君这个想法也就失去了过去的恐怖感和诱惑力，血祭的象征意义也越来越间接。在这种情况下，原本私密的仪式变成了公开的活动，也许有点像巨大教堂里通过电视直播的礼拜。

现在，美国最初的感恩节庆祝活动在许多方面都已过时。在一个几乎所有人类活动都充斥着复杂科技的年代，它在向原始自然致敬。此外，我们现在越来越意识到，它所庆祝的大自然的馈赠从来都不是取之不尽、用之不竭的。无节制地大吃大喝曾经是这个节日的特点，如今却显得越来越粗鄙。和今天的许多仪式一样，这点需要反思。尽管如此，感恩节仍是美国的主要节日

1　土耳其帽，又名菲斯帽，是地中海东岸各国男人所戴的圆筒形无边毡帽，通常为红色并饰有长黑缨。

20世纪初的美国明信片。图中的父亲打扮成清教徒前辈移民的样子，衣装却是与身份不符的鲜艳颜色。家庭装饰、女孩们的举止和衣裙显然告诉我们，这是清教徒移民至普利茅斯岩300年后的一个富裕的中产家庭。窗外有一个美洲原住民正渴望地看着屋内这一幕，他头上戴着的羽毛把他和桌上被切开的鸟儿联系在了一起

中商业化程度最低、宗教色彩最浓的一个，它不像万圣节和圣诞节一样有着无休止的营销活动。在我看来，感恩节血祭的基础虽已被深深地掩盖了起来，但通过所有元素的排列组合，我们仍然能感觉到它，而且感恩节仍然能帮助当代人与自然界建立联结。

在今天的欧洲或北美，一个人要想活下去，或者要想维持所谓的“中产阶级生活方式”，就要对自然界施加比以往任何时候都要多的暴力。同时，我们还发展出了一种前所未有的能力，即对自己隐瞒这种暴力的能力。它刻在我们对权力、空间、衣食、娱乐等的需求中。这种暴力通过一些仪式性做法被发泄了出来，并被神圣化了，比如欧洲王公贵族们狩猎雄鹿、农民猎杀鹪鹩和主流美国人享用感恩节晚餐。许多人反对这些习俗，认为它们是在鼓励暴力，甚至觉得它们很野蛮。但仪式化的好处是，它能使人们意识到暴力及其后果的存在。它提供了一个更广阔的视角，把杀戮置于某种控制之下，并对其可能造成的破坏设限。

啄序还是椋鸟群飞

在 19 世纪和 20 世纪初，随着欧洲逐渐进入现代化，人们对中世纪的怀旧之情与日俱增。从拉斐尔前派的成员一直到 20 世纪的德国诗人斯特凡·乔治，作家和画家们都把中世纪理想化了。在一个日益以技术专家治国的社会里，人们把中世纪看作一个拥有华丽的服饰、优雅的仪式、朴素的虔诚信仰和伟大的冒险旅程的时代。此外，人们还认为，中世纪时，从王公贵族到穷苦农民，社会各阶层以忠诚为纽带团结在一起，形成了一个有机的整体。人们从夏日草地上的鸟儿身上看到了这些价值观。一身华丽的羽衣赋予了它们中世纪宫廷式的辉煌，鸟类的行为也似乎常常极具仪式感。这样的浪漫化叙述忽视或理想化了鸟类所面临的弱肉强食以及其他许多困难，但经过瓦尔特·封·德尔·弗格尔瓦伊德、杰弗雷·乔叟等许多诗人的不懈努力，它已被刻在文学传统中。

20 世纪 20 年代，挪威研究人员索雷夫·谢尔德鲁普 – 埃贝观察家鸡发现，某些鸡可以去啄其他鸡而不受惩罚。这些鸟似乎建立起了一个“啄序”，在这一秩序中，每只鸟的相对地位都是由该生物可以啄或被啄的鸟的数量决定的。

这是首次发现人类等级制度的可类比物，且有形到足以观测和量化。[43]一些同期的研究人员反驳说，这些数据资料是通过观察在人工条件下生活的家畜家禽得来的，不应该把结论延伸到野生动物身上。但动物等级制度这一概念很快就进入了行为学的研究范畴，用于研究各种生物的社会生活。

等级秩序简单明了，很吸引人，但同时也容易使人忽略谢尔德鲁普－埃贝著述中的微妙之处。与通俗和专业文献中通常认为的相反，他的鸟类社会模型绝不是一个简单的金字塔。他虽然提出一种理论，认为任何两只鸟之间都存在着支配关系，但也指出这种关系不一定是可递关系。例如，鸟 a 支配着鸟 b，鸟 b 支配着鸟 c，然而，鸟 c 却可能支配着鸟 a。因此，支配关系构成的更像是一个圆形，而不是一个三角形。这种情况的出现部分是因为支配地位不仅取决于体能，还取决于暂时的因素，例如两只鸟在对抗时的相对疲劳程度。他认为，在 10 只以上的鸟群中，金字塔形的啄序“很罕见”。几乎不存在完全不被啄的鸟。尽管如此，通过统计每只鸟支配对象的数量，还是可以在鸟群中构建起一个相对的等级系统。[44]

但自然界的等级制度这一想法所具有的暗示力量通常掩盖了这些微妙之处。其几何结构吸引了科学家，而它与中世纪的联想则吸引了浪漫主义者。在美国和欧洲的大部分地区，猿类研究热衷于运用这一概念。在社会达尔文主义理论的背景下，这一概念就成了包裹各种优生学和种族主义协会的光鲜外衣。[45]

正如唐娜·哈拉维所写的那样，“支配对灵长目动物学家而言，就像亲缘关系对人类学家一样，是该领域中的一个概念工具，它既是最神秘、最专业的，又是该学科的基础”。[46]在动物学中，一般的确如此，至少直到最近还是。但“支配”这一宏大的概念似乎与极其具体的实证检验结果并不一致。我倾向于认为，整个“支配”概念最终可能被证明是一种假象，它更多揭示的是使用这一概念的人，而不是它声称自己所描述的鸟。

但是，其他支配关系的检验结果没有一个能像谢尔德鲁普－埃贝通过观察鸡而得出的“啄序”这么明确。在康拉德·劳伦兹的《人遇见狗》一书中，貌似欢快的轻松随意几乎掩盖了对等级制度的过分强调。他误解或至少简单化了谢尔德鲁普－埃贝的理论。例如，他声称鸟类中普遍存在着精确的等级秩序，甚至画了一个金字塔加以说明。他最喜欢的鸟是寒鸦，他很赞赏寒鸦群落，说它的等级是如此森严，以至于“等级很高的寒鸦对那些最底层的最有优越感，认为它们只是自己脚下的尘土”。[47]

该书写于“二战”结束时，反映了劳伦兹在“二战”期间形成的思想，他是纳粹德国动物问题方面的主要理论家。[48] 整个社会以一个金字塔结构组织起来，顶端有一个单一领导者，这在纳粹德国成了一个理想模式。在统治早期，政权通过一体化政策试图把不同职业、社团等的所有官僚机构合成一个庞大单一的等级结构。

即使不是专业的社会学家也能看出，包括纳粹德国在内，没有一个社会曾以这种方式组织起来过。纳粹非但没有建立起一个简单的指挥系统，甚至最终形成了一个混乱的权威体系。希姆莱、戈培尔、戈林及其他许多人物在其中不停地彼此较劲，没有人知道谁才是希特勒真正的二把手。差不多所有社会都有许多重叠的等级体系，这些等级体系反映的可能是职业成就、年龄、出身及其他许多因素。因此，权威在很大程度上是由情境决定的。

有关“啄序”的整个想法提供的不过是模糊的比喻而已，它甚至适用于诸如公司、军队之类的组织，其中每个级别的人不仅有不同的特权，而且受到了不同的限制。有能力啄另一只鸟而不受惩罚并不能说明它有领导能力，毕竟领导能力是需要以身作则激励他人的能力。尽管不乏平等主义的理想，但整个政治光谱中的每种当代西方文化都痴迷于对身份地位没完没了地进行细致入微的等级划分。身为这个社会的一员，我无法随心所欲地把这个成见晾在一边，但我不希望把它投射到鸟的身上。

终究，发生在谷仓院落里的啄序，只是受鸟类的启发而提出的众多社会组织形式中的一种而已。另一种与之截然相反的组织形式则是受到了不列颠岛和斯堪的纳维亚半岛上的椋鸟的启发。数十万只椋鸟结成大群一起飞，这一壮观景象被称为“椋鸟群飞”。它们不断地变化队形，呈现出各种各样优雅的图案。它们能形成图案是因为一只椋鸟每次改变方向或速度时都会立刻告知身边的椋鸟。没人知道它们为什么这样做，或许是为了迷惑捕食者。

多年以来，我一直想知道为什么美国的椋鸟似乎从不形成“椋鸟群飞”之景。直到有一天，当我观察一小群椋鸟时，我才意识到它们实际上也形成了群飞的阵势。它们不成直线飞行，也不构成可预测的平滑曲线，而是以意想不到的方式转弯、俯冲、飞升，同时不断地协调彼此的动作。此景远不如不列颠岛和斯堪的纳维亚半岛上成千上万只椋鸟群飞那么壮观，只因在场的只有一打左右，但它们的舞姿同样优雅。其中所有的鸟儿既是领导者，又是追随者。因此，尤其是对那些向往平等主义理想的人来说，椋鸟群飞可能代表了某种乌托邦。

苏格兰的椋鸟群飞

8 鹰猎

盘旋盘旋渐渐开阔的旋锥中，
鹰再听不见驯鹰人的呼声，
万物崩散，中心难再维系……
——W. B. 叶芝，《二次圣临》

1190 年，第三次十字军东征期间，法国国王腓力二世・奥古斯都的一只珍贵矛隼飞到了被围困的伊斯兰城市阿卡的城墙上，被苏丹萨拉丁据为己有。一开始，腓力二世出于礼貌要求萨拉丁归还他的隼，遭到了断然拒绝。接着，他又派出一队身着盛装的使节，用喇叭大声宣布愿意用 1000 个金克朗来交换，被苏丹再次拒绝。[1]

这两位统治者也许正秘密地，甚至无意识地耍着一些外交手腕。珍贵的猎鹰常被最高统治者们当作礼物互相交换。腓力二世也许是在暗示，如果归还矛隼，他可能愿意解除包围。成功地换回丢失的猎隼也许能开一个先例，使双方至少可以展开进一步的谈判。另一方面，萨拉丁及其军队可能把猎隼抛弃十字军看作天上来的预兆，预示十字军东征将以失败告终，归还猎隼恐怕会折损己方的士气。但法国国王和苏丹的动机也可能十分单纯，两人可能都只是觉得它太珍贵了，以至于不惜一切代价也要留住它。

假如猎隼的离开是一个征兆，那么这就是一个鸟类占卜可能占错了的例子，因为十字军后来的确占领了阿卡。又或者它占对了，因为十字军最终还是被赶走了。但用于狩猎的鹰隼是怎么变得在基督教欧洲和伊斯兰教近东都如此受人珍视的呢?

起源

传播路线表明，鹰猎可能起源于公元前 2 千纪欧亚草原上的某地。接着，它往东、往西、往南传。最早描绘鹰猎的是公元前 2 千纪末和公元前 1 千纪安纳托利亚的赫梯人的浮雕和印章，其中一个描绘了一只猎鹰栖息在神的手

《正在鹰猎的小康拉德国王》，出自《马内塞古抄本》(约 1304)

臂上，嘴里还叼着一只死野兔。[2] 稍后，表现鹰猎的艺术品在中国出现了，接着是日本、印度，最后才是西欧。

我们今天所知的鹰猎过于复杂，说明它不可能是突然出现的，想必是经历了许多阶段才成了现在这个样子。在希腊文明中，它几乎完全不存在，但亚里士多德在他的《动物志》中提到色雷斯有一个与鹰猎相关的习俗。人在沼泽中占据要地，击打下层灌木丛，惊起鸟儿朝上飞。接着，猎人们唤来受过训练的猛禽，猛禽俯冲下来，把小鸟们赶回灌木丛中。人们观察这些小鸟落在哪里，然后用棍棒击打该区域，从而猎杀猎物。最后，人们还会丢上几只死鸟赏给猛禽。在一本题为《奇迹》、常被误以为是亚里士多德所作的书中，也有类似的记载，讲鹰杀死猎物后把它扔在猎人脚下。[3]

亚里士多德描绘的这种利用猛禽驱赶猎物的做法，可能是鹰猎早期发展阶段的遗风，也许是这项贵族运动的平民版。安纳托利亚的赫梯人和中国东汉时期（25—220）的人们对鹰猎的描绘显示，男人们手里握着可能用来拍打灌木丛的工具和棍棒。[4] 人们还会用猛禽把其他鸟赶进罗网中。随着它在中世纪的发展，鹰猎的效率可能变低了，却更优雅了。人们捕到的鸟少了，因为一次只能捕一只，但他们把自己想象成猛禽，飞上飞下，获得一种兴奋感。鹰猎这一做法被斯基泰人、匈奴人和马扎尔人等游牧民族带到了欧洲和近东。到 20 世纪初，它已经在那些地区普遍流行开来。

包括埃及、希腊、罗马在内的许多文明迟迟没有采取放鹰狩猎这种做法。在后两个文明中，这可能是相对不合适的气候和地形所致。鹰猎最适用于平坦、开阔、没有茂密植被的地区，那里更容易追踪猛禽的飞行轨迹，且猎物也相对稀少。希腊和意大利的地形太不平坦了。鉴于隼在古埃及备受尊崇，人们本来预期鹰猎会在那里流行，但连一点影子都没有，因为在沼泽周围，鸟儿很常见，用投掷棒、罗网和陷阱很容易就能捉到大量的鸟。

许多猛禽都会被用于鹰猎。在英语中，“带隼出猎”（falconry）又称为“带鹰出猎”（hawking）。蒙古的哈萨克族普遍使用的是金雕。在英格兰和后来的美国，人们常用的是仓鸮。但一般还是更喜欢用隼（特别是游隼、矛隼、灰背隼）和鹰（特别是苍鹰、雀鹰）。隼是全凭速度的追赶型捕食者，鹰则是依靠突袭和偷袭的伏击型捕食者。隼的翅形修长，喙钩更锐利，飞行速度更快。鹰的体型稍大，翅膀更宽，爪子更长，更擅长在森林里活动。隼通常先用爪

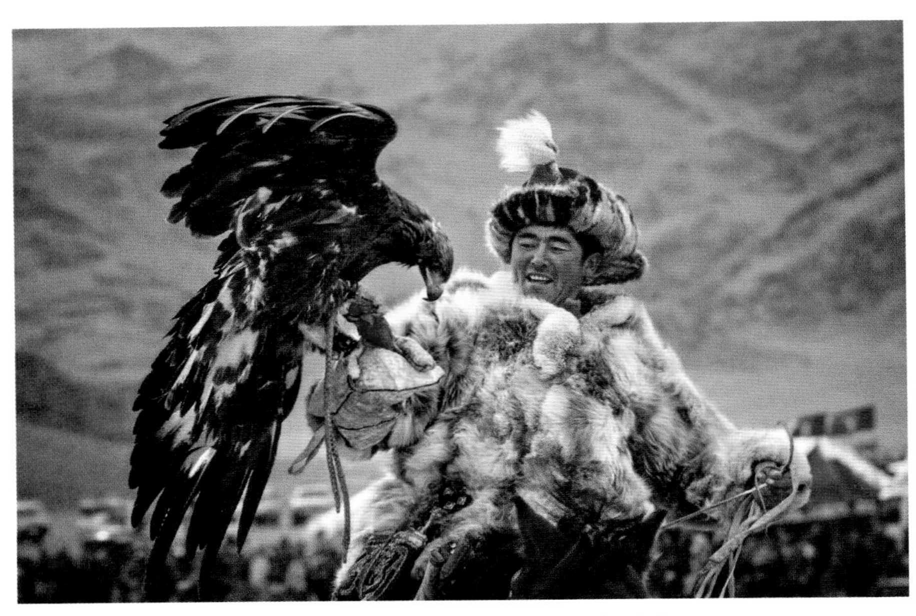

一位不知其名的蒙古猎人骑在马上，手托金雕

子击昏猎物，再用喙杀死并撕开猎物。它们专门攻击其他鸟类。鹰主要用爪子杀死猎物，它们更喜欢捕食小型哺乳动物，比如兔子。

就一项在如此多种多样的王国和文化里都很流行的运动而言，鹰猎的做法是相当标准化的。放鹰狩猎人戴厚厚的皮手套或铁手套，方便猎鹰栖息在上面。猛禽的每条腿上都绕着一条被称为"鹰脚绊子"的短短的薄皮带，末端通常还有一个环或转环。当猛禽停在栖木上时，鹰脚绊子被拴在一条长皮带上。当猛禽停在放鹰狩猎人的手套上时，鹰脚绊子则是系在猎人拿在手里的一根短皮带上。鸟身上挂着一个铃铛，如此一来，如果它飞走，还有可能被找到。在中世纪早期，人们用亚麻线把猎鹰的眼睛缝起来以使它们在运输过程中保持镇静。到了中世纪的全盛时期，缝合这种方式被皮头罩取代。在它们不工作的时候，这个皮头罩会遮住它们的眼睛。

猎鹰驯养者训练猛禽扑抓猎物时会甩动一根长绳，绳端系着一个引诱物。它取代了前人所使用的鸟诱——诸如鸽子之类的笼中鸟——让猎鹰驯养者有了更多的控制权。在中世纪，人们把死鸟的翅膀剪下来晒干，再用皮带把它们缝在一起，制成训练猎鹰用的引诱物。上面拴着食物，猎鹰一旦抓到诱饵，就能立刻获得奖励。今天，上面通常只有一个皮垫子，猛禽完成任务后，可以直接从训练者那里得到肉作为奖励。

鹰猎与情爱

据说，狗无条件地爱着它们的主人。猎鹰则几乎相反。它们会展现一丝爱意，比如当主人进入房间时，它们会跳到栖木上，而猎鹰驯养者对哪怕是最模糊的示好也心存感激。这些情感表达其实是一种恩赐。在中世纪，缺乏表露感情的行为是猎鹰吸引力的一部分，尤其是因为它们几乎总是养在贵族家里，该阶层的人高度重视情绪控制。猎鹰目光锐利却毫无感情的凝视中有一种显得很高贵的东西。

驯鹰人给予他们的鹰的关心大部分都得不到回报，正因如此，驯养猎鹰才是践行“无私”奉献精神的一个大好机会。正如当今纽约市的一位驯鹰人所言，“做驯鹰人最难的部分在于付出的爱得不到回报”。[5]信徒被要求对上帝无条件地奉献，封臣对国王、骑士对贵妇人也被要求如此。尽管信徒、封臣、骑士和狗很少能真正达到这种无私的理想境界，但在中世纪全盛时期鹰猎能负载社会的核心精神也是情理之中的事。

2017 年，纽约塔克西多公园举办的文艺复兴游园会上，一只黄眉隼，它原产于美洲西南部。猛禽即使是在鹰猎中也不失帝王风度，但人类仍是毋庸置疑的主宰

鹰猎和马背长矛比武是两项典型的骑士运动。它们依靠的都是准度和速度。正如猎鹰能为它的训练者增光，参加比武的骑士也能给他的贵妇人带来荣耀。训练猎鹰时可能还会教导它们一些额外的课程，比如延迟满足，因为猎鹰很少一击就杀死猎物。这项活动可能有助于缓解宫廷恶斗，因为在这项运动中，除了猎物，没有输家。但鹰猎的基础过去是，现在仍是猎鹰朝着猎物突然俯冲下去给人带来的兴奋感和认同感。如果猛禽击中猎物，放鹰狩

约 2010 年，纽约崔恩堡公园的修道院举办的中世纪游园会上，一名驯鹰人和他的美洲雕鸮。他充满爱意但又有点忐忑地看着手上的鸟儿，鸟却没有看他，一心只想着搜寻猎物

猎人就会感到自己和大自然瞬间融为一体，自然界所有的壮丽和残酷都展现在自己的眼前。这具有一种强烈的越界感，正如性活动常有的那样，然而它却被纳入大自然的纯净中。正如海伦·麦克唐纳所写的，“通过训练用于狩猎的动物，通过对它们产生认同感，你可能会在完全无害的情况下体验你所有重要、真诚的欲望，甚至是最嗜血的”。[6]

骑士精神是在不切实际的幻想中融入了暴力和色情。自从荷马的《伊利亚特》诞生以来，而且无疑早在它出现之前，战争和猎杀动物的运动就被严重色情化了。中世纪后期，在英语中“hunting”（狩猎）又被称为“venery”[1]。它源自“Venus”（维纳斯）一词，即罗马神话中爱的女神的名字。在人类文化中，把狩猎与色情联系在一起很可能是一种普遍现象，而欧洲中世纪把两者联系在一起的方式尤为丰富。马上比武大会是对理想化宫廷的再现，类似亚瑟

1　venery 除了狩猎，还有纵欲、性交之义。

飞翔的幼年苍鹰。和这样的鸟产生共鸣，哪怕很短暂，也会令人兴奋不已

王及其骑士们。一位骑士除了头盔上要有印着纹章的徽章，长矛上还要带一件属于他的贵妇人的服饰，比如腰带、面纱、可拆卸的袖子。在比武大会上，贵妇人有时会把自己的配饰抛下来，甚至可能抛到身上只剩下一件简单的无袖长袍。[7]

和马背长矛比武不同，经常参与鹰猎的不仅有骑士，还有贵妇人。他们成群结队地骑着马出来，用号声宣告自己到了，身边还不乏众多随从陪伴。这项活动要持续一整天。鹰猎不可避免地成为色情象征意义的焦点，它比马背长矛比武大会的色情象征意义要多样，也更微妙。在中世纪许多描绘恩爱情侣的画作中，总有一个人，不是男的就是女的，手上举着一只猎鹰。

这有点像今天的情侣或家庭与狗的合影，鹰和狗象征的都是他们之间的纽带。不过，这种对比也凸显了两者之间巨大的差异。首先，狗似乎能与人共情，还能反映人的情绪，猎鹰对人类情感则显得几乎无动于衷。几百年后，回首过往，富有骑士精神的时代虽然可能激起人们的怀旧之情，但仍然显得极其陌生。细腻的情感、优雅的礼仪、高尚的理想、野蛮的竞争、残暴的行为、原始的辉煌和宗教的虔诚结合在一起，具有经久不衰的魅力，但在今天却很难引起人们的共鸣。

可能创作于19世纪的一幅波斯画，画的是一个女人，也许是一个公主，手持一只珍贵的矛隼

《沃尔特·冯·托伊芬爵士及其妻子》，出自《马内塞古抄本》(约1304)。
对于中世纪的情侣来说，鹰猎是确定关系的一种方式

情侣与他们的隼和鹰的亲密关系在苏格兰民谣《快乐的苍鹰》中有所体现。这首民谣最早由沃尔特·司各特记录下来。其中这只苍鹰不但会说，还能听懂人话，而且叫起来有点像鸫，歌声很甜美。这首歌一开始就是一位名叫威廉的骑士在向苍鹰倾诉他的悲伤：

哦，唉，唉，我快乐的苍鹰，
你的羽毛多有光泽啊！
唉，唉，唉，我亲爱的主人，
你看起来既苍白又消瘦！

骑士告诉苍鹰，他爱上了一位贵族小姐，但她的父母却不准他们见面。他告诉苍鹰要去哪里找她，如何才能认出她来，接着又指示苍鹰在她花园里的桦树上唱歌以引起她的注意。鹰都照着做了，并给那位小姐送去了一封情书，要她去教堂见它的主人。她吃了一剂安眠药后被带到教堂下葬。威廉就在那里等她，她在他面前醒了过来。[8] 在放鹰狩猎的场景里，情色趣味并非总是如此理想化。德文郡狩猎挂毯可能是 15 世纪早期在法国北部的阿拉斯制作的，现藏于伦敦的维多利亚与阿尔伯特博物馆。其中有一幅挂毯极其细致地展现了鹰猎场面，伴随着各种各样的情爱活动。一位贵妇人爱抚着她怀里的小宠物狗，对她的男伴却视而不见。一位注定要走入政治联姻的年轻姑娘被她的年长女伴仔细看管着，后者似乎流露出对她不合时宜的爱意。一个身穿金色丝绒服装的引人注目的男子目不转睛地看着一个女子，她却冷漠地无视他的存在。一位贵族男子和他的贵妇人都骑在马背上，但两人根本无心狩猎，只顾着含情脉脉地对视。[9]

为什么鹰猎能象征浪漫的爱情？我们应该谨记的是，中世纪时人类的平均预期寿命基本上不超过 30 岁，而且禽肉来自谷仓旁的场院而不是超市。人们对捕食行为和死亡都很熟悉，那时它们带给人们的恐惧感比今天要小得多。鹰猎和其他狩猎形式一样，在中世纪也经常遭到批评，但是因为轻浮而非残忍。猎鹰突然从天而降，制服并很快杀死了猎物。猛禽是致命利器，不过话说回来，丘比特的弓箭也是。猛禽的突袭让人联想到一个人可能会突然热烈地爱上另一个人。

15 世纪早期的一幅德文郡狩猎挂毯所描绘的鹰猎。
左边的男子衣着华丽，引人注目，却无法吸引女士的目光，她眼里只有猎鹰

神圣狩猎

从某些方面来说，那些中世纪庄园宅邸的相关人士在鹰猎中度过的一天有点像今天的公司野餐日。庄园宅邸和公司都是高度等级化的组织，虽然如今划分等级的标准有所放宽，但等级差别终究在其中得到体现。和野餐一样，庄园宅邸可能也以运动、比赛、接触大自然为特色。然而，每个人都知道公司的等级制度是务实的、短暂的，而且如果人们停下来仔细思考这个问题，就会发现它其实是一件微不足道的小事；对中世纪的人而言，鹰猎则是对宇宙秩序的重申。

基督教的成功很大程度上要归功于它成功地引导了神圣狩猎的古老象征

意义。犹太教基本禁止了神圣狩猎，但保留了它对想象力的影响。在圣餐仪式中，吃基督的身体有点像是在一场成功的狩猎后大家分肉吃。中世纪和文艺复兴时期的挂毯都展现了人们仪式性地狩猎成年雄鹿或独角兽的场景，这两种猎物都能代表基督，其表情都十分庄重。[10]

用猛禽狩猎和其他狩猎方式一样复杂，甚至可能还要用到更专业的技能。有些狩猎方法要用两三只猎鹰，每一步都需要经过仔细的协调使之相互配合。神圣罗马帝国皇帝腓特烈二世曾详细说明该如何用猎鹰来猎鹤。受过辛苦训练的猎鹰能把一只鹤从鹤群中单独分离出来，然后将其击落，但这只鹤可能仍活着并挣扎不已。此时，骑马者和狗就会跑来帮助猎鹰，将鹤杀死，这一步要加倍小心，避免受伤。鹤被杀死后，放鹰狩猎者还会把他的猎鹰放在鹤的胸脯上，然后剖开鹤胸，把它仍在跳动的心脏赏给猎鹰当食物。[11] 在早期现代的意大利，还有另一种放鹰狩猎的方法，就是把狐狸尾巴系在雕鸮身上。雕鸮往往贴着地面飞行，通常由一人放出雕鸮，当雕鸮很快俯冲下来拖着狐狸尾巴贴地飞时，鸢就会来攻击狐狸尾巴，这时第二人再放出猎鹰去扑抓鸢。[12]

12 世纪，苏菲派诗人阿塔尔在其史诗《百鸟朝凤》中把鹰脚绊子比作个人与上帝之间的纽带、爱情的诱饵、俯冲下来瞥见永恒的瞬间。他还把给猎鹰戴上眼罩比作一种内省，这样做可以远离俗世烦恼，转而关注精神层面上的问题。揭开眼罩则是一种心灵顿悟。诗人并不打算让这些比喻成为任何总体寓意的一部分：在诗篇稍后的章节里，鹰被戴胜指责过于依恋宫廷做派。[13] 但诗人正是试图用这种前后不一把读者引向一个超越表象的心灵现实。

在西方，教会以一种类似的矛盾态度看待鹰猎。在神职人员中，有些人十分热衷于放鹰狩猎，其中包括像利奥二世这样的教皇，但另一些人则谴责这项运动。12 世纪早中期的一本拉丁文动物寓言集说："鹰（鹰在这里与隼无异）是圣人的形象，他夺取了天国。"接着，它把鸟类换羽、长出新羽和基督教里的重生做类比，又引申开来，把用来养狩猎用的鹰隼的鹰棚和修道院做类比："鹰的栖木象征着遵守修道院规矩的正直生活，因为它高悬于俗物之上，把修道士和世俗欲望分隔开来。"[14]

狮子和羔羊都可以代表基督。同理，鸽子代表圣灵，在极少数情况下，鹰也可以，这两种生物在捕食和被捕食的过程中共舞。例如，在布列塔尼半岛罗斯科夫市的克罗茨－巴茨圣母院大教堂的雕像里，当大天使加百列在"天使传报”中出现在马利亚面前，代表圣灵的是一只鸽子，但在“圣灵降临”中却成了一只鹰，[15]这无疑是因为猛禽从天而降的优雅和速度仿佛来自另一个世界。一首无名氏创作的中世纪西班牙民谣不仅把游隼等同于天使传报中的鸽子，甚至等同于基督本人，说他从天而降，进入马利亚的子宫，从而得以重生。16 世纪中叶，西班牙神秘主义者圣十字约翰用游隼在空中抓捕猎物来比喻灵魂和上帝的神秘结合。[16]

中世纪的人们相信，在与人类的关系当中，驯化而非野生是动物的原始状态。亚当和夏娃在被逐出伊甸园之前与动物和谐相处，甚至能与之交谈。通过将动物带入人类领地，人们至少部分重塑了那种原始的和谐。关于这个观点，维吉・海恩在为训练动物（特别是狗和马）以执行复杂程序而辩护的过程中提出了一个高度世俗化的说法。许多人过去乃至现在仍认为，这些成果是非自然的，是人为操控的训练。对此，维吉的回答是，我们人类深受与其他生物隔离之苦，但动物通过允许人类训练它们来回应我们的需求，我们有义务对此做出相应的反应。[17]

同样，人在鹰猎过程中和鸟、狗、马之间错综复杂的协调配合还涉及极其细腻的交流，这稍稍缓解了我们的群体性孤独。海伦・麦克唐纳在写到她的鹰梅布尔时也采取了极为相似的立场：

> 她的眼睛能追踪蜜蜂拍动的翅膀，而人眼只能跟上鸟儿拍翅的速度。她到底看见了什么？我想知道。我甚至绞尽脑汁设法想象，但实在办不到……这只苍鹰能看见紫外线光谱，看到我无法看见的颜色。她可以看到极光，望着大气层的暖空气上升、扰动并泄入云层，更能追踪跨越地球的磁力线。[18]

鉴于两者在感知上存在着根本性的差异，在现实中就不可能存在支配关系，因为支配只不过是一种拟人化的幻觉。当一个人把自我意志投射到另一种生物身上，并想象自己战胜了对方的时候，支配感就油然而生。事实上，一个人想要支配一只鹰就像和风比赛摔跤而把风摔得服服帖帖一样可笑。但令人惊讶的是，尽管人和鸟认识世界的方式大相径庭，两者却有可能精准配合、协调行动。

《手持猎鹰的王子》，波斯，约 1820 年。

在伊斯兰教和基督教的世界里，驯鹰人往往出乎意料地被描绘成面容清秀甚至崇高纯洁的样子

等级和地位

埃及人一度认为法老是隼神荷鲁斯的代表。[19] 到了公元 14 世纪，埃及这片土地已成了基督徒的，接着又成了穆斯林的。古埃及的宗教早已被人遗忘，但把统治者等同于猎鹰的传统也许保留了下来。根据中世纪学者奴瓦叶里的说法，只有领地包括黎凡特的马穆鲁克苏丹才能合法地购买必须从北欧进口的矛隼，其他人没有他的特别允许甚至都不能放飞矛隼。[20]

13 世纪的统治者们，从成吉思汗到西西里的腓特烈二世，其随行人马都包括几十个猎鹰驯养者和数百只猛禽。腓特烈二世的专著《鹰猎的艺术》主要基于阿拉伯文本以及大量的观察和经验写成。在第一卷开头，他写道，鹰猎比其他形式的狩猎更高贵，因为它需要更多技巧和更多时间才能掌握，且不需要罗网和陷阱等人造工具。[21]

鹰猎还是宫廷生活的核心，是贵族教育的重要组成部分。骑士和贵妇人手腕上的猎鹰是其身份地位的象征，他们哪怕并不打算用它们来打猎也带着它们。[22] 但鹰猎并不需要法律法规来维持其贵族的排他性，有高得出奇的费用就足够了。在 13 世纪的英格兰买一只猎鹰，轻轻松松就能花掉一个骑士一半的年收入，[23] 而购买并照顾最珍贵的猎鹰可能是个无底洞。1530 年，神圣罗马帝国皇帝查理五世把马耳他岛授予耶路撒冷圣约翰医院骑士团。作为报酬，他只要求每年在万圣节庆典上送他一只猎鹰。[24]

鹰猎流行了数百年，但随着贵族秩序的衰落也逐渐式微。这是一项只有极少数有闲有钱的人才得以积极从事的运动。此外，它必然导致炫耀性消费，引发广泛的不满。火器使农民和其他人有可能射杀鹰和隼，因为猛禽对家禽家畜可能构成威胁，当然还有它们跟贵族联系在一起等因素。

狩猎鸟类时，猎犬在某种程度上可能已经取代了猎鹰。动物仍需要接受大量全面的训练，首先要练的就是搜寻被猎杀的鸟。鸟被射中之后，猎犬就必须把它们衔回来交给自己的主人。跟放鹰或放隼狩猎一样，用猎犬狩猎鸭子和雉鸡也需要大量的技巧。它还使人与大自然连接在一起，在某种程度上，甚至是和我们的过去连接在一起，但其格调是中产阶级或工人阶级的。带枪的猎人不管猛禽是不是为贵族服务，都不喜欢它们来跟自己竞争，因此常常一见鹰或隼就开枪。然而，可能是濒临灭绝的境况赋予了游隼以及其他猛禽一种

头戴猎鹰帽的女人，广告，1928 年。

当年，女帽上有鸟类标本并非十分罕见，但通常是鸣禽而非猛禽。

广告中这顶帽子上的可能是也可能不是一只真的鸟头，但它似乎旨在传达这个女人既自信又有魅力的意涵

全新的魅力，它们成了逐渐消失的传统的一种怀旧符号。鹰猎本身也在复兴，自工业革命以来，现在可能是它最受欢迎的时候。

独一无二的关系

我们与动物的许多关系在人际关系中都有原型，有时甚至是模型。例如，蜂箱有点像君主统治下的外国领土，养蜂人则是外交使节。狗是家庭成员，时而是代理丈夫或妻子，时而是代理兄弟或姐妹。驯养猎鹰这行遵循着一种截然不同的模式：学徒制。在中世纪的大部分时间里，行业和社会地位一样，是在家族内传承的。然而，技术渐渐变得越来越复杂，时尚越来越短命，社会组织架构越来越不稳定。不只王公贵族，连铁匠、面包师、桶匠、裁缝、文具商等也不得不自我调整以适应变化。学徒制确保从业人员不仅学会一门传统手艺，而且能学到新发明的技术。

一个学徒也许会跟着老师傅学习 3 到 7 年，其间用劳动换取食宿。学徒学会了这门手艺，运气稍好一点的话，最终也许能开一家店。在欧洲，鹰猎大约于 11 世纪开始流行，与学徒制的兴起同时，两者又都是在现代逐渐淡出大众视野的。

我们和猛禽的关系的一个特点是很少或根本不涉及繁殖，无论这是有意为之还是无心插柳。它们一般在刚孵出时就被人从巢内取出，或在幼鸟时期被人捕获。受训并用于狩猎的时间大约是 3 到 7 年（与大多数学徒期相当），最终会被放生。因为猛禽除交配期外通常独居，所以它们被放生后适应得也很好。它们的体力可能稍有衰退，这使它们不再是从事鹰猎活动的首选，但仍充分具备养活自己的能力。它们甚至可能学到了一些自己在野外学不到的狩猎技巧，而且肯定还有交配能力。鹰猎这项运动建立在自然界和人类世界持续不断交流的基础上，最终双方都没有受到不良影响。

海伦・麦克唐纳写道：“猎鹰的训练完全是通过正强化完成的。千万不要惩罚它们，作为独居生物，它们无法理解像狗和马这样的群居生物所熟悉的等级支配关系。”[25] 绝不能虐待它们的一个更为直接的原因是，一只被放出去工作的猎鹰随时都能离开。传统的做法是给猎鹰戴上一个小铃铛以使养鹰人必要时能找到它们，如今则是在它们的羽毛上安装微型无线电发射器，但除非猎鹰自愿返回，否则这些方法意义都不大。

猎鹰的确从它们和人类的约定中所得颇多，包括稳定的食物供应、遮风避雨的庇护所、兽医护理，甚至包括免受其他捕食者的攻击。从我们的角度来看，这些是以自由为代价的，但这种判断可能过于人格化了。我们自己时常觉得受到人类社会条条框框的束缚，有不计其数的法律法规、习俗惯例和礼仪礼节。作为回应，我们构建了“自然”的概念，即大自然是或至少应该是一个绝对自由的地方。我们期望动物们能珍惜这份自由，把它看得高于一切，当它们不符合我们的期望时，我们可能会感到失望。其实我们只是在把自己的价值观强加给它们。

在纽约州哈里曼州立公园一年一度的红鹰美洲原住民帕瓦仪式上，我曾经就这个问题跟一位猎鹰驯养师进行了一次长谈。她告诉我，在训练鹰狩猎的过程中，鹰一去不返的情况并不罕见，大多数驯鹰师把它视为一种职业风险来接受。大约一个小时后，她的一只猎鹰飞走了，再也没回来，然而她并没有如我预期的那样平静地接受现实，而是走到麦克风前，大声疾呼，恳求猎鹰回来。

考虑到中世纪晚期和文艺复兴时期的骑士和贵妇人在猎鹰身上投入的巨资和感情，猎鹰永远消失在天际是一个巨大的损失，但有些人至少还是以坚毅、幽默的态度接受了这一现实。这里有 12 世纪中叶的德·冯·库伦贝格所作的一首诗。我们对这个诗人几乎一无所知。以下是我从中古高地德语原文翻译过来的版本：

我养育我的鹰已一年有余，
我驯服了他，他听从我的指令。
但是，当我用黄金来装饰他的羽毛时，
他便远走高飞了。

从那以后，我的眼中便有了这只猎鹰的身影。
脚边飘着一缕丝绸绊子，
羽毛闪着金色的红光。

愿上帝让天下有情人终成眷属。[26]

该诗有多种解读。虽然用于狩猎的鹰大多是雌性，但这里使用的却是男性代词。说话人甚至连作者都可能是女性，猎鹰代表的则是她已婚的儿子或正跟着十字军东征的丈夫。这两节还可能分别代表不同的人在说话，可能是一个女人和她的女仆。然而，我倾向于简单直白地理解该诗。这位贵妇人（或绅士）相信走失的猎鹰是受到了上帝的指引，并希望它终能寻得良伴。

中世纪的猎人会对成年雄鹿产生认同感，即使在猎杀它们的时候亦然，整个追猎过程都弥漫着宗教神秘主义的色彩。相比之下，鹰猎的焦点是身为捕食者的猛禽，猎物被杀后，通常会毫无仪式感地被塞进一个袋子里。对雄鹿的神圣狩猎通过上演一场关于罪恶与救赎的心灵大戏而将受害者人性化，当然也将整个自然界人性化。相比之下，人在鹰猎中认同的主要是猛禽，它们尽管很优雅、富有力量，但仍然是完全的异类。人们暂时抛开了大部分人性，以便更充分地融入大自然的节奏。总之，鹰猎就是一段暂不为人的假期，类似于奥尔多·利奥波德所说的“像山那样思考”。[27] 这无疑也是鹰猎今天能复兴的原因。如今，人们已经意识到人类给自然界和自身都带来了巨大的伤害，到了该正视它的时候了。

9 柏拉图的“人”

跟着鸡，找到世界。

——唐娜·哈拉维，《当物种相遇时》

根据第欧根尼·拉尔修的记载，柏拉图在其学园的一次讲学中把“人”定义为“双足而无羽毛的动物”。第二天，西诺珀的第欧根尼来找他，拎起手里一只羽毛被拔光的小公鸡，说：“这就是柏拉图所说的‘人’。”一些听众显然把这一举动看作对该定义科学性的批评，于是他们给原定义加上了“长着宽平指甲的”这一限定语，使之更为完整。[1] 但这一补遗也很难说解决了问题，因为人们只需要把公鸡的鸡爪磨平就可以使之再度成“人”。人们不禁怀疑，第欧根尼·拉尔修或者跟他讲这个故事的人是不是记错了，故事里的讲学者听起来更像是经验主义者亚里士多德，而不像是信奉形而上学的柏拉图。但不管怎么说，西诺珀的第欧根尼揭示了一个事实，即讲学者看似科学的定义其实是一种象征性描述。

拔公鸡的毛就像是在贬低人类的骄傲。在农业工业化之前，公鸡被视为谷仓场院的主人，这才有了把称王称霸的头领称为“行走的公鸡”这一说法。它们的步伐和叫声都散发着骄傲的气息。在较近的年代里，公鸡的羽色变淡了，有些甚至变成了白色，但在柏拉图的年代，它们仍拥有其祖先原鸡那色彩鲜艳的羽毛。然而，即便是公鸡，也不会永远立于不败之地，最伟大的人类也是如此。对此，中非班图人中的塔布瓦人有一句谚语：“酋长就像是一只公鸡，他的人民则是他美丽的羽毛。一旦被拔毛，他就一文不值了！”[2] 西诺珀的第欧根尼对柏拉图的解读可能也是在暗示，人本质上就是失去了飞行能力的鸟。人类的狂妄自大和科学的客观中立在此荡然无存，取而代之的是他所呈现的悲剧视野。人是一种非自然的可怜生物，是注定要进炖锅的家禽。可怜的公鸡。可怜的人类。

人们普遍误解了动物象征意义的本质。它不是把人类意义投射到动物身上，而是数百年来人类和动物互动的记录，对此，双方都做出了贡献。它也不是一张简单的对等物清单，而是有语境的，一种动物可以具有非常广泛的象征意义。到目前为止，鸟类中最好的例子就是鸡，即公鸡和母鸡。在某种

《第欧根尼与一只无毛公鸡》，帕米吉亚诺，1500—1530 年，木版画。
我们可以把该画视为比较解剖学的早期研究，因为它生动展示了鸟和人在身体上的相似之处

程度上，西诺珀的第欧根尼比他自己可能意识到的还要正确，或者说他最终变得更正确了。的确，那只鸡就是人，因为它几乎展现了人类活动的每一方面。把一个人称为“小鸡”就是指责他胆小、懦弱，而公鸡自古以来就因其斗争精神而受到赞誉。鸡还被用来象征男子气概、母性关怀、深奥智慧、王权、时间、预知未来的能力、血统、现代性和人性的冷酷无情等许多东西。

特殊联结

我们和狗、猫、蜥蜴、蚕、羊、鸡的关系各不相同，这种区别体现在用途、义务、象征意义等许多方面。它们大多是或至少最初是共生关系，经历了数百年甚至数千年的演变。“驯化”一词具有一定程度的误导性，它暗示这些关系的建立完全是由人类一方发起的。唐娜・哈拉维创造了“伴侣物种”一词[3]，现在常被用来指包括植物在内的其他生物，这些生物在相当长的时间里与人类一起在文化和生物上共同进化。

在人与动物关系的研究中，人与狗的关系通常最受关注，因为它可以说是其中最古老、最亲密的一种。至于它存在了多久，各类说法差异很大，有说 10 多万年的，有说 1.5 万年的。就许多方面而言，我们和鸟类的关系甚至更加难以溯源。人和鸟共同进化的历史比人和狗的要长，至晚从大约 2 亿年前恐龙和哺乳动物从一条进化线上分化出来就开始了。从那以后，这两个种群就一直在不断地适应彼此。在极为漫长的岁月里，它们有时会在捕食者和猎物之间进行角色转换。它们的关系极为复杂，既是竞争对手，又是合作伙伴。早在人类这个物种诞生之前，鸟类就已经对我们的文化做出了贡献。当它们还是恐龙时，我们是像有袋动物一样的相对较小的毛球。

家养公鸡和母鸡的祖先是红原鸡，在一定程度上还混入了灰原鸡和其他一些近亲鸟类的血统。[4]红原鸡不仅颜色鲜艳，而且能快速奔跑，飞行能力也不错，能飞到高树上栖息。随着它们被人类按大小挑选为斗鸡和肉鸡，这些能力便丧失了。很难说清楚驯化发生的时间和地点，这似乎是一个渐进的过程，无法标明其决定性的转折点。从事农业生产的人留下了一些种子，这些种子引来了鸟儿，然后这些鸟就被人类利用了起来。这是一个简单且必然的过程，

《猫和鸡》，艾格尼丝·米勒·帕克，20世纪20年代，木版画。
众所周知，猫和公鸡都是十分自信的动物。在这幅苏格兰画作里，它们正警惕地互相打量

它可能发生在几个地方，或者发生在一片广大的区域。

驯化发生在南亚或东南亚，也许是在印度、泰国或越南。它始于大约1万年前，逐渐传遍世界各地。公元前6000年，公鸡和母鸡已传到中国。[5]可能存在文字记载表明，公元前2500年，它们已抵达美索不达米亚，尽管直到公元前2千纪后半段，才开始出现在那里的艺术作品中。[6]在埃及，从中王国时期（公元前2160—前1788）开始，就有一些与鸡相关的记载，但其可信度存在争议。[7]第一幅确凿无疑的红原鸡画像来自新王国时期（公元前1580—前1090）。这些鸟都是精心描绘出来的，旨在彰显其作为宠物、墓葬祭品和坟墓装饰品的光彩。[8]

鸡渐渐又传到了希腊、波斯和罗马。在古代，喂公鸡是一种占卜方法。罗马军队会带着公鸡出征。战前，他们会喂鸡吃小麦面包。如果公鸡吃得很起劲，边吃边掉面包屑，这就表示胜利在望；如果它们不吃，这就是不祥之兆，特别是如果它们连鸡笼都不愿走出。[9] 老普林尼曾这样说公鸡："日复一日，它们控制着我们的治安官……它们下令开战或禁止作战，为我们所有的胜利提供预兆。"[10] 无论胜负，罗马士兵们都帮着把鸡传遍了整个帝国。

词源学和基因分析表明，在前哥伦布时期，鸡就已经从波利尼西亚传到了拉丁美洲。阿拉卡那鸡是智利独有的品种，它没有尾巴，产蓝色的蛋，可能主要源自新大陆被征服前就有的一个品种，但现在仍未有定论。[11]1520 年，埃尔南·科尔特斯把一大群欧洲鸡带到了墨西哥，很快就传遍了整个新大陆。

《火鸡与公鸡》，马库斯·海拉特，荷兰，1567 年，木版画。
长期以来，谷仓旁的院子一直是公鸡的地盘，但它现在要直面新引进的火鸡的挑战了

现在，全球人类饲养的鸡大概有 200 亿只，平均每人约 3 只[1]。[12]

如果说这种驯化是有计划、有目的的，那就是在误导人。虽然不是有意为之，它却给人类带来了许多好处。最明显的就是鸡成了人的食物来源。鸡粪可做肥料，鸡的羽毛可以用来做装饰品等。公鸡随时都可能打鸣，但主要是在黎明和黄昏，所以公鸡打鸣一直都是一种重要的计时方法。不过斗鸡才是公鸡原本最重要的用处。

至少直到现代，公鸡的图像意义一直是超过母鸡的，这部分是因为公鸡有独特的鲜红、亮蓝、金棕色羽毛，以及鸡冠、肉垂。公鸡的叫声尽管不是特别悦耳，却响亮有力。它似乎在高呼："看我！看我！"这些因素和昂首阔步结合在一起，营造出了一种贵族风范。17 世纪初，英国牧师爱德华·托普塞尔把公鸡比作“全副武装的士兵，它以鸡冠为头盔，以距为剑，以喙为矛，以尾为旗，斗完还要打鸣以宣告胜利”。[13] 鸡实行一夫多妻制，所以它们有点像皇帝和众妃嫔。鸡有没有可能和父权制有关？世界各地看斗鸡的观众绝大多数都是男性，在有些地方甚至全是男性。

斗鸡

我一直怀疑西诺珀的第欧根尼拎起的那只象征人类的公鸡，可能不久前刚输掉了一场斗鸡比赛。随着家鸡的传播，斗鸡这项运动也传遍了全世界，官方有时鼓励，有时禁止，但基本上只能私下进行。它在东南亚尤为流行，那里是最早驯化鸡的地方。斗鸡展现了典型的男性行为，将之夸张到滑稽可笑的地步。它常常有一套仪式，这些仪式似乎跟祭祀、繁殖有关。把两只公鸡放在一起，它们就会自发打起来。公鸡腿的后面天生就有距，斗鸡训练员通常会把它们换成金属刀片，决斗很可能持续到参赛一方死亡为止。

公鸡很适合这项运动，不仅因为它们对彼此够狠够猛，而且因为它们在大多数方面都很难被看作具有人性。它们的目光跟爬行动物的一样锐利，让人看不透它们心里在想什么。它们也不太亲人。它们所表现出来的情感上的

1　在本书英文版出版的 2021 年，全球人口为 78.9 亿。

疏离在战士身上可能是一种魅力，但放在有家室的男人身上简直是灾难性的。它们很美丽，却一点也不可爱。斗鸡师以一种相对超然的方式喜欢并欣赏它们。斗鸡活着时，他们养育它们；斗鸡死了以后，他们常常在家中设龛、写作颂歌纪念它们。斗鸡虽然可以是榜样、符号甚至偶像，却不被人们视为朋友或宠物，即使是最热衷于此事业的斗鸡师也不例外。[14]

在希腊，早在鸡肉和鸡蛋成为主食之前，斗鸡就已经流行了。根据艾利安《杂史》的记载，地米斯托克利率领雅典军队向波斯进军的途中，看见公鸡在打斗。他命令士兵停下来，对他们说道："这些鸟儿不是为了保卫自己的国家而战，也不是为了它们的祖先而战……既不是为了荣耀，也不是为了自由，更不是为了子孙后代的福祉：它们斗来斗去，为的是不被对手击败，只因每一只都拒绝臣服于另一只。"地米斯托克利及其手下随后开赴战场，并取得了胜利。后来，雅典人通过了一条法律，规定每年都要为公众举办斗鸡比赛。[15]

这一记载虽然得到了其他文献资料的普遍证实，却是自相矛盾的，因为这位伟大的将军一一否定了通常会在战前动员时反复提及的更为崇高的战争

两只拟人化的公鸡在为一只母鸡打架，J.J. 格朗维尔，约 1847 年

理由，反而用赤裸裸的自我中心主义和执拗倔强来激励他的部下。但他的确是一位极其成功的指挥官，熟练地掌握军事心理学。他显然觉察到，跟庄严的爱国主义呼吁相比，战争的狂热所能提供的动力要大得多。斗鸡揭露出战争的残酷本质，展现了老兵不常说但新兵得懂的东西。

对人类战士而言，以具有勇敢精神的斗鸡为榜样能给他带来巨大的赞誉。在战争史上，没有什么比在巨大的困难面前誓死奋战更令人感动、受人尊敬的了。这些人虽然清楚地知道失败不可避免，却仍然选择奋斗到底，据说斯巴达人在温泉关、美国人在阿拉莫、爱尔兰人在 1916 年复活节起义中都是如此。但对斗鸡来说，斗到死只是它的分内事，而且无论其反抗有多激烈，只要失败了，其价值都会大打折扣。

中世纪的一枚盾形纹章

斗鸡的血腥场面展现了一种一视同仁的原始狂怒，这也许是所有文明的驱动力，然而没有哪种文明能完全承认这一点。弗雷德·霍利广泛研究了美国的斗鸡活动，把赛前对斗鸡的精心呵护比作阿兹特克人和其他中美洲文明对即将被献祭的活人的照顾。他写道：“和中美洲的原住民一样，祭祀用的‘牺牲品’的鲜血似乎能喂养神明，恢复生育能力，使宇宙和地球本身获得新生。”[16] 人类学家克利福德·格尔茨在他研究巴厘岛斗鸡的论文中写道：“一次斗鸡，或任何斗鸡活动，首先是一次以适当的赞美诗和祭品供奉给恶的力量的血的献祭，为的是安抚它们贪婪食肉的欲望。”他还补充道，每个节庆活动开始时都要举办斗鸡比赛，在面对诸如瘟疫、火山爆发之类的自然灾害时，人们的回应也是办斗鸡比赛。[17]

斗鸡几乎代表了任何一种文明的对立面，至少是任何一种文明希望自己呈现出来的面貌的对立面。它是虚无主义的暗流，即使是最精妙完善的哲学思想，也常有这股暗流贯穿其间。在我生活的美国，它等同于社会达尔文主义的极端形式，用谚语表达就是："适者生存。"一切修饰语的背后隐藏着一种文化观，即残酷的、不讲道德的竞争，其结果就是"强权即公理"。这种暴力是人类社会的一个维度，我们既无法去除，也无法接受，但我们通过斗鸡间接地承认了它的存在，从而得到了些许安慰。这就是尽管英美等许多国家都禁止斗鸡，但斗鸡仍在继续的原因。

据格尔茨说，巴厘岛上的社会是一个由种姓、村庄、氏族和寺庙等相互竞争的团体所组成的矩阵。人们就重要斗鸡比赛的结果进行豪赌是很常见的事，且下注要遵守一套复杂的规则，这同时也是忠诚的表达。比如，你不会赌你亲戚的斗鸡输。观众通过下注亲身参与了斗鸡，这一活动展现了不同群体间所有隐秘的紧张关系，即使其中有些群体可能已经结盟。打斗结束时，斗输一方的支持者们暂时会感到羞耻。由于下注更多是基于关系而不是清醒的算计，[18]即使是大手笔的赌徒，其得失最终也会趋于平衡。唯一不变的是斗输的斗鸡的命运——被炖给斗鸡斗赢了的那户人家吃。最后，社会张力既没加剧也没缓解，却"因成了一场游戏而变得可以忍受了"。[19]这是用一场模拟战争来代替真正的战争。

当代斗鸡师认为当今世界既混乱又堕落，也许他们总这样认为。他们把斗鸡看作连接史诗般的过去的纽带，[20]常常认为社会对他们有敌意，他们遭到了误解甚至迫害。1830 年，英格兰禁止斗鸡，主要是因为它助长了酗酒、赌博、斗殴和城市的肮脏。然而，在其他地方，斗鸡一直是升华人际暴力冲突而非表现这种冲突的一种方式。从巴厘岛到墨西哥再到美国，参加传统斗鸡的鸡都很守规矩。这些地方的斗鸡比赛都遵守严格的规则，且裁判的裁决很少受到质疑。

20 世纪晚期，人与动物关系学家哈尔·赫尔佐克研究了北卡罗来纳州他家附近农村地区的斗鸡社团。他发现，参加的都是普通人，他们的非法活动很少延伸到斗鸡场之外。但是，进入 21 世纪，技术与不受约束的资本主义相结合，开始颠覆惯例。和人类运动员一样，斗鸡被注入类固醇，并被喂食通常由贩毒集团提供的昂贵药物。[21]

和其他满怀禁忌激情的群体一样，斗鸡师也会以各种方式合理化他们的活动，比如会说公鸡天性好斗，或者，大英雄如乔治·华盛顿也参与了斗鸡，

在19世纪的英格兰，斗鸡因会导致酗酒、打架斗殴和骚乱而臭名昭著

参与斗鸡活动能培养一个人的品格，但找借口这件事本身就暴露出他们其实是在百般狡辩。为斗鸡所做的最有力的辩护是把斗鸡的待遇和现代肉用仔鸡的做比较。斗鸡要精心喂养两年左右才能开始上场打斗。饲养员要确保它们饮食健康、训练充分，甚至要给它们装空气调节设备。相比之下，肉用仔鸡被养在狭窄拥挤的空间里，旨在使它们肥得又快又好，养肥后立即被宰杀。讽刺的是，尽管斗鸡过的生活远比肉用仔鸡要好，但斗鸡比赛激起的愤怒却比鸡的工业化养殖要强烈得多。[22]

看来，在某些情况下，斗鸡活动甚至让动物得到了更人道的对待。它激发了人们对鸟类的亲密认同感，并给它们的生命赋予了巨大甚至无限的意义。它神圣化了杀戮，但也阻止人们在非仪式化的情境下宰杀或虐待公鸡。但是，它们尽管过着相对舒适的生活，最终还是难逃痛苦和迷茫。

胜利之鸣

当我们看日历或手表时，不会把时间的性质当回事，但其实我们的时间观念是经过数千年才逐渐建构起来的。在前现代有多种时间计量法，比如用沙漏和蜡烛，但利用公鸡（cock）每隔一定时间打鸣而把一天分成几个部分，很可能是最早的一种。没有它，我们今天可能就没有时钟（clock）了。

最著名也最令人费解的遗言出自苏格拉底，记载在柏拉图的对话录《斐多篇》里。苏格拉底接到判决，要他饮毒而死，于是他把他人生的最后一天花在跟学生、朋友讨论哲学上。谈话结束，他提前叫人端来毒药，平静地喝了下去。他感到生命的流逝，用最后一口气说道："克力同，我们该给阿斯克勒庇俄斯［医神］献上一只公鸡。去办吧，别忘了。"[23] 因为公鸡会在黎明时分打鸣，所以它普遍象征着复活。这部对话录关注的主要是死后灵魂的命运，所以这个献祭也许暗示了苏格拉底对即将重生的期盼。[24]

在《圣经》耶路撒冷译本里，耶和华问："谁给了鹮智慧，又是谁给了公鸡预知未来的能力？"（《约伯记》38：36）。鹮有智慧这一说法是从埃及借来的，在那里，鹮和托特神紧密地联系在一起，后者创造了艺术和科学。至于公鸡，认为它具有预知能力是因为它在太阳还没有出来的时候就开始打鸣报晓了。今天的科学家们认为这更多源于生理节奏，而不是感官能力，但这在古代完全就是个谜。对许多基督徒作家来说，这意味着公鸡拥有某种深奥的知识。

公鸡是亚洲十二生肖之一，与太阳密切相关。在一个日本神话里，太阳女神天照大神一怒之下退入洞穴，整个世界陷入漆黑。其他神祇好说歹说都无法引她出洞，最终想出了一个办法，把一只公鸡带到洞口，让它打鸣。天照大神以为时间没等她就已开始了新的一天，便打开洞门想一探究竟，于是天空重现了光明。[25]

根据一个中国神话，在尧帝统治时期，天上同时出现了 10 个太阳，庄稼都被烧焦了。于是，尧派神射手后羿去射日，后羿射落了 9 个，剩下的那个躲进一个洞穴里就是不出来，怎么威逼利诱都无济于事。最后，人们领来了一只公鸡。当它打鸣时，太阳听这美妙的声音听得入了迷，就不由自主地走了出来。[26]

《圣经》里的耶稣故事弥漫着强烈的时间意识。它是最早通过缓慢渐进地展开一连串相对较小的事件，表现出高度戏剧感的记叙文之一。耶稣对第一个门徒预言道：“彼得，我告诉你，今日鸡还没有叫，你要三次说不认得我。”（《路加福音》22：34）后来，当有三个人认出彼得时，他果真如耶稣预言的那样，三次否认自己认识耶稣。他说话之间，鸡就叫了，于是他出去痛哭（《路加福音》22：55—62）。

基督徒因这段话而把公鸡打鸣理解为对忏悔的召唤。12 世纪的一本英语动物寓言集重复了圣安布罗斯的话，用极富诗意的语言描绘了鸡鸣：

> 公鸡的啼鸣是夜间美事，不仅令人感到愉快，而且很有用。此地有它还真不错。它唤醒了沉睡的人；预先警告了焦虑的人；用悦耳的音符见证了时间的流逝，也安慰了漂泊的游子。听见公鸡打鸣，强盗被吓得悬崖勒马，改邪归正；晨星醒来，照亮了天空。在它的歌声中，吓坏了的水手把自己的忧虑暂时搁置一旁，暴风雨也平息了下来。在它啼鸣时，虔诚的心起来祈祷，教士又开始朗读祷文。[27]

在电力照明设备出现之前，夜晚比如今要黑得多，也可怕得多，而公鸡的叫声具有一种令人安心的熟悉感。

和今天的后现代主义者一样，中世纪晚期和文艺复兴时期的作家们对模棱两可、讽刺反语、悖论也非常着迷。他们构思出了具有多层含义的寓言，有点像传统游乐园里的哈哈镜屋。杰弗雷·乔叟在《坎特伯雷故事集》里写了一个由女尼的教士讲述的故事。在这个故事里，乔叟通过多层讽刺的手法来表现打鸣的公鸡，手法的复杂性远超任何一个解构主义者。该故事源自一则历来认为是伊索所作的动物寓言，乔叟在它上面堆砌了大量充满骑士精神的浮夸辞藻，从而将其扩充成了一部模仿史诗。故事的主人公是公鸡腔得克立，他统治着一个穷寡妇的谷仓场院，有 7 只母鸡与他为伴。他梦见一只红黄相间、长得像狗的可怕野兽想杀他。他将梦境讲给自己最宠爱的母鸡坡德洛特听，不料坡德洛特竟轻蔑地指责他懦弱。她引用了罗马哲学家克多的话，宣称梦毫无意义，并说腔得克立需要的是一服泻药以清除他的不良情绪。接着，她继续讨论草药。腔得克立用包括马克罗俾阿斯的话、《圣经》原文和许多古代故事在内的一大段很有学问的讲话来反驳她，以证明梦里可能含有预言性警告。但最终他还是忘了这事，整个下午都在跟母鸡们交配。

后来，那只野兽即狐狸来到了场院，说他并无恶意，只是想听听腔得克立那美丽的声音。他说他和腔得克立的父亲是朋友，并说他父亲曾两眼紧闭、伸长细颈引吭高歌。他请腔得克立也这样做。腔得克立答应了他的请求，谁知狐狸立刻就扑了上去，一口咬住他的脖子，带着他朝林中奔去。母鸡们哭起来，哀号声引来了狗、鹅、猫和其他许多动物。腔得克立建议狐狸嘲笑追来的动物们。狐狸照做了。趁他张嘴，腔得克立赶紧逃跑。这个故事的寓意是一个人不应该被阿谀奉承迷惑。[28] 生活在洞穴里的狐狸在传统上与阴曹地府里的鬼神联系在一起，公鸡则和太阳密切相关，所以这个故事也许暗指一场日食。另一方面，在一个残破不堪的谷仓场院里，这是每天都会发生的事。

在这众多的讽刺中，首先叙述者本人就在不停地阿谀奉承，同时也正是他在说，不该相信奉承话。教士说，腔得克立的鸡冠比最漂亮的珊瑚还要红艳，其形状像一座有雉堞的城堡塔楼。他的身体是金色的，在颜色鲜明、黑白相间的羽毛衬托下，就更为耀眼了。他的鸣声无人能及，他的嗓音比任何一种风琴声都要优美。他打鸣报时比所有时钟都准。[29] 那么，在某种程度上，叙述者本人会不会就是狐狸呢？又或者教士也许代表了腔得克立本尊？教士是女尼的教士，和公鸡一样，是一个四周始终有女性环绕的男性。那么，究竟该如何看待场院家禽之间引经据典的辩论呢？这是在嘲讽人类的学问吗？其中有些暗示令人觉得很不舒服，但故事是如此幽默，以至于我们可能就不大在意了。我所说的以上内容压根还没开始阐释其深层的讽刺意味，而且，最终我们很可能还是会天真地理解这个故事及其寓意，而不会坚持寻找明确答案。

在最早的人文主义运动宣言《论人的尊严》（1486）里，皮科・德拉・米兰多拉称赞了毕达哥拉斯的言论，称其为“最聪明的人”：

> 最后，毕达哥拉斯会劝勉我们“给公鸡喂食”，即用神圣之事的知识，就像用干粮和天上的佳肴，来喂养我们灵魂的神圣部分。就是这公鸡，地上最强力的狮子见了它也害怕和畏惧。正如我们在《约伯记》中读到的，它被赐予了智性。当这公鸡啼鸣时，误入歧途之人便清醒过来。在黎明的微光中，这公鸡日日伴着晨星欢唱对上帝的赞歌。[30]

“给公鸡喂食”这一训谕指的是古罗马人用公鸡来预言军事行动的结果，但皮科在这里说的是滋养心灵。

即使是学识渊博的人，也会几乎不带讽刺意味和怀疑态度地讲述一些有关打鸣公鸡的荒诞故事。16 世纪的意大利动物学家乌利塞·阿尔德罗万迪讲过一个两位绅士吃烤公鸡的故事。一人拿起刀把烤鸡切成碎块，还浇上酱汁，撒上胡椒粉。他的同伴说：“你把鸡切得太碎了，即便圣彼得想，也不可能把它拼回去。”那人回答说，甚至连耶稣基督也没这本事。就在这时，公鸡突然跳了起来，活蹦乱跳，全身满是羽毛。它开始啼叫，并把酱汁泼向两位用餐者。胡椒粉变成麻风病的斑点，两人很快便死了。[31]

在莎士比亚的《哈姆雷特》里，天破晓时，主人公父亲的鬼魂就消失了，玛塞勒斯说：

刚才它真是一听到鸡叫就隐去了。
有人说，每逢我们要庆祝圣诞，
在节日前几天，这种报晓的家禽
就开始彻夜不停地啼了又啼；
那时候，他们说，精灵都不敢出来，
夜夜安全，星宿不作怪、害人，
妖女不迷人，妖巫也使不了符咒，
那真是圣洁、祥和的好时候，好节气。
（《哈姆雷特》，第一幕第一场，第 156—164 行，卞之琳译本）

在公鸡打鸣时消失，这表明这个鬼魂可能是地狱亡灵，尽管剧中从未对他的身份做出解答。

尽管公鸡叫声洪亮有力，羽毛鲜艳华丽，但它们在啄食谷物、不停交配、报时和斗到死的过程中的一举一动，都使它们看起来像机器。在早期现代，这反而使它们的魅力有增无减，因为当时的钟表被看作机械工程的典范。宇宙可以看作一台机器，上帝则是最杰出的钟表匠。公鸡常被用来装饰钟面和风向标。它们既像机器，又是有机生物，同时精力还极其旺盛，这使它们似乎可以用来论证 18 世纪许多启蒙思想家关于人类的观点。法国大革命期间，公

法国政治漫画，18世纪后期。画中拉丁文的意思是：“所有动物在交媾后都很悲伤，除了公鸡[cock，又可指阴茎]。”画中的动物们代表的是欧洲诸国，它们在法国公鸡的带领下，正在攻击英国。也许是因为印度是英国的殖民地，图中用老虎来指代英国

鸡取代鸢尾花纹章成为法国的象征，因为新政权认为后者跟王室的联系过于紧密。这一替换是基于双关，拉丁语"*gallus*"既可指公鸡，又可指高卢，即法国。他们还把公鸡打鸣看作在宣告一个人类新时代的来临，新政府认为这个新时代是由大革命开启的。

然而，随着国家变得越来越工业化和城市化，公鸡成了传统农村生活的怀旧象征。人们被闹钟叫醒，通过表知道时间，公鸡打鸣就此失去了它的作用，但其鸣声的象征意义可能变得更重要了。用来叫醒士兵和童子军的号角模仿的就是公鸡的叫声。打鸣的公鸡出现在卡通片里，出现在麦片盒、风向标和日历上，实际上出现在任何希望唤起大家对乡村生活的向往之情的地方。奥莱龙岛位于法国西海岸，岛上有一座风景如画的小镇圣皮埃尔－多莱龙。2019 年，前来度假的游客们起诉了一只名叫莫里斯的公鸡的主人，它的叫声总是在早上吵醒他们。全法国有好几万人在支持莫里斯的请愿书上签字，一个议会代表还呼吁将有乡村特色的声音正式列为国家遗产。[32] 那年晚些时候，法庭判莫里斯的主人无罪。

在英语里，动词"鸡鸣"（crow）也可以指夸耀、吹嘘，这是在中古英语里就已确立的用法。根据动物行为学家的观点，公鸡打鸣是在表达自豪感，这种看法还是比较接近事实的。公鸡啼叫是在标记领地，并表明自己已做好了保卫领地的准备。

家鸡

在文艺作品里，公鸡受到的关注最多，而母鸡一般不太受重视。这种情况在古埃及、希腊、美索不达米亚等地的早期鸟类绘画作品中尤为明显。人们很快便注意到了公鸡颜色鲜艳的羽毛、充沛的战斗精神和嘹亮的啼叫声。直到后来，他们才知道欣赏母鸡多产的下蛋能力。在埃及，直到托勒密王朝时代（公元前 305—前 30），鸡肉和鸡蛋才成为人们的主要食物，这是鸡被引入埃及约一千年以后才发生的事。这大约同时也发生在希腊，在罗马还要稍晚一些。

一旦人们认识到鸡的烹调潜力，很快它们就成了除蚕和蜜蜂以外最早基本实现产业化养殖的动物。伊朗的波斯波利斯出土了一些埃兰石板，上面提到一个皇家鸡舍，里面大规模地饲养母鸡。[33] 公元前 4 世纪末，埃及人发明了一种孵蛋法，即将鸡蛋从母鸡那儿提前收走，放在大烘箱里孵化，其孵化速度令同时代的罗马人叹为观止。[34]

但是，跟古代世界的其他文明相比，罗马的产业化种植和养殖都更为先进。他们有由奴隶照管的大型种植园，里面所有的树木都经过了嫁接。他们还有大型鸡舍，公元前 1 世纪瓦罗的《论农业》对此有详细的描述。200 只鸡被养在相连的两栋建筑物里，建筑物上有用来采光和通风的大窗户，但有窗格防止猛禽和其他捕食者进来。鸡农不间断地照顾母鸡，顾念它们的福祉，但也在它们下蛋、孵蛋的过程中定时予以干预。鸡农每隔一天就要翻动一下鸡窝里的鸡蛋以确保它们受热均匀。他还要在母鸡间定期重新分配鸡蛋和之后孵出来的小鸡，以确保不至于有的太多、有的太少。当宰杀时间临近，鸡农会把母鸡放在一个黑暗狭窄的空间里，喂它们吃特别的食物，使它们迅速变肥。[35]

这样的养殖场所让家禽不为大多数人所见，由此助长了各种传说。在公元 2 世纪从事写作的艾利安是作品最具娱乐性的古代作家之一，同时也是表达最不准确的作家之一。他说，赫拉克勒斯的神庙和他的配偶青春女神赫柏的神庙被一条清澈的小溪分隔开来。前者里面养着公鸡，后者里面养着母鸡。一年一次，到了交配季节，公鸡就会飞过小溪来和母鸡交配，然后再飞回去。蛋孵化成小鸡后，公鸡就会带走雄性并养育它们，把雌性留给母鸡照顾。[36] 但是，几只公鸡假如住在一起，就会打个不停，它们是无论如何都不会照顾小鸡的。这段描述表明那时有些人与可食用动物之间已经有了较远的距离，尽管没有今天这么遥远。

艾利安的描述还体现了性别隔离，这是人们对鸡的一贯看法的核心。它们说明了，实际上是夸张了，性别角色的差异。对鸡群中存在的性别模糊和性别混乱现象，人们常常会感到震惊或不齿。在早期现代，下蛋的公鸡和打鸣的母鸡都有可能被杀掉。这在巴西利斯克的传说中得到了进一步阐释。巴西利斯克又被称为“鸡蛇”。1180 年左右，亚历山大·尼卡姆称鸡蛇为“世界上独一无二的邪恶怪物”。他还说，它由老公鸡下的蛋孵化而来，孵它的是一只蟾蜍。在远古传说里，它的目光能杀人，据说当它抬头看天时，鸟儿们纷纷掉落。[37] 它一般被描绘成有公鸡的喙、鸡冠、肉垂、爪子以及蛇尾、蝙蝠翅膀。

在早期现代，只要发生神秘的死亡事件，人们就会怀疑是巴西利斯克所

《巴西利斯克》，出自迈克尔·弗特的《印刷商的图案设计》，巴塞尔，1500年

为。1587 年，两名女孩被人发现死在华沙的一个地窖里。一名死刑犯被派往地窖，假如他活了下来，就会被完全赦免。他身穿一件缀满镜子的衣服，这样一来，巴西利斯克就可能因看见自己在镜中的影像而杀死自己。犯人按照指示用耙齿挑起一条蛇，人们仔细检查了这条蛇，断定它就是巴西利斯克。它因见到阳光而毒性大减。[38]

巴西利斯克虽然保留了公鸡的大部分身体特征，但在很多方面和公鸡截然相反。公鸡和太阳有关，巴西利斯克则和地府有关。据传，人们在洞穴、水井、地窖里都发现过这种怪物。公鸡和秩序联系在一起，因为它把一天分成几个时间段，塑造出夸张的性别角色，并呼吁人们忏悔。所有怪物都是内心深处恐惧感的投射物。巴西利斯克是无序的世界末日的化身，是性别和物种混乱创造出来的非自然生物。就像人们把狼视为狗的反面，把敌基督视为耶稣的对立面一样，他们也把巴西利斯克视为公鸡的一种对立物。

母鸡狂热

在罗马帝国衰亡以后，鸡又回到了之前的半驯化状态。人们放任它们在农家场院里觅食，在那里，它们很容易成为鹰或狐狸的猎物，但保有极大的自由。人们爱养鸡很大程度上是因为它们几乎不需要什么照料。就像乔叟所写的腔得克立的故事中那样，它们常跟贫穷、照顾不周却生机勃勃的农家场院联系在一起。偷牛可能导致非同寻常的冲突，但鸡似乎根本不值得偷。然而到了现代，情况发生了变化，尤其是在英国和美国。

原因之一是，养鸡的小块地产日益被合并成大片的私有土地。原因之二是，18 世纪下半叶罗伯特·贝克韦尔等人发明了一些科学育种的技术。原因之三是，人们从世界上遥远的地方引进了一些以前未知的品种。

从狗到牛，各种家养动物都是密集育种的。维多利亚时代的育种者为发现人类有改变生物差异的能力而自豪。在此之前，这些差异似乎是由自然法则规定的。利用引进品种创造新品种也是侵占异域文化遗产的一种手段。就牛羊而言，育种通常是为了花最少的钱长出最多的肉；就狗而言，育种通常是为了新的外形；就农家场院里的家禽而言，育种反映出了所有这些愿望。育

《安达卢西亚的公鸡和母鸡》，彩色石印画。这些家禽的许多图像都会令人联想到维多利亚时代的女士们和先生们，他们为自己的血统感到骄傲，正散着步呢

种并非总有一个明确的目标，也可能主要是为求新奇或一时兴起，家禽中一些羽毛过于丰满的品种可以为证。

部分动力来自从中国引进的一种观赏鸡——交趾鸡。19 世纪 40 年代，维多利亚女王及其丈夫阿尔伯特亲王都迷上了它。[39] 交趾鸡细细的腿上长满了

《希顿船长的现代冠军斗鸡》，哈里森·威尔，英格兰，1902年，彩色石印画。
尽管在当时的英国斗鸡是非法的，但其名字和粗壮有力的大腿都表明，
它是为了斗鸡而专门培育出来的

羽毛，脖子修长，性格安静，五颜六色的，这是这对王室夫妇以前从未见过的。1845 年至 1855 年间，英美经历了一阵“母鸡热”，人们着迷于新品种的外观和用途。这是一阵狂热，类似于 17 世纪早期荷兰的“郁金香热”。由于吸收了新兴商业文化的价值观，鸡很快便摆脱了其在远古和中世纪所具有的

奔跑的交趾公鸡

《获奖的鸡》，出自卡塞尔的《家禽大全》(1872)

大部分象征意义。大型家禽秀在伦敦、波士顿等城市举办。人们制定了兼具审美性和实用性的标准以评判个体和品种。鸟以极高的价格被购买和出售。

赫尔曼·麦尔维尔在他 1853 年所写的故事《鸡啼喔喔》里，不仅讽刺了“母鸡热”，而且把它变成了一个关于人类抱负的寓言故事。一个深受财务问题困扰的男人听见一只公鸡在歌颂上帝的荣耀。这叫声美妙得犹如天籁，让他暂时忘记了自己的不幸。他告诉我们:“这只打鸣的公鸡曾与世界争锋并获得胜利，它决心要好好啼唱一番，哪怕陆地将抬升而天堂将坠落。这啼声蕴含着智慧。这啼声攻无不克，充满哲理，乃是鸡啼之最。”

和麦尔维尔的小说《白鲸》里的白鲸一样,这只公鸡激发了一种寻找它的执念。为了找它,那个男人走访了一些有钱人的家禽养殖场,却发现没人听说过它。最后,他终于找到了这只公鸡。公鸡的主人很穷,而且妻子和孩子都病入膏肓了。这只公鸡的外表和它的鸣声一样宏伟。就在它引颈长啼时，它的主人及其妻子、孩子都死了。于是，它飞上房顶，唱完绝唱后也死了。叙述者埋葬了这一家人和这只公鸡，并在他们的墓碑上刻下圣保罗的话:“哦，死亡,汝之毒刺何在?哦,死亡,汝之胜绩何在?”[40]“母鸡热”（在这个故事里，几乎可以从字面上理解它）是众所周知的美国梦的体现，具有美国梦所有的魅力、徒劳和悲伤。

这个故事发表大约两年后,“母鸡热”便退散了,就和它的开始一样突然。不久前无论多贵都有人买的外来家禽,现在差不多都是白送。但“母鸡热”所建立起来的标准、价值观、基础设施还是基本维持了下来。尽管规模较小，但家禽秀仍在继续举办。人们仍在使用“母鸡热”期间研发出来的各种育种技术，但更多为实用目的，而非追求令人眼花缭乱的新奇。人们关注的焦点从公鸡转向母鸡，也就是从感官上的壮丽辉煌和宇宙的象征意义转向确保廉价的蛋白质供应。

在一场家禽秀上，人们展示了几种观赏鸡，出自《哈珀周刊》1869 年 4 月 10 日刊

鸡在美国

在生计和文化方面，公鸡和母鸡对中非人的重要性至少不亚于对欧洲人或亚洲人的。美国的非洲奴隶大多是来自西非的约鲁巴人。在这个民族的起源神话中，传说中的国王、约鲁巴人的祖先——次神欧度阿在原始海洋里放了一点土，然后又在上面放了一只公鸡，公鸡开始扒土，扒着扒着就开辟了陆地。[41] 在中非，布基纳法索等国的人在典礼中会使用象征祖先智慧的公鸡面具。[42] 如今鸡在非洲农村仍随处可见，可以随便乱跑。尽管人们很熟悉它们，但它们仍具有丰富的文化内涵。鸡，通常是公鸡，是用来礼敬座上宾的佳肴。[43]

在非洲各地，鸡一直以来都是用于祭祀的动物。原因之一是它的基因可塑性极强。在现代工业化养殖出现之前，欧洲和北美就有很多颜色鲜艳的品种，每种都有其独特的羽毛、叫声和行为。这使得根据神祇、具体情况或想要的结果来定制祭品变得相对容易。[44]

用棕榈油炸的炸鸡长期以来一直是西非人的主要食物。当奴隶被带到北美时，他们也带来了自己的家乡菜。在弗吉尼亚州，奴隶禁止拥有大型动物，比如马和牛，但被允许养鸡，部分是因为这一农事没什么地位。他们把鸡卖给自己的主人、邻居和别的奴隶。鸡成了地下经济的一部分，甚至成了一种货币。最终，炸鸡这道菜传到了南方白人手上，又渐渐传遍了全美。[45]

“一战”期间的食品短缺和战后的国际大萧条迫使人们开始关注之前未充分利用的营养来源，鸡就是其中最重要的。1928 年，赫伯特·胡佛在竞选美国总统时提出了“每锅一只鸡”的口号。最终，美国的研究者培育出了肉用

黄铜公鸡，埃多人，贝宁，18 世纪。
非洲传统艺术在表现动物时有一个特色，就是戏剧性的简洁，这只公鸡也不例外

仔鸡，在“二战”期间首次使用大剂量的抗生素进行工业化养殖，并在 20 世纪 50 年代初对其进行了品种改良。[46] 变种经过连锁快餐店的推广，很快行销世界各地。

肉用仔鸡在喂饱包括贫困阶层在内的大量人口方面所取得的成绩是有目共睹的，但对动物福利造成的负面影响之大也是前所未有的。20 世纪下半叶，越来越多的鸡被塞进没有窗户的大型养殖场，大型肉用仔鸡养殖场每年可生产几十万只鸡。[47] 人们对它们进行越来越多的基因改造，并给它们服用药物，以使它们在最短的时间内增加最多的体重，因此寿命原本为 10 到 15 年的母鸡现在在 6 周内就被养肥并宰杀了。[48] 人们还给鸡修喙，这样它们才不会啄死对方。下蛋的母鸡被放在层架式鸡笼里，基本上连转身的空间都没有。总之，它们几乎完全被物化了：1975 年，美国农业部的一份出版物指出，肉用仔鸡养殖“已经工业化了，就和生产汽车差不多”。[49]

政府和工业界对养鸡业的工业化表现出了明确的热情，这最初几乎没有引发民众抗议。然而，20 世纪 40 年代末和 50 年代的广告表明，当时的人们对工业化养鸡的态度比看起来要复杂得多。随着鸡在农工联合企业里几乎被完全物化，鸡的广告反其道而行之。公鸡和母鸡被拟人化或“人性化”的程度比以往任何时候都要高。在鸡肉和餐厅的广告里，鸡常常扮演人类的角色，往往穿着衣服，甚至会说英语。如果餐厅卖的鸡肉类菜肴是美国西南部口味，那么鸡就会被打扮成牛仔的模样；如果餐厅卖的是墨西哥菜，那么鸡就会戴一顶墨西哥阔边帽；如果是意大利风味的，那么就会装扮得像威尼斯船夫。

“鸡舍”餐馆菜单封面

20 世纪 40 年代末，华盛顿哥伦比亚特区有一家很受欢迎的餐馆“鸡舍”，宣传语是：“在这里，鸡为王。”在它的菜单上，有一只头戴王冠、身

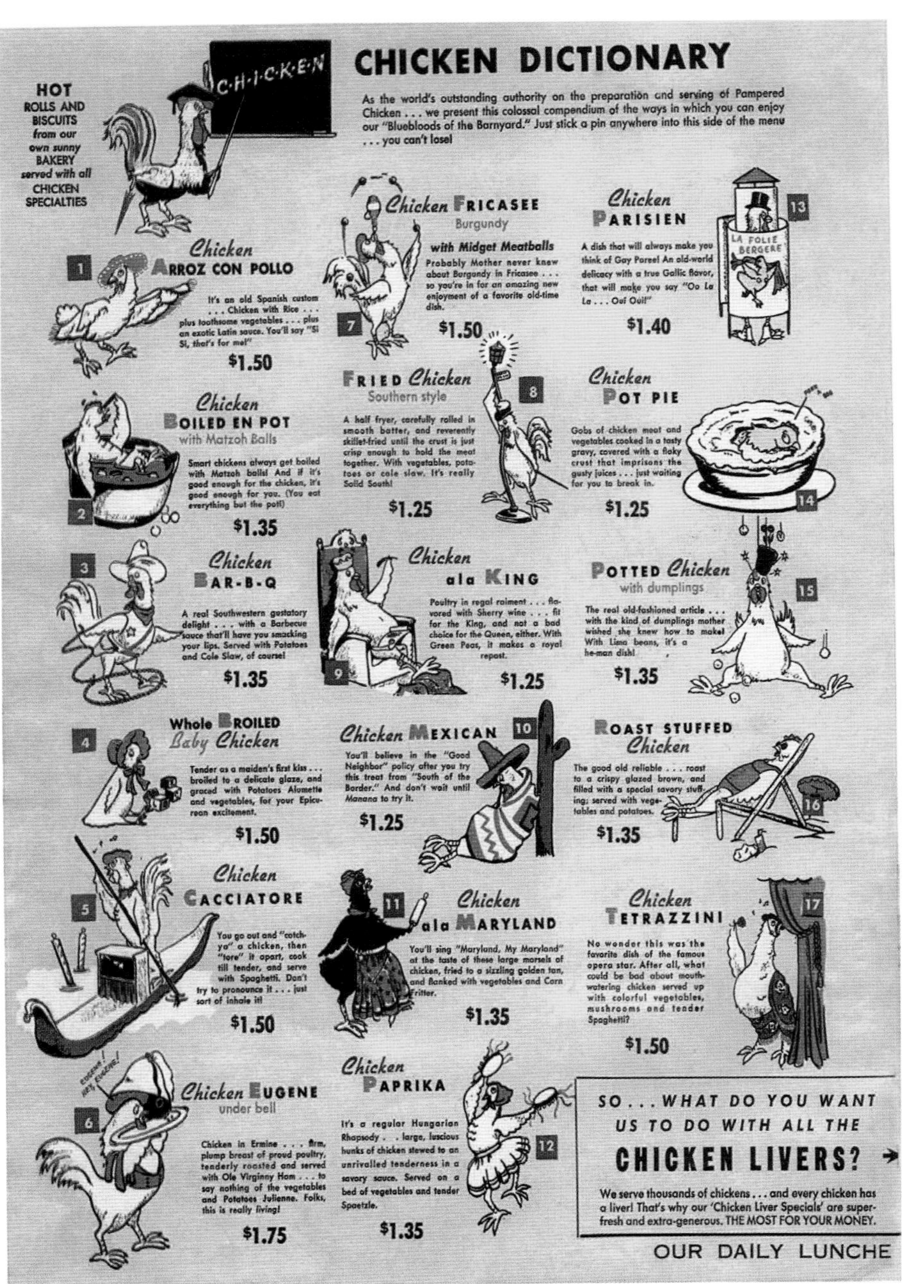

CHICKEN DICTIONARY

C·H·I·C·K·E·N

As the world's outstanding authority on the preparation and serving of Pampered Chicken . . . we present this colossal compendium of the ways in which you can enjoy our "Bluebloods of the Barnyard." Just stick a pin anywhere into this side of the menu . . . you can't lose!

HOT ROLLS AND BISCUITS from our own sunny BAKERY *served with all* CHICKEN SPECIALTIES

1 Chicken ARROZ CON POLLO

It's an old Spanish custom . . . Chicken with Rice . . . plus toothsome vegetables . . . plus an exotic Latin sauce. You'll say "Si Si, that's for me!"

$1.50

2 Chicken BOILED EN POT with Matzoh Balls

Smart chickens always get boiled with Matzoh balls! And if it's good enough for the chicken, it's good enough for you. (You eat everything but the pot!)

$1.35

3 Chicken BAR-B-Q

A real Southwestern gustatory delight . . . with a Barbecue sauce that'll have you smacking your lips. Served with Potatoes and Cole Slaw, of course!

$1.35

4 Whole BROILED Baby Chicken

Tender as a maiden's first kiss . . . broiled to a delicate glaze, and graced with Potatoes Alumette and vegetables, for your Epicurean excitement.

$1.50

5 Chicken CACCIATORE

You go out and "catch-ya" a chicken, then "tore" it apart, cook till tender, and serve with Spaghetti. Don't try to pronounce it . . . just sort of inhale it!

$1.50

6 Chicken EUGENE under bell

Chicken in Ermine . . . firm, plump breast of proud poultry, tenderly roasted and served with Ole Virginny Ham . . . to say nothing of the vegetables and Potatoes Julienne. Folks, this is really *living!*

$1.75

7 Chicken FRICASEE Burgundy **with Midget Meatballs**

Probably Mother never knew about Burgundy in Fricasee . . . so you're in for an amazing new enjoyment of a favorite old-time dish.

$1.50

8 FRIED Chicken Southern style

A half fryer, carefully rolled in smooth batter, and reverently skillet-fried until the crust is just crisp enough to hold the meat together. With vegetables, potatoes or cole slaw. It's really Solid South!

$1.25

9 Chicken ala KING

Poultry in regal raiment . . . flavored with Sherry wine . . . fit for the King, and not a bad choice for the Queen, either. With Green Peas, it makes a royal repast.

$1.25

10 Chicken MEXICAN

You'll believe in the "Good Neighbor" policy after you try this treat from "South of the Border." And don't wait until *Manana* to try it.

$1.25

11 Chicken ala MARYLAND

You'll sing "Maryland, My Maryland" at the taste of these large morsels of chicken, fried to a sizzling golden tan, and flanked with vegetables and Corn Fritter.

$1.35

12 Chicken PAPRIKA

It's a regular Hungarian Rhapsody . . . large, luscious hunks of chicken stewed to an unrivalled tenderness in a savory sauce. Served on a bed of vegetables and tender Spaetzle.

$1.35

13 Chicken PARISIEN

A dish that will always make you think of Gay Paree! An old-world delicacy with a true Gallic flavor, that will make you say "Oo La La . . . Oui Oui!"

$1.40

14 Chicken POT PIE

Gobs of chicken meat and vegetables cooked in a tasty gravy, covered with a flaky crust that imprisons the gusty juices . . . just waiting for you to break in.

$1.25

15 POTTED Chicken with dumplings

The real old-fashioned article . . . with the kind of dumplings mother wished she knew how to make! With Lima beans, it's a he-man dish!

$1.35

16 ROAST STUFFED Chicken

The good old reliable . . . roast to a crispy glazed brown, and filled with a special savory stuffing: served with vegetables and potatoes.

$1.35

17 Chicken TETRAZZINI

No wonder this was the favorite dish of the famous opera star. After all, what could be bad about mouth-watering chicken served up with colorful vegetables, mushrooms and tender Spaghetti?

$1.50

SO . . . WHAT DO YOU WANT US TO DO WITH ALL THE

CHICKEN LIVERS? →

We serve thousands of chickens . . . and every chicken has a liver! That's why our 'Chicken Liver Specials' are super-fresh and extra-generous. THE MOST FOR YOUR MONEY.

OUR DAILY LUNCHE

20 世纪 40 年代，华盛顿哥伦比亚特区一家很受欢迎的餐馆“鸡舍”的菜单。请注意，不同的食谱是如何和不同的种族联系在一起的

1946—1947 年，新泽西州大西洋城，“鸡棚”餐厅菜单的封面。这是一家专卖鸡肉的餐厅

穿皇袍、戴着眼镜的公鸡。它的翅膀看起来像人手，握着一根权杖，权杖一端是叉子，另一端是勺子。一只稍小的鸡，可能是母鸡，正对着陛下鞠躬行礼，旁边还有一只鸡正在用纸扇给它扇风降温。虽然没有多少人意识到其中的内涵，但它其实是在暗示，一个愚蠢的国王注定很快就会成为祭品。

有些广告似乎以工业化养殖的残酷性为卖点。在新泽西州的大西洋城，有一家名叫“鸡棚”的餐厅。在它的广告里，一只明显吓坏了的性别不明的鸡站在法官和陪审团面前，旁边还有一名警卫和一名书记员。所有这些官方人员也都是鸡，但他们不像被告那样赤身裸体，而是穿着布套装。法官愤怒地指着被告，被告带着乞求的神情仰头看着他。法官说：“有罪，处以炸刑。”让一只鸡来宣判，要点小幽默，也许是为了减轻顾客的内疚感。[50]20 世纪 70 年代，珀杜公司在销售工业化养殖的鸡时，带着一丝虐待狂的味道，使用的广告标语是：“做嫩鸡，找硬汉。”[51]

在过于拥挤的环境里，疾病传播的速度非常快，让鸡挤得满满的之所以可行，只因大量使用了抗生素。但随着时间推移，这些抗生素失去了效力，因此需要使它们变得更强效，这给动物和人类都带来了越来越大的风险。细菌在应对抗生素的过程中不断变异，其耐药性变得越来越强。“二战”前，世界各地的村庄饲养的鸡通常是独有的品种。如今，大多数国家的鸡基因是一致的，再加上流通加速，这使它们容易感染大流行病。

1986 年，瑞典禁止使用促生长类抗生素。1999 年，欧盟也禁用了。大约在 21 世纪初，珀杜公司确定抗生素在任何情况下都失去了效力，于是决定停用。[52]2014 年，连锁餐厅“福乐鸡”决定不再销售含有抗生素的肉类，其他企业巨头如麦当劳、赛百味、开市客和沃尔玛也纷纷效仿。[53]这些企业仍然有按工业模式生产出来的鸡肉，但这也受到了广泛的挑战。21 世纪早期，农夫市集得以复兴，在那里，人们可以买到当地小农场饲养的家畜家禽。即使在城市里，在花园和后院养鸡也变得越来越流行。

最后，还有一种新兴的肉类替代品——试管肉，它不是活的动物长出来的，而是在实验室里培养出来的。具有讽刺意味的是，这是工业化养殖的极致。在被物化了几十年后，鸡将真正成为物体。那些抗议工业化养殖的人通常也反对深加工食品，比如法兰克福熏肠，但人造的鸡肉和牛肉将跻身大众可以吃到的加工程度最深的食品。正如唐娜·哈拉维所言："在没有动物的情况下，对鸡肉进行基因改造，这说明了……设计者的伦理观，旨在以及时的'高科技'突破来绕过文化斗争……但请记住，鸡即使是在头被砍掉的情况下，也能发出粗厉的叫声。"[54]

鸡粪的缺乏会迫使农民更多地依赖人工肥料，而这往往会耗尽土壤的肥力。人工培养的肉制品由于没有动物免疫系统的保护，可能需要更大剂量的抗生素。生产商将如何成功地解决这类问题还有待观察，我们拭目以待。无论如何，预先假定试管肉不会产生负面影响是不明智的，何况它的生产和消费过程还充满了利他的关切和绝对的效率。

从塑料到手机，每个重大的新技术都带来了始料未及的影响。最初，人们对肉用仔鸡抱有十足的热情，认为它是进步的表现，是养活世界的方法，但人们花了几十年才意识到它们的饲养环境很不人道，它们会对人类的健康造成长期的损害。我们现在只能猜测，以工业级的规模生产试管肉可能会有哪些环境、医疗、文化、心理、营养和经济上的影响。

与此同时，只有少量小农还在饲养引发 19 世纪中期"母鸡热"的那些品种，且主要把它们视为一种文化祖产。唐娜·哈拉维主张保护和复兴这些稀有品种，用她的话说，这将鼓励"鸡和人的这种生活持续发展下去，发展这种完全当代的生活还需要关心动物和人之间复杂的纠葛史，并致力于在野外和驯养领域里都构建起一个多物种在自然和文化方面繁荣发展的未来"。[55]每个品种自身都是与其他物种的一部交往史，其中不乏美丽、荒唐、同情和愚蠢。

正如葡萄酒和奶酪鉴赏家所熟知的，味道不仅仅是化学成分的问题，更多的还是联想问题。味觉会对环境信息进行编码，把人和过去连接在一起。无论用多少添加剂，也无法改变肉用仔鸡淡而无味的特点。它们之所以没有味道，主要是因为没有历史，至少没有值得深思的历史。激进的广告策略往往掩盖了这一问题，却从未能解决它。缺乏联系还是相对可忍受的，因为工业时代倾向于把从艺术到性吸引力的几乎万事万物都非历史化、非脉络化，以使判断客观、结果量化。如果食物味道淡，通常的应对方法是用大量的调料或酱汁把肉淹没。祖传品种的味道几乎从来都不淡。那么，试管鸡肉呢？它会令人怀念工业时代的工厂吗？它会剥夺鸡的精神营养吗？它会使人想起母鸡和公鸡吗，抑或使人完全忘了这些鸟儿的存在？

鸡的未来

事实已经证明，鸡的适应性很强，所以鸡和人之间的伙伴关系可能还将继续下去。最早与公鸡和母鸡建立关系的亚洲村民一定想不到，基督教竟然用鸡来象征复活。早期基督徒肯定也无法想象，如今工业化的养鸡场竟是这副模样。同样，我们可能也想不出这种伙伴关系最终可能会是什么样子，但可以肯定的是，无论如何都不会比我们对待肉用仔鸡的方式更糟糕了。也许有一天，当肉用仔鸡成了模糊的记忆，学者们正在为“以前的美国人”所说的“性感”是什么意思而争论不休的时候，世界上到处都是野生鸡，而且已经在很大程度上恢复了其祖先红原鸡的习性和外观。

肉用仔鸡的生产过程离不开高度组织化的流水线和化学品的大量使用。它是工业时代的缩影，但历史学家们一致认为，这个时代现在已经结束了，至少正迅速接近尾声。在鸡与人结成伙伴的约 1 万年或更长时间里，它们被赋予了各种各样的含义。它们充当过勇士的典范、皇家徽章、预言家、复活的许诺、农家场院的主人、国家标志、性象征、农村生活的怀旧图标、不散的筵席、进步的象征、企业标识、对工业的控诉，等等。这些含义多元得令人感到困惑，但其中还是存在着隐秘的联系。例如，在亚历山大大帝统治下的埃及，人们经常把公鸡当祭品来使用，这与基督教用它来象征复活有关，而且两者又与 19 世纪中期掀起的“母鸡热”有着微妙的关联。

即使是 20 世纪鸡肉和鸡蛋的大流行，也可能并不像看起来那么功利。吃这一行为总是叠加了各种愿望、白日梦和禁忌。当人们出席一场鸡黍之宴时，吸引他们的是进步的神秘感、复活的希望或性交能力的许诺。用安德鲁·劳勒的话来说，“鸡是……一面诡异的镜子，照出的是我们人类不断变化的欲望、目标和意图”。[56]

西诺珀的第欧根尼挑战了柏拉图对人的定义，每个社会多少都需要他这种不留情面的批评家。有关他的记载大多是传说，但都将他描述成兼具苦修美德和敏锐头脑的人，且完全不为美色、财富和权力所动。尽管其著作受人尊崇，但据说他选择住在一个桶里。他的许多逸事里最有名的一则是，亚历山大大帝有次去拜访他，说：“你想要什么恩赐都行。”他回答道：“我希望你闪到旁边去，别挡着我晒太阳。”[57]假如这位哲学家活到今天，他可能会指着快餐店里的肉用仔鸡，再说一次：“那就是人。”

第三部分

艺术中的鸟类

10　从洞穴到大教堂

我想像鸟儿歌唱那样画画。

——克劳德·莫奈

在非洲、欧亚大陆、大洋洲、美洲都诞生了岩石艺术（rock art），但只有洞穴最深处的作品从旧石器时代留存至今。最常见的主题是哺乳动物，比如大型猫科动物、马、野牛，极少数是鸟类。已知最古老的洞穴壁画发现于印度尼西亚的苏拉威西岛，其中一幅描绘的是发生在约 4.4 万年前的一个狩猎场景。画中一个可能是人的形象长着鸟喙，可能是经过了伪装的猎人，或者是神话人物，[1] 但也有可能是一只巨蜥。

德国巴登 – 符腾堡州的霍赫勒·菲尔斯洞穴出土了一个由猛犸象牙制成的小雕像，它是现存最古老的可明确识别的鸟形象，长着水鸟的长颈。其历史可追溯到 3.3 万年前。它伸直脖子，翅膀向后摆，一副将要一头扎入水中捕鱼的样子。[2] 现存最古老的禽鸟图可能是 3 万多年前画在法国南部肖维岩洞洞壁上的一只猫头鹰。它背对着观众，头却完全转了过来，面向观众，这是个令人吃惊的不寻常的姿势。[3]

最古老的鸟类洞穴壁画之一位于法国马赛附近的科斯奎洞穴里，距今约 2.5 万年，动物考古学家认为画的可能是大海雀，或是一种和大海雀有亲缘关系的鸟类。[4] 由于大海雀不会飞，人看见它们可能会更多地联想到哺乳动物，而不是其他鸟类。无论如何，这幅画都把这只鸟描绘得异常人性化。它的翅膀长得比大海雀的要高一些，像人的手臂一样伸展开来，仿佛在跟观众打招呼。

法国三兄弟洞的洞壁上刻着正在筑巢的猫头鹰一家，有妈妈、爸爸和小雏。该壁画可追溯到旧石器时代晚期。它特别引人注目，甚至有点拟人化，因为洞穴艺术几乎不涉及家庭群体，这是个例外。这三只猫头鹰都以侧身示人，但头却全都转了过来，正对着观众。[5] 极其诡异的样子令人联想到一幅现代全家福。

在旧石器时代即将结束的时候，把人类和鸟类的特征结合在一起的形象变得越来越常见。最神秘的洞穴艺术作品可能是拉斯科洞穴中的“鸟人”。他躺在一头野牛前方的地面上。一根长矛穿过野牛的臀部和后腿，从牛的下腹

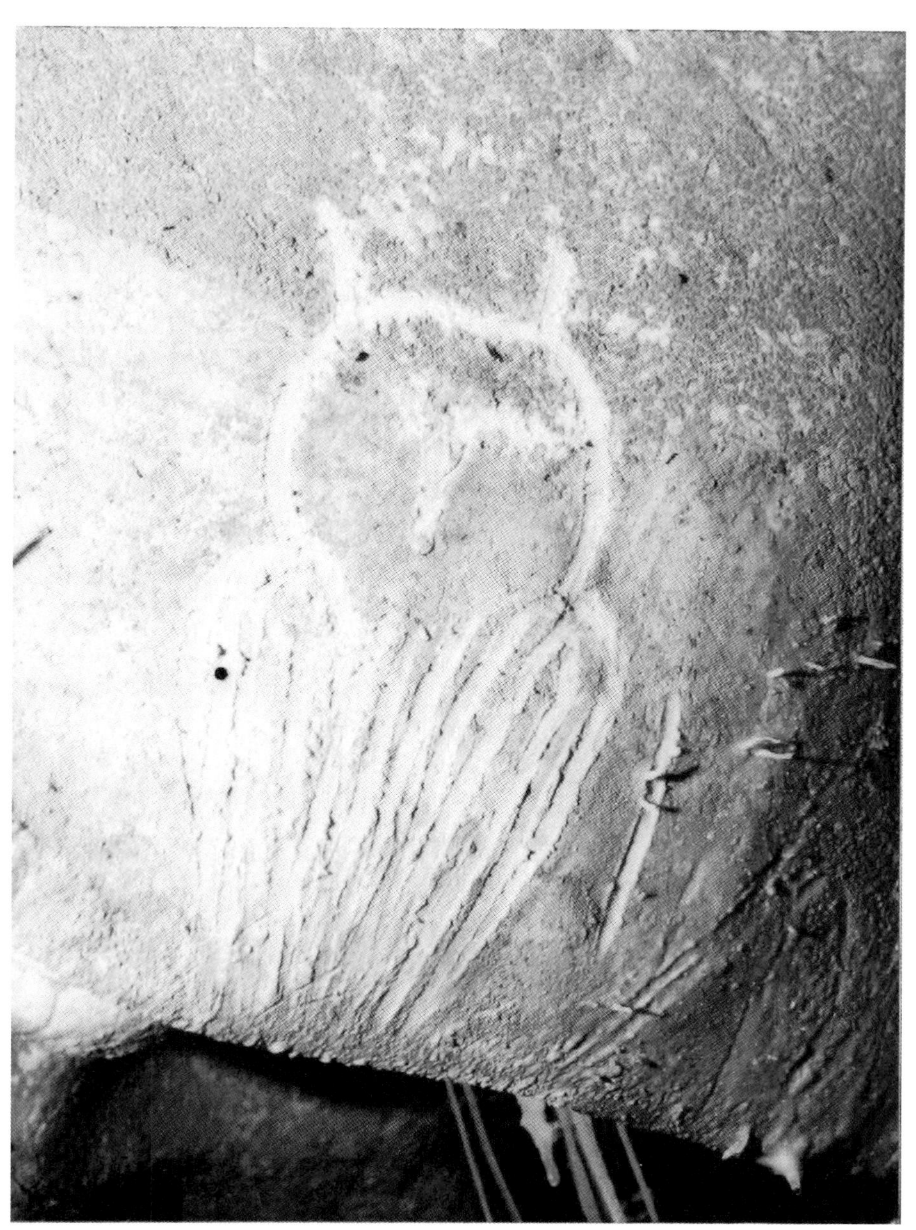

肖维岩洞内的猫头鹰壁画，公元前 2800 年，此为博物馆复制品

部冒了出来，仿佛是牛的阴茎。鸟人长着鸟喙，或是戴着一个有鸟喙的面具，他的阴茎似乎也勃起了。他身边有一根棍棒，棍棒的一端呈鸟形。该画距今约 1.4 万年，可能与某种狩猎仪式有关。[6] 该男子可能处于某种萨满的恍惚状态中，野牛也许是他的梦境或幻觉。地中海沿岸和欧洲中部的一些地方也发现了许多长着鸟喙或具有其他鸟类特征的女性小雕像。这类形象的含义尚不明确，但它们表明，在旧石器时代晚期，至少在一些社会的秘密仪式里，鸟具有重要的文化意义。

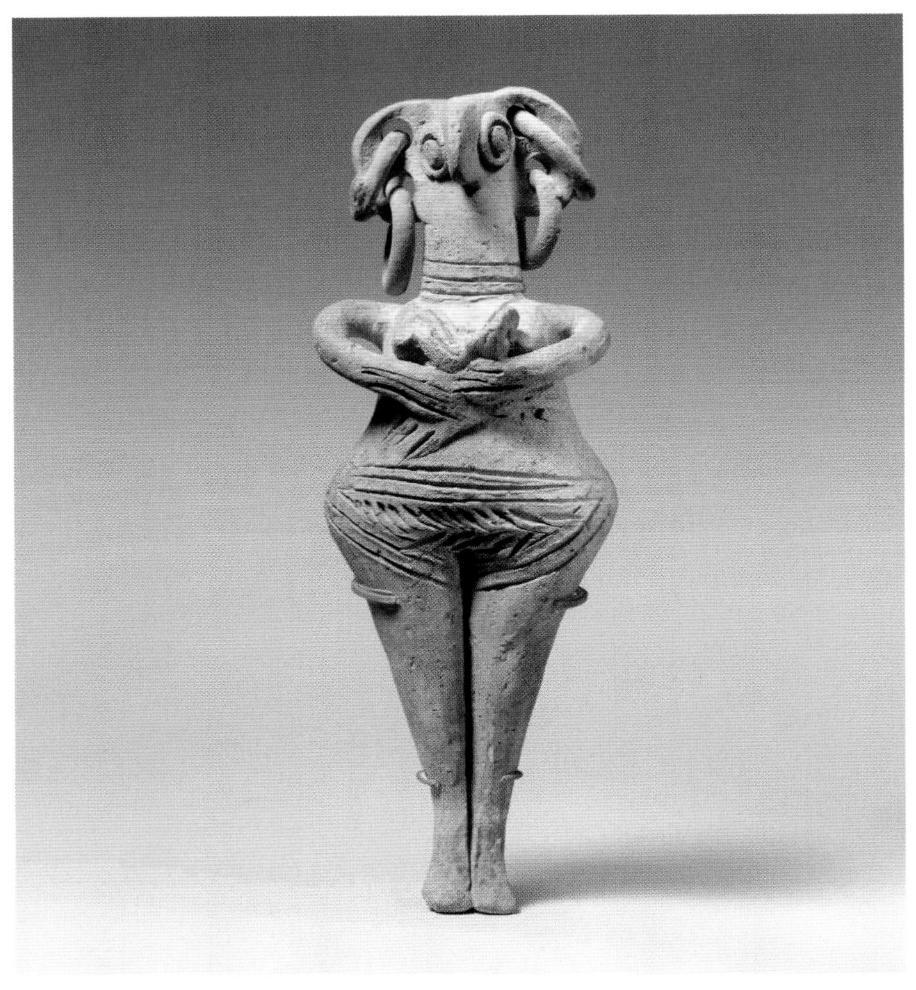

鸟女小雕像，塞浦路斯，公元前 1450—前 1200 年

在有装饰的洞穴的入口附近常有一些抽象的图案、杂乱的线条和相对粗略的画像。它们可能相当于中世纪大教堂入口处的滴水嘴兽石雕，又或许根本就是信手涂画的结果，是艺术家画出伟大作品之前的习作。这些线条有时让人联想到鸟，但很难有把握地说它们就是鸟。

每个壁画洞穴里的鸟几乎要么是不会飞的鸟类，比如鹤鸵和大海雀，要么是猫头鹰。在史前，为什么几乎没有对空中飞鸟的描绘？部分原因可能是技术受限。秃鹫、鹰、信天翁等鸟类展翅翱翔时，它们的身体被气流托起，几乎一动不动，这使其身影至少能相对保持稳定；但飞行中的小鸟，比如麻雀，它们很活泼，会快速转身、弯身和改变方向，所以其身影是变幻多姿的，而且它们的动作可能太快、难以预测而无法被记录。同时，艺术家们可能还觉得，空中的飞鸟似乎与洞壁这种如此具有陆地特征的背景格格不入。

埃及、希腊和罗马

埃及新石器时代，鸟的形象主要出现在陶器上，是高度抽象的对称轮廓图。公元前 3 千纪早期，埃及人开始形成高度多元化的动物艺术传统。埃及文明是第一个频繁描绘飞鸟的文明。这是一个长期趋势发展演变的结果，在此过程中，宗教思想越来越以天而不是地为核心。古地中海地区的人想要知道神意时会抬头看天。夜晚，他们看见恒星和行星；白天，他们看见飞鸟和云朵。因此，占星术（尤其是在美索不达米亚）和鸟占术（尤其是在希腊）成了人们青睐的占卜方法。

在古埃及的壁画、微雕等多种艺术表现形式中都可以找到鸟和其他动物的身影。它们有时很精致，通常都很写实。这些图像表明，艺术家们是仔细观察了鸟类的，他们不仅观察了鸟类的身体结构，还观察了它们的行为，比如用喙整理羽毛、潜水和鸣叫。艺术家们似乎为这些生物赋予了灵性，同时也常常在画中表现出喜爱之情，尤其是对宠物。尽管如此，它们中有许多仍然是静态的。在较近的年代里，最接近它们的可能是纹章艺术，因为纹章也把写实图像与高度复杂的象征意义、联想意义结合在一起。

埃及艺术中的人物通常是多角度的，有点像立体派笔下的人物。我们看见的是人物腿部的侧面、躯干和手臂的正面、头部的侧面，但眼睛是正面的。换言之，艺术家们描绘身体的各个部分，要么从能给观众留下最深印象的角度，要么从能传递更多信息的角度。表现鸟类时，也是如此。描绘人类在沼泽地里从事各种活动的墓葬壁画和浮雕中，常有飞鸟的形象。它们的尾巴通常是人从下往上看到的样子，头则是从侧面看到的样子。猫头鹰是个例外，因为它们的眼睛格外引人注目，所以要正对着观众。画中鸟的翅膀通常高度对称，显得有点僵硬，最常见的样子是向两边伸展开来，就像从下方看到的那样，但有时也会同时向上举起或垂下。埃及人有时会画飞鸟的侧影，离观众近的一边翅膀朝下，另一边则向外伸展，这个姿势更有活力一些，但仍然是传统的表现手法。即使在飞行中，鸟儿也似乎悬浮在空间和时间里。

我们的小学科学入门课本里几乎每一页都有插图。因此，在我们看来似乎有些奇怪的是，亚里士多德虽然详细描述了动物的身体结构，但据我们所知，他从未在其动物学和鸟类学著作中用图画加以说明。老普林尼的确提到了一些古代世界的植物插画家，但他们的作品都未能流传下来。[7] 植物不会动，这使得用抽象的示意图来表现它们相对容易，陆生动物则要难一些，而鸟类就

埃及塞加拉的奈弗尔赫伦普塔墓室壁画，约公元前 2550 年，此为临摹画。图中这些鸟的躯干几乎一模一样，但翅膀姿势的变化让人觉得它们在动

更难了。鸟类插画家不得不面对的难题诸如，鸟儿们动个不停，姿态千变万化；它们的羽毛五颜六色，动静之间身上的光影变幻莫测，甚至产生彩虹色；羽衣上有着纷繁复杂的图案。

古希腊的绘画艺术水平也许并不能完全胜任画鸟这一任务。古希腊绘画在艺术多样性上无法和古埃及、伊特鲁里亚、古罗马、克里特岛的相媲美，而且在希腊，人们培养绘画才能的劲头也远不如培养文学或雕塑才能的大。人们主要在葡萄酒或橄榄油的瓶子上作画。这些作品虽然精彩绝伦，但数量很有限，且艺术地位不高。它们主要以人类和拟人神为中心，以神话故事为主题。马相对比较常见，偶尔会有公鸡、猫头鹰和一些神话中的生物，但动物的种类相对较少。颜色一般只有黑色、白色、红色和棕色。

古希腊也有一些壁画，但存世的极少。据老普林尼记载，公元前 4 世纪末，古希腊画家宙克西斯和巴赫西斯在雅典进行了一场绘画比赛。宙克西斯画的葡萄如此逼真，以至于鸟儿都飞来啄食。巴赫西斯画的是一幅帷幕，太像真的了，以至于宙克西斯要求把它拉开来看画。最后，宙克西斯意识到自己上当了，于是认输，把奖品给了对手，并说，自己可能骗过了鸟儿，巴赫西斯却骗过了他。[8] 这则记述的准确性存疑，因为鸟类是不会试图啄食画中或照片中的食物的。它们能够看见人的肉眼看不见的颜色，而且面对错视画，它们有时比人类更难骗。老普林尼强调逼真，这可能是把罗马的审美标准投射到了几个世纪前的希腊文化上。

希腊人可能不具备能使艺术家们明确区分近缘物种的技术手段。不使用图画来阐释博物学的一个更为一般性的理由是，希腊绘画是以叙事和象征为中心的。希腊人画画是为了讲故事，而不是为了传递其他类型的信息。即使在老普林尼描述的宙克西斯和巴赫西斯的绘画作品里，写实也只是为了产生故事，而不是为了传达事实。科学插图应该教育而不是欺骗人。古罗马的马赛克，比如庞贝古城的那些，也是基于对动物的仔细观察创作出来的，因此大多能判断出其所属物种，但这些马赛克主要还是用来做装饰的。

即使在今天，鸟类学著作中的插图也不是特别写实。它们通常更抽象，而不是逼真，过多的透视缩短法和明暗法被认为会把观众的注意力从鸟身上转移开。虽然如今用插图来使科学著作更加精彩似乎已是常规操作，但走到今天这一步足足花了 1000 多年。动物学插图要求把动态的三维有机体降格成一

意大利阿奎莱亚大教堂的罗马马赛克，公元3世纪早期，
表现一只公鸡和一只乌龟正警惕地注视着彼此

动不动的二维人造物。尽管我们现在不把这当回事，但它其实是一个没有几代人的努力不可能完善的复杂过程。它涉及大量的抽象化，而抽象化相应地需要形成许多规约和几乎无意识的思维习惯。

鸟类学插图与其他大多数艺术形式不同，它的目的是描绘一种特定的鸟，而不是某只鸟。它是一类鸟的群像画。在野外或在照片里，鸟羽的颜色可能因光线而改变，但在鸟类学书籍的插图中，鸟必须是一眼就能被认出来的样子。西方传统艺术通常偏爱不寻常的主题或事件，而动物学插图只画典型。插画家必须忽视反常的个体，比如那些就其种类而言羽毛特征或行为异常的鸟儿。动物学或鸟类学插图隐含的理论基础就是柏拉图的理型论。

动物寓言集

在基督教时代，因为怕违反《圣经》中对造像的禁令[1]，对自然的直接模仿长期受到抑制。尤其在拜占庭文明中，人们画画时会故意采用许多技法以避免给人造成写实的印象。许多圣像画采用了反向透视法，这使背景人物看起来比前景的还要大。同一个故事的几个不同场景常被整合到一幅画中。画中的人物面无表情，一动不动。

动物也以同样的方式风格化了。艺术家对画鸟可能会感到特别不安，因为鸟容易让人联想到神。中世纪早期的艺术作品不常描绘它们，要表现鸟时也会用大量符号化和风格化的元素来掩盖其个性。尽管如此，拜占庭和西方中世纪的艺术还是像摄影一样竭力展现时间定格的场景，但这类艺术从永恒的视角出发呈现事件，从而为动物学插图开辟了道路，后者也以描绘为核心，而非叙事。

就像动物学插图使博物学书籍变得更精彩一样，圣像画和彩色玻璃窗也用图画阐释了《圣经》和其他宗教经典文本。这些图画并没有过多地讲故事，那是宗教领袖的工作，它们只是突出了关键时刻。它们采用能传递最多信息的姿势——人是正面像，除猫头鹰外的鸟和大多数动物都是侧面像。和博物学书籍一样，它们也用熟悉的符号来给人物和事件“贴标签”。圣约翰身边会有一只鹰，而圣洛克的身边是一只狗。这么做的效果之一是，人们一踏进教堂就会感到被神圣的喜悦充满，仿佛摆脱了俗世烦恼。这有点像在光污染之前的年代里凝视群星，又像在观赏如今由航天器拍摄的地球照片。

中世纪的动物寓言集通常配有插图，尽管图文有时不符。一本 13 世纪早期的英国动物寓言集把塞壬描述成“一种致命的生物，从头到肚脐长得跟男人一个样，但肚脐往下直到脚刲和鸟一个样”。然而，配图把塞壬画成了美人鱼的样子，长着鱼尾，而非鸟翅。[9] 所有这些插图都是高度风格化的，但从动物学的角度来看，其中很多相当准确。

尽管在我们看来这些动物寓言集总是天马行空，但是它们为今天流行的博物学书籍发展出了基本格式。首先，它们不只涵盖几个有魅力的物种，而是

1 《圣经 · 出埃及记》20：4：“不可为自己雕刻偶像，也不可作什么形象仿佛上天、下地和地底下、水中的百物。”

《被其他鸟儿围攻的猫头鹰》，出自一本英国动物寓言集，1230—1240 年

根据当地人的经历、传说和传闻，把形形色色的动物都囊括了进来。它们根据物种编排章节，然后用图画加以说明。它们还从隐含假设出发来写作。这些假设在今天的我们看来是理所当然的，但对古代世界的作家来说却并非如此。其中一个假设是，可以根据外形、习性、行为的特征对动物进行分类。这些特征是动物通过后代可靠地传递下来的，而不是通过自然发生或变态。总之，每种动物都有一个可预测的特性。这些动物寓言集把鸟类和其他动物视为原型模式——有点像柏拉图所说的“型相”——并认为在人类社会中也能找到这种原型模式。每只鸟或其他动物都体现了某种道德品质，但有些（比如狮子和狮身鹰首兽）可以代表上帝或魔鬼。[10] 从 12 世纪到 14 世纪，动物寓言集

越来越追求自然主义。[11]神圣罗马帝国皇帝西西里岛的腓特烈二世所著的《鹰猎的艺术》一书为我们保留了动物寓言集的大部分格式。该书首版定稿于 13 世纪中叶，是第一部鸟类学著作，更为重要的是，它是第一部用插图来补充说明文本的动物学专著。书中关于鸟类的信息是通过密切观察和试验得来的，其中有些方法非常“现代”。比如，为了测试秃鹫寻找食物是通过视觉还是嗅觉，腓特烈二世把它们的眼睛缝上，同时让鼻孔通着。它们无法找到食物，他由此断定秃鹫靠视觉导航来寻找食物。他还不给秃鹫吃东西，让它们极度饥饿，再把活鸡丢给它们，看它们吃不吃，由此得出结论：秃鹫不吃活鸟。最后，他把鸡杀了，喂给它们，发现它们这才吃。[12]

书中详细描述了鸟的行为、身体结构和用途。至于书中的插图，同样具有系统性。有些图比较了不同种类的鸟的喙、颈、肩、头和脚；有些展现了鸟类如何保护幼鸟、躲避捕食者；还有一些，例如描绘大雁在飞行中组成队形的画作，反映出画家对鸟观察入微。不过，这些图画还是把鸟画得过于死板了，缺乏艺术性，很平庸。[13]它们甚至缺乏在大多数中世纪书籍的旁注中都能找到的对细节的钟爱，因为其创作目的是给人以知识，而不是给人以审美享受。无论如何，腓特烈二世的手册虽然被人们广泛阅读，但在接下来的几个世纪里，却未能鼓舞人们对自然界做进一步的科学探究。

阈限形象

中世纪后期，至少在西欧，原本为宗教故事所摒弃的俗世烦恼、偏执、欢笑、小心眼、愤怒、闹哄哄的幽默等开始亮相，它们出现在教堂里高高在上的怪物雕像身上，在教堂的正面和阴暗角落里。最特别的是，它们还出现在中世纪手稿的页边空白处。在那里，我们能找到人类能想到的最富有想象力的一些事件。例如，一个骑士骑在马上举着长矛，朝一只巨大的蜗牛冲了过去；一只猴子头戴皇冠、身穿皇袍加冕登基；没有躯干的头颅下面长着一双腿，还在跑来跑去；树根变成了男人、女人的样子；还有随处可见的美人鱼、人头马和其他怪物，它们卷入的事件过于奇幻和复杂，以至于不知该如何描述。

手稿的页边空白处成了艺术家自由发挥想象力的空间，同时也是承载他

《海因里希·冯·维尔德克爵士》，出自《马内塞古抄本》(约 1304)。
也许是因为该书既不自称拥有宗教权威性，也不自称具有科学权威性，
所以其中的鸟似乎比动物寓言集里的要生动活泼一些

《鹪鹩和欧亚鸲》，出自《舍伯恩弥撒书》（约 1400）的页边旁注

们的大自然观察报告的地方，因为画在其他地方可能会被视为偶像崇拜。页边还有精心绘制的小草和毛毛虫、飞蛾、蝴蝶、蚱蜢等昆虫，这些微型画对生物学细节的关注前所未有，即使是古埃及人也没有如此入微。

手稿的空白处还画有鸟类，鸣禽和水鸟尤其多。目前最著名的当属《舍伯恩弥撒书》的旁注。《舍伯恩弥撒书》是 14 世纪末多明我会修士约翰·西弗瓦斯为英格兰多塞特郡的舍伯恩本笃会修道院制作的。这本华美的书有近 700 页，里面含有礼仪年的每一天举行弥撒时需要诵读的《圣经》经文。该书页边的装饰图中一共有 48 只鸟，由画手精心绘制而成，大多还标注了种类。[14] 鸟儿们全都是侧面示人，虽然静止不动，但不失庄严和仪式感。在该书旁注中，几乎找不到稀奇古怪的东西。

《舍伯恩弥撒书》和《鹰猎的艺术》一道标志着现代鸟类学插图的开端。为了使插图如实地记录鸟的外貌，首先必须清除它们的叙事意义和象征意义。因此，在《伊索寓言》和中世纪动物寓言集中最常出现的鸟类，在《舍伯恩弥撒书》中都是缺席的。在《舍伯恩弥撒书》里，没有鹰、猫头鹰、隼等猛禽，也没有乌鸦、渡鸦、寒鸦等鸦科鸟类（松鸦除外），甚至连在基督教中占据核心地位的鸽子都没有出现。书中没有鸟在从事任何活动。和它们一并出现的事物既不会引发观众的好奇心也不会让人联想到寓言故事。文学中最重要的鸟类里，只有孔雀、燕子和鹅等少数几种包括在内。

另一方面，后来的民俗学家所做的丰富记录表明，《舍伯恩弥撒书》中的很多鸟在乡村民间传说中地位突出。鹪鹩和欧亚鸲会结伴出现在页边的空白处，因为英国和爱尔兰的民间传说常把它俩联系在一起。[15] 书中描绘了各种各

《亚洲的拟啄木鸟》，乌斯塔德·曼苏尔，莫卧儿帝国，约1615年

样的雀形目鸟类，如赤胸朱顶雀、山雀、红腹灰雀、苍头燕雀和红额金翅雀，还有几种水鸟，比如银鸥、绿头鸭、黑水鸡、鹭和翠鸟。[16]

鸟的图画与圣人、统治者的画像交替出现。《舍伯恩弥撒书》的文本是按礼仪节期的时间顺序循环排列的，而文本旁边的鸟和圣贤都不受时间束缚，它们属于永恒。这当然是一个宗教愿景，但和科学还是有着某种亲和性，因为科学努力揭示的也是短暂事件背后的永恒秩序。

中世纪鸟类艺术的巅峰也许不在欧洲，而在印度莫卧儿帝国皇帝贾汗吉尔的皇宫里。贾汗吉尔非常热爱大自然，同时也大力资助艺术家。1612 年，他开始通过葡萄牙殖民地果阿邦引进各种各样的异域奇鸟和其他动物。他对这些动物不同寻常的特征很着迷，于是委托乌斯塔德・曼苏尔等艺术家把它们画下来。[17] 当时，西方艺术家大多已抛弃了矿物颜料，改用有机颜料，但印度的艺术家还在研磨金矿石等矿物来制作彩色颜料。[18] 这使他们创作出来的画作既拥有中世纪画作宝石般的视觉效果，又具备解剖学上的科学性和准确性。因为伊斯兰教严格禁止绘制宗教图像，所以这些鸟的图画里是没有象征意义和寓意的，我们可以像欣赏抽象图案一样来欣赏其颜色和形状。

早期现代的插图

近现代乃至今天，科学插图尤其是鸟类学插图一直使用的表现手法类似中世纪的象征手法。如果图中有背景，鸟和背景通常是脱节的。鸟一般是彩色的，而背景是黑白的。虽然背景常暗含叙事，但其戏剧性和复杂程度都不足以把观众的注意力从鸟转移到背景上。物种相同但大小迥异的生物经常出现在同一个画面中，呈现方式使它们之间的差异无法笼统地归因于角度问题。此外，还可以通过符号元素来辨识鸟类，例如，一只画在棕榈树上的鸟就是热带鸟。

当然，世俗绘画比宗教画要浮夸得多，但即使是鸟类学插图，早期也有着一种含蓄的吸引力，至少在久久凝视它们的人们眼中确实如此。和拜占庭的圣像画类似，它们是一种“永恒的快照”。插画家把对象从现实生活的背景中微微剥离出来，可能有助于我们欣赏它的体态和色泽，这有点像是在欣赏非具象派艺术。鸟类学插图一直都是高度规约化的，但人们在复杂结构中渐渐发展出了更多方法以展现创造力，就像对意大利十四行诗所做的那样。背景虽仍然是符号，但已变得更加详细和有趣。尽管鸟本身仍然作为典型出现，但它们的姿势和活动越来越多样化。

14 世纪中叶，康拉德·冯·梅根伯格在德国奥格斯堡写下了《自然之书》，它是第一本带插图的动物学百科全书。书中有鸟类和其他动物的大量插图，和动物寓言集里的很像，在今天的我们看来，可能有些幼稚。许多鸟都是简单的侧面图，但也有一些是动态图。它们或转身，或漫步，或举起翅膀，或于空中飞翔，有些优美流畅的姿势在接下来几个世纪的作品里都很少见。该书成了中世纪的畅销书，并确立了通俗博物学这一流派。

耶罗尼米斯·博斯（1450—1516）公认是最会幻想的画家。他的三联画《尘世乐园》中间一幅的右半部分显示，他还善于画当时才刚出现的鸟类学插图。《尘世乐园》中除了他想象出来的生物，还有几种鸟。这几只鸟除了在大小上有点特异，看起来就和当时任何一个画家画的一样逼真。其中许多都很好辨认，比如绿头鸭、欧亚鸲、红额金翅雀、翠鸟、琵鹭、鹗和戴胜。博斯还遵循了鸟类插画的惯例，除了短耳鸮是正面，其他鸟都是侧面。[19] 这些鸟比他笔下的那些奇幻怪物更加趋于静态。这表明，即使是博斯，也没有完全搞明白该如何把鸟的动作画得栩栩如生。

瑞士的康拉德·格斯纳、意大利的乌利塞·阿尔德罗万迪等早期现代科学家在著作中进一步确立了插图的规约。这提高了它们在动物学上的准确性，也略微减弱了表现对象的活力。这些插画一般都带背景，但和拜占庭圣像画的背景一样，都是规约化的。除猫头鹰外，鸟儿们几乎总是以侧面示人，很少有在动的，更不用说飞了。鸟通常栖息在枯枝上，垂死的树木底部中空。鸟栖息的树枝上往往还有几片叶子，其他树枝则都是光秃秃的。附近可能会有几株小草和灌木丛。如果画的是水鸟，就没有树了，取而代之的是几丛芦苇和池塘。如果是经常出没于海滩的鸟类，就会画出沙地和草地。换言之，背景主要是符号，起到帮助传递信息的作用，并在不引起过多注意的情况下使鸟儿看起来生动一些。

在地理大发现时期，欧洲人不断发现新的物种，并把它们从世界各地带回了家乡，这不断挑战着象征传统。这些新物种不仅为研究和比较提供了新的

三联画《尘世乐园》中间一幅的细节图，耶罗尼米斯·博斯，1503—1515年，木板油画，其中描绘的鸟体型超大但其他方面却十分写实

约里斯·斯皮尔伯根日记里的插图，展现了麦哲伦海峡的情景，约 1617 年。
前景里那只画家臆想出来的企鹅和人一般大。远处的一只鸟和传统的凤凰很像。探险家们带回了关于遥远国度里的鸟和其他动物的描述，其中夹杂着想象、观察、神话、希望和恐惧

对象，而且由于它们与传统缺乏联结，在表现它们时还需要发挥特殊的创新精神。有些鸟是人们完全没见过的，比如新西兰的几维鸟。这是一种夜间出没的鸟类，主要靠气味辨别方向，用它的长喙在湿润的泥土中翻找蠕虫来吃。探险家在亚洲、新几内亚、非洲也发现了几种新的鸟类，其绚烂的羽色令他们眼花缭乱，不禁发出“此物只应天上有”的感叹。

1555 年，皮埃尔·贝隆出版了《鸟类博物志》，这是自西西里岛的腓特烈二世以来，欧洲的第一部鸟类学综合性著作。作为一名游历甚广的学者和外交官，贝隆采用了一种相对非正式的文体，把鸟类科学知识和他在旅途中了解到的民间风俗、趣闻逸事、传统习俗糅合在一起。最有名的是他在比较解剖学方面的工作：书中最著名的插图是一幅鸟和人的骨骼比较图，人和鸟肩并肩，直立着。他的插图是实用性质的，完全从属于文本，尽管在今天看来可能有点迷人的幼稚。

《非洲的鸟类》，出自查尔斯·米德尔顿的《米德尔顿地理学体系全集》，1778年，水彩版画。
该插画很像一幅描绘伊甸园中亚当和夏娃的传统绘画作品。
尽管它或许预言了人类起源于非洲大陆这一后来者的发现，但画家还是不可避免地使用了西方范式

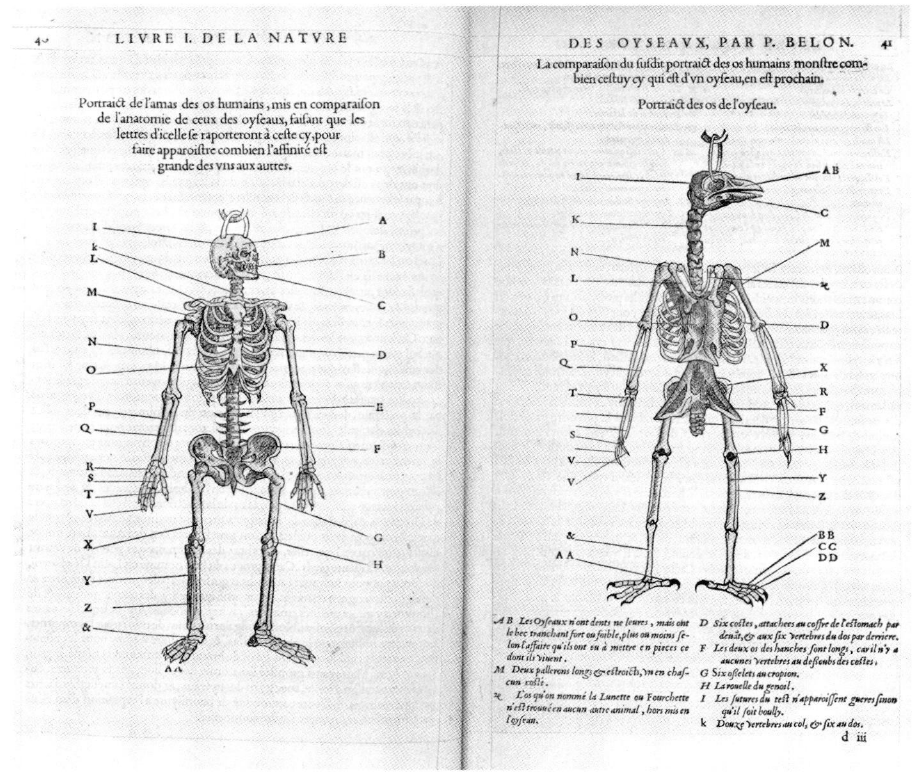

《鸟和人的骨骼比较图》，皮埃尔·贝隆《鸟类博物志》(1555)中的插图

其他传统

因为以鸟类为主题的艺术作品非常丰富，所以我在评述文化和艺术家时难免挂一漏万。前文的讨论有一些是围绕高度不定型的传统展开的，这个传统常被我们称为“西方传统”，但也没有完全局限于此。讨论较少涉及那些不管出于什么原因长期处于相对孤立状态的传统，它们构建的艺术要么不为外人所知，要么因使用难以久存的材料而十分短命。在几乎所有文化中，鸟的表现媒介，比如纺织品、器皿、玩具和游戏，大多被我们认为更具实用性，而不是艺术性。不只埃及，中美洲、印度等其他地方也都使用高度风格化的鸟形象来装饰陶器。

这样的物件最有可能用来买卖，所以它们常潜移默化地影响异域他乡，以及那些对其来龙去脉不甚了解的人。人们沿着丝绸之路和其他贸易线路不断交换着各种图案、风格、材料和故事。在大部分情况下，与其说它们是被其他文化有意识地模仿，不如说是被其他文化吸收了，这使其影响特别难以溯源。一个很好的例子就是撒哈拉以南非洲的鸟类艺术，和埃及的鸟类艺术相比，非洲中部和南部的一般更具仪式功能，大多是服装、头饰和面具。相关仪式的细节通常由秘密社团严密保守，只传给精心挑选出来的继承人。如果没有仔细观察过相关动物，就难以完全理解仪式中的大部分内容，但要在不那么内行的层面上欣赏它们其实也不难，因为艺术诉诸的是人类的基本反应，比如幽默、爱恋、恐惧。

这类艺术品主要由有机材料制成，所以早于最近几个世纪的作品留存下来的很少。因为非洲社区一般都有极强的传统意识，所以我们能推测该地区之前和现在的艺术也许并无二致。现存的艺术品虽然从年代来看相对较新，但记录了人和鸟及其他动物的联结。在非洲，大多数人也已失去这种联结，但没有完全忘记它。中非的鸟类艺术在许多方面都可谓站在了鸟类学插图的对立面。它对能把有亲缘关系的物种区分开来的细枝末节不感兴趣。相反，它用大胆、简单、戏剧化的设计来展现鸟和其他动物的精神，具有西方艺术中少见的简洁的原始力量。

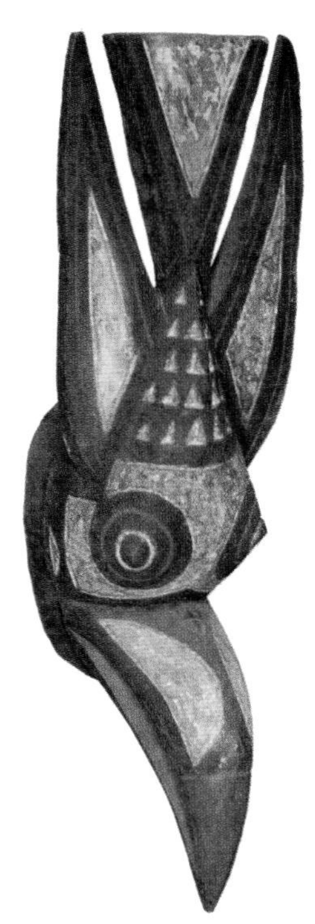
布基纳法索的努纳人在仪式中使用的犀鸟面具，年代不详，木制彩绘

在非洲中部和南部的艺术中，最常见的鸟类也许就是犀鸟了。许多中非人认为它拥有大智慧，能带来雨水。犀鸟科鸟类长着向下弯曲的大喙、大眼睛和长尾巴，主要以果实和小动物为食。它们叫声低沉，步姿看起来有点像人，透着几分古怪，人们在入会仪式、葬礼等场合会模仿它们。[20] 犀鸟和埃及的许多鸟形神（比如圣鹮）之间可能存在着某种民俗上的关系。

美洲原住民，尤其是西北海岸的原住民，创作的鸟类绘画肯定是世界上最复杂的艺术品之一。特别是渡鸦，在特林吉特人、海达族人、夸扣特尔人、尤皮克人和与之有亲缘关

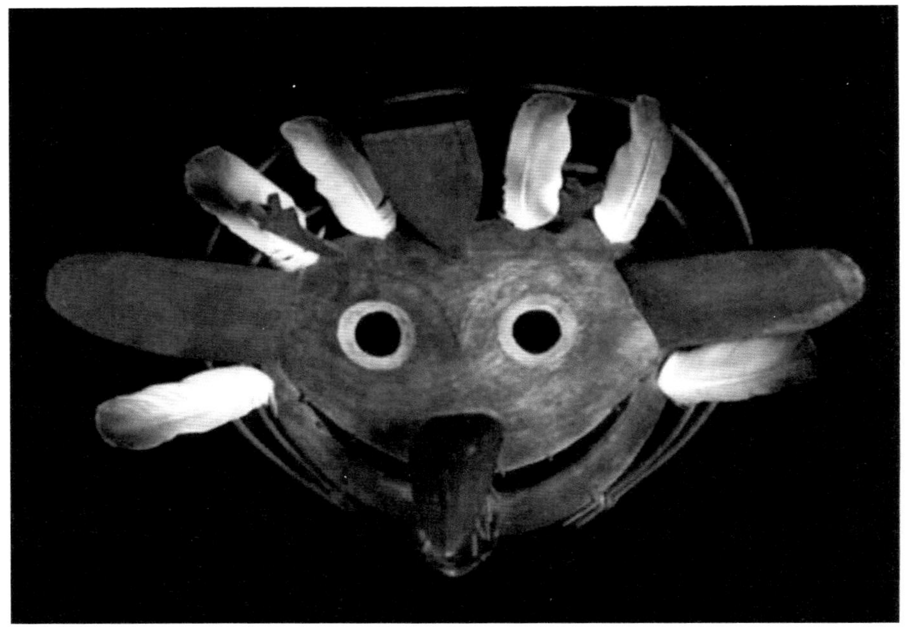

尤皮克人的面具，太平洋西北地区，年代不详

系的部落的神话中，渡鸦既是哲人，又是骗子，同时还是造物神。要想把所有这些身份整合成一个形象可不是件容易的事，但传统还是找到了解决之道。这些图像可能会在翅膀或尾巴的图案中展示鸟的眼睛以挑逗观众。羽毛可能会构成复杂的纹样，上面竟浮现出其他动物的形状。但这种嬉戏并没有显得轻浮，因为这些作品中充斥着大量天国意象，而且讲述的是以宇宙为主题的故事，比如创世故事。地理大发现开启了艺术风格全球化的进程，它将持续数百年。

异国鸟类

地理大发现使欧洲人发现了许多新的地区，并为那里的新奇事物和多样性所折服，但这通常只会导致他们更加坚定地把自己的文化秩序强加给那里的人。16 世纪后期，一个名叫贝尔纳迪诺・德・萨阿贡的方济各会传教士写成一部三卷本著作，它后来被称为《佛罗伦萨手抄本》。该书对新西班牙——一个涵盖西班牙在北美洲、中美洲和南美洲所有领土的广大地区——的文化、风俗和野生动植物进行了百科全书式的描绘。其中有一章专门论述了该地区的鸟类区系[1]，系统描述了130种鸟类，介绍了它们的羽毛、迁徙模式以及它们与人类的关系等。[21]这部著作用阿兹特克人的纳瓦特尔语写成，萨阿贡引入拉丁字母，创制了纳瓦特尔语的书写系统。文中还附有粗糙的西班牙语译文，插图由受过西方传统教育的印第安人绘制而成。尽管这些插图拥有阿兹特克人的绘画风格，就像西方动物学插图总能让人联想到基督教的宗教画一样，但它们在科学上几乎和当时欧洲同类作品中的佼佼者一样准确，也遵循了大致相同的规约。

后来还出现了几部手抄本，其中就包括17世纪早期弗朗西斯科·埃尔南德斯死后才得以出版的著作，它描述了近230种鸟。[22]在阿兹特克人对鸟类的分类和欧洲人对鸟类的分类之间进行转译，既关乎语言问题，又关乎文化问题。在双方的传统中，有些鸟类具有相似的象征意义，这使翻译容易了一些。在欧洲和中美洲，鹰都和战争紧密地联系在一起。中美洲人将驯化的火鸡作为祭祀用的鸟，它在欧洲基本上对应的是公鸡和母鸡。在这两种文化中，猫头鹰都和死亡有关，其叫声被解读为某种预兆。甚至连颜色鲜艳、尾巴飘逸的凤尾绿咬鹃可能也对应着孔雀或神鸟凤凰。

在某种程度上，这两套象征系统以一种并不科学的方式融合在一起。但是，这给人一种井然有序的印象，所以有时会使鸟更易于研究。然而，中美洲人将秃鹫视为一种鹰，欧洲人则把秃鹫和恐怖联系在一起，它在手抄本里的归类并不总是明确的。[23]但《佛罗伦萨手抄本》里的插图和被征服前的阿兹特克艺术之间最大的不同也许在于“分类学”这个概念本身。在中美洲艺术里，身份相对具有流动性，将鸟类和穿着羽衣的人或鸟形神区分开来并非总是易事。而在手抄本里，它们之间的区别总是清晰、明确的。

尽管《佛罗伦萨手抄本》的插画家善于使用文艺复兴时期常规的绘画技法，比如明暗法和透视法，但他们的世界观既不是基督教的，也不是西方科学的。和欧洲人不同，中美洲人并不把独立的个体视为主体性的单位。对他们来

1　鸟类区系，指在一定历史条件下形成的适应某种自然环境的鸟类群。

《鸟和鱼》，出自《佛罗伦萨手抄本》，16世纪后期

说，主体性寓于整体，个性主要体现在身体形态上。这些图画与其说是在描绘神、人或动物，不如说是唤起了人们对它们的想象。[24]因为阿兹特克艺术家不希望创造出强有力的形象，这些形象应有的尊荣是他们无法赋予的，所以他们画神时会采用柔和的色调。[25]神常常会化身成绿咬鹃等鸟类。这种约束是“禁止造像”的阿兹特克版本。虽然当时的欧洲人以展示色彩鲜艳的外来鸟为荣，但《佛罗伦萨手抄本》里的鸟类色彩普遍较淡。

与此同时，欧洲正处于由宗教战争、专制统治者和农民起义引发的骚乱之中。欧洲人和美洲原住民一样，正在与信仰、怀疑、理性和想象之惑纠缠。面对遥远土地上完全陌生的生物，探险家们的第一个念头通常是，它们就是古代神话里的生物，比如美人鱼、萨梯和凤凰。对殖民者和原住民来说，分类是一种确认秩序、平息恐惧的方法。

《打扮成鹰和豹的阿兹特克战士》，出自《佛罗伦萨手抄本》，16世纪后期

11　绘画艺术还是插图

对诗人而言，鸟既具有象征意义，又具有暗示意义。它高高在上，天下似乎无出其右者，它的生活是如此激情四射、紧张刺激——它的脑容量大，肺活量惊人，体温较高；有时会欣喜若狂，浑身上下洋溢着乐观向上的气息，心中满是乐章。

——约翰·巴勒斯[1]

红额金翅雀在传统上象征着耶稣受难，部分是因为它面部的红色使人联想到鲜血。1505 年左右，拉斐尔创作了一幅题为《金翅雀圣母》的画作。画中，圣母马利亚正看着还是幼儿的施洗约翰，施洗约翰手里捧着一只金翅雀，他一旁的圣婴耶稣把手伸过来正抚摸着它。三人的表情都有点忧郁，仿佛对自己的命运有一种不祥的预感。

17 世纪荷兰的绘画艺术大体是世俗的，但基督教意象又隐隐约约地遍布其中。基督教的鸟类意象就回荡在伦勃朗的学生卡雷尔·法布里蒂乌斯于1654 年创作的《金翅雀》里。为了揭示表现对象的底层特质，伦勃朗无论是在描绘荷兰市民时，还是在描绘神话中的神明时，甚至连描绘《旧约》中的先知们时，都会剥离对象的魅力。在法布里蒂乌斯所画的最后几幅作品之一《金翅雀》中，他对一只鸟也采用了和他老师相同的表现手法。

这只被细链子拴在横杆上的红额金翅雀栖息在一个喂食盒上。它可能是因叫声优美而被人抓来的。和大多数鸟类学插图中的鸟一样，它侧身而立，但头转了过来，面对观众。右眼反射出一丝光亮，似乎正直视着我们，这和肖像画里的主角们通常表现出来的样子并无二致，它的左眼则几乎不可见。人们只有非常仔细地看，才能发现它的左眼里也有一个微弱的反光点，也许这只金翅雀正透过窗户看着它原来的家园呢。

画家在红额金翅雀最具辨识度的特征——鲜艳的红面罩上掺杂了一些暗灰色，翅膀上条状的黄色也暗淡了不少。它可能开始换羽了，但因多日不见阳光或没有洗澡，状况有所恶化。背景里，白墙斑驳，墙上还有金翅雀和喂食盒投下的阴影。喂食盒在画面的正中央，但整体构图并不平衡。画面上半部分，鸟本身太靠右边了。其左边墙壁上褪色的油漆仿佛构成了一幅抽象画，

《金翅雀圣母》，拉斐尔·桑西，约 1505 年，木板油画

《金翅雀》，卡雷尔·法布里蒂乌斯，1654 年，布面油画

留给观众无限遐想的空间。

16、17 世纪，现代插图开始与绘画艺术分道扬镳。绘画艺术主要和人有关，尤其聚焦于宗教、神话和历史题材，但也开始欣然接受肖像画。插图致力于表现从行星到矿物质、从哺乳动物到鸟类的一切事物。绘画艺术的目的是表达，而插图的目的是记录。

介于插图和绘画艺术之间的是静物画，它在荷兰以及更远的地方越来越流行。人们在画布上展现准确处理明暗关系、渲染纹理和调整色调的精湛技法。当静物画中包含鸟时，鸟通常是死的。静物画主要通过昆虫、蜗牛或蜥蜴来表现生命。花朵、蝴蝶和其他生物注定都将死亡，只是死亡的时间不同而已，而静物画的主题正是稍纵即逝。当时人类的平均预期寿命还不到今天的一半，这种生命短暂的意识也充斥在肖像画中。

法布里蒂乌斯朴实的画风表明，尽管这是一个非传统题材，但他仍然渴望创作出严肃的艺术作品。相比之下，鸟类学插图一贯致力于描绘鸟羽的光彩

红额金翅雀。和大自然中的金翅雀相比，法布里蒂乌斯笔下的则稍显灰暗

华丽。在法布里蒂乌斯的同时代人看来，他在给这只金翅雀画肖像画时，就已经把一只鸟提升到了人类的高度，把静物画提升到了肖像画的高度。

这只鸟没有欣喜若狂，它充满了悲剧性的高贵感。所有这些鸟类图画最终还是关于人类的，因为鸟类是如此亲密地和人类的抱负、恐惧捆绑在一起。也许，在法布里蒂乌斯的这幅画里，金翅雀象征的是必须靠资助人过活的诗人或艺术家。

插图

1676 年，弗朗西斯·威洛比和约翰·雷共同出版了《鸟类学》，这是迄今为止最大最全的鸟类百科全书。它竭力把世界各地所有已知的鸟种都囊括进来。之前的作家，比如格斯纳和阿尔德罗万迪，各自都只列出了大约 200 种鸟，而威洛比和雷收录了 500 种。他们不是根据栖息地或食物来给鸟分类的，而是根据解剖学特征，比如喙或脚的形状。他们试图统一术语，也就是说，在给鸟命名时不使用多种语言。也许最为重要的是，正如他俩在序言里所言，他们仅仅专注于科学，没有把“象形、隐喻、道德、寓言、占卜，抑或神学、伦理、语法和任何人文相关之文论”包括进来。[2] 但远大的科学抱负似乎削弱了插图的表现对象，缩小了艺术发挥的空间。通过消除故事性，两人还基本摒弃了动态。在他们的插图里，鸟儿们被迫摆出僵硬、对称的姿势。

对于丢勒或达·芬奇这样的艺术家来说，绘画艺术和科学插图可谓并无二致，差别仅在于表现的是对象的神还是形。到了雷和威洛比的时代，之前被一起归在“哲学”这个大标题下的科学和人文学科开始分离。正如他俩的鸟类学著作所显示的，这种拆分为每一学科的发展都开辟了全新的可能性，但在一定程度上也削弱了它们。在接下来的几个世纪里，艺术家和插画家常常试图通过创作形神兼备的作品来弥合这一分歧。

时间来到了早期现代，科学家们普遍不再信任插图，认为它们的特质性和主观性太强。林奈在《自然系统》一书中就没有使用插图。该书在 18 世纪奠定了现代分类学的基础。林奈把博物学视为一种纯粹的知识追求，甚至可以说是一种精神追求。关于图像，他写道：“我完全排斥它们，但我也承认它们的确更讨孩子们喜欢……它们为文盲提供了帮助……但又有谁能从一幅画中得到可靠的结论呢？”[3]然而，林奈在这一点上并非始终如一，他在他的其他著作里收录了许多插图以备参考，如果没有这些插图，他描述的许多物种根本无法识别。[4]

《自然系统》的第一版出版于1735年，它用从“界”到“种”的七个等级将生物分门别类，对应的是《圣经》中的创世七天。早期现代有一种观点认为，只有揭示“宇宙秩序是被有目的地创造出来的”这一事实，才能更好地理解上帝的旨意。这一观点在《自然系统》中体现得淋漓尽致。林奈可能把自己视为《圣经》中的亚当，天将为其他生物命名的大任降于他。尽管他进行了仔细的观察，但他渴求的那种知识在根本上并非经验性知识。他把物种看作上帝指定的不变的理想型。作为极其虔诚的信徒，林奈可能对违反《圣经》中的造像禁令多少有些顾忌。在接下来的几个世纪里，这种轻浮的嫌疑阻碍了许多插画家的创作，他们试图避免让插图抢占文本的风头。结果，许多动物学插图都很正式，且高度规约化。

就插图而言，林奈的对立面是同时代的马克·凯茨比。凯茨比是英国人，为了记录动植物群前往新大陆旅行，他的代表作《卡罗来纳、佛罗里达和巴哈马群岛的博物志》在1729年到1747年间分期出版。他认为，把野生动植物记录下来的最好方法不是写作，而是绘画。因此，他尽管没有艺术背景，还是自学了画画和雕刻。他提供的博物学方面的大部分信息都是图像信息，能不用文字就不用文字。他无视透视法，甚至不考虑图中物体的相对大小。他手工上色的蚀刻版画线条分明，缺乏纵深感，有点像示意图。[5]例如，在他的一幅图里，一只火烈鸟在一束珊瑚前昂首阔步，后面的那束珊瑚看起来就像一棵光秃秃的树。[6]

乔治·爱德华兹跟凯茨比学过雕刻，还与林奈有着大量的书信往来。他在1741年到1751年间出版的《珍禽博物志》就结合了两人的方法。爱德华兹命名、编录了大约350种新的鸟类。[7]他的图画准确无误，线条和色彩关系也非常和谐，然而鸟的生命力有时湮灭在海量的解剖学细节中。

最终是林奈的主要对手布封伯爵乔治－路易·勒克莱尔完全确立了动物学插图的地位。18世纪下半叶，他的《自然史》陆续出版了36卷，还有许多修订版、译本、节本和面向青少年的改编本。该书一经推出就成了畅销书，经

《火烈鸟》，马克·凯茨比，约1722年，水彩版画

久不衰。书中所有物种都配了插图，哺乳动物和爬行动物主要由雅克·德·塞夫绘制，鸟类主要由弗朗索瓦·尼古拉·马蒂内绘制。这些图一般是铜版画，有时是手工上色的。它们显示出传统的象征手法和科学的新方法之间存在着持续的张力。

布封书中插图的背景有时刻意设计得非常滑稽。蝙蝠通常在城堡的废墟之中，就像哥特小说里的场景。猫头鹰经常在破败教堂的钟楼上。猴子则出现

《大尾拟八哥》，乔治·爱德华兹，约1746年，水彩版画

在洛可可风格的闺房里，有时还穿着人类的衣服，干着孩子般的恶作剧。包括鸟在内的很多动物都被呈现于古代神殿的废墟之中，也许是为了戏剧性地表现它们和人类的历史关联。有时，它们会站在墓碑上，就像博物馆里安放在台座上的展品一样。

除了极少的特例，插图中鸟兽的姿势都十分僵硬，但其神韵和解剖学细节得到了极大的关注。和东亚同行们不同，西方的画家和鸟类插画家很少在户外画鸟。少数艺术家会拿动物园里的笼中鸟当模特。他们大多使用鸟类标本，把鸟做成标本在 18 世纪末和 19 世纪非常流行。

到 18 世纪中叶，人们已为鸟类学插图精心制定了一套复杂的规约。和鸟类标本一样，插图里的鸟通常直立在一根树枝上，这根树枝是从一棵枯树的树干上伸出来的。画家可能会非常用心地准确画出鸟本身，但其他一切都可能不成比例，谬误百出。很多时候，一只小鸟甚至比支撑它的树还大。空间不足时，插画家还会把世界上不同地区的相关鸟类放在一棵树的不同枝杈上，仿佛预演了将在进化论中至关重要的“生命之树”。

1804 年，托马斯·比威克出版了《英国鸟类史》，这是第一本野外观鸟指南。对当时的中产阶级来说，该书的价格很亲民，大小也很适合在乡间散步时随身携带。比威克复兴了木版画——自中世纪末以来几近绝迹的插图艺术形式。通过使用黄杨木和木口木刻，他令这种艺术形式适应了现代印刷术，他的木刻印版有时能清晰地印出超过 100 万张画。他没有给自己的插图上色，而是重视神韵。和同时代人一样，他描绘的通常是站着一动不动的鸟，但他知道该如何恰到好处地展现动态感以使它们不至于显得过于僵硬。当其他插画家还在把鸟从环境中抽离，或只画象征性背景，或完全不画背景的时候，比威克已经把鸟放在了刻画入微的乡村风光中。他精心描绘了周围的植物、溪流、土壤，还常在背景里展现农家或教堂的尖塔。他画中的这些鸟儿勾起了人们对乡村生活的怀旧之情，随着英国工业化的推进，这种生活方式正在慢慢消失。

其他鸟类插画家也受到了赞赏和尊敬，但人们还是最爱比威克。夏洛蒂·勃朗特的小说《简·爱》（1847）开篇就写道，女主人公儿时无人照管，10 岁时为了解闷去书架翻书，于是翻开了《英国鸟类史》。在描绘北海峭壁和岛上水鸟的图文中，她找到了冒险的刺激感。她写道：“比威克的书放在我的膝盖上，我很快乐，至少是自得其乐。”[8]

18 世纪末，织布工亚历山大·威尔逊构想了一个雄心勃勃的计划——记录北美所有种类的鸟。一贫如洗的他花了数年时间游历美国各地，射杀、观察、写画各种鸟，于 1808 年到 1814 年间出版了 9 卷本《美国鸟类学》。为了节省篇幅，他会把几种不同的鸟塞进同一个场景，而且奇怪的是，这些鸟互相无视对方的存在。和他之前的凯茨比一样，威尔逊为了科学事业愿意在艺术上牺牲一些逼真感。他们的图画虽然比较幼稚，但足以表达他们的惊叹——新大陆拥有如此丰富的野生动植物资源，而且大部分还没有被详细记录。

大英帝国的扩张催生了对宏伟壮丽的喜好。为了迎合这种品味，约翰·古尔德在 19 世纪中叶出版了昂贵的以异国鸟类为主题的对开本著作。从《喜马拉雅百年鸟类志》（1830—1832）开始，他先后出版了几部关于欧洲鸟类、鹦鹉、澳大利亚鸟类、蜂鸟等的图书，里面所有的插图都是手工上色的平版版画。他挑选了许多当时顶尖的插画家来跟他合作，其中包括爱德华·利尔、约瑟夫·沃尔夫以及他自己的妻子伊丽莎白·古尔德。和他的前辈们一样，他描绘的不是个体的鸟，而是属的典型代表。但是，他认识到这并不意味着画中形象必须是静态的，它们的活动具有代表性即可。而且，展示典型并不意味着一次只能展示一只。虽然古尔德书中的鸟很少一起活动，也通常没有意识到彼此的存在，但有两只或两只以上的同种鸟在一幅画中，或许可以更好地表现该物种。

1833 年至 1843 年间，威廉·渣甸爵士陆续出版了 40 卷《博物学家文库》系列丛书。它采用了与布封类似的开本，同样大受欢迎。为它画插图的有詹姆斯·霍普·史都华等人，他们比前人更重视颜色。和马蒂内的插图相比，史都华的背景没有那么刻板和老套。史都华会通过让鸟全彩而背景黑白的方式凸显主角。这一技法后来被 19 世纪的许多插画家借鉴。史都华和渣甸还让他们的描绘对象以相对活跃、动态的姿势示人。

19 世纪下半叶，英国最受欢迎的鸟类图鉴可能是弗朗西斯·奥彭·莫里斯的《英国鸟类史》。它首次出版于 1851 年至 1857 年间，发行了 6 卷，其中彩色木版画插图的作者是亚历山大·莱登。这些插图精美迷人，然而几乎都是实用性的。鸟儿们是其所属种类的通例，几乎总是在非常空旷的背景下展示其侧面。

亚历山大·威尔逊绘制的插图，分别是：渡鸦（上）、红头美洲鹫（下左）、黑头美洲鹫（下右）。美国，19世纪早期，水彩版画

《华丽琴鸟》，亨利·里克特和约翰·古尔德合作绘制，1850—1883年，手工上色的平版版画

《黄嘴的水鸡》，出自威廉·渣甸的《博物学家文库》(19世纪30年代)，手工上色的版画

荒诞科学 1

古尔德出版喜马拉雅鸟类著作的同一年，也就是 1830 年，爱德华·利尔出版了《鹦鹉科图鉴》的第一卷，那年他年仅 19 岁。他的画直接源自生活，都是在伦敦动物园里给鹦鹉画的素描，而当时几乎所有鸟类学插画家都是用动物标本来作画的。他还自学了平版印刷术，属于第一批开拓其可能性的动物学插画家。他尽管在绘画艺术和鸟类学方面没有接受过正规训练，却能用流畅的线条勾勒出鸟类的基本形态，即使鸟儿在动个不停。当时，其他插画家总是表现鸟的侧面，他则多角度地描绘它们，有时甚至从背面画鸟。[9] 他能够细致地展现出羽毛上的花纹和微妙的颜色变化。最难能可贵的是，他对鸟的情感有着很深的感悟，这使他在描绘它们时不至于把它们过度地拟人化。他部分是通过鸟的眼睛（尤其是在画鹦鹉时），但主要还是通过鸟的姿势做到这一点的。作为最早研究和描绘鹦鹉的书，它们受到了专家的热烈欢迎，但由于利尔缺乏商业头脑，这些书根本不赢利。利尔从未完成令他心潮澎湃的大工程——出版涵盖世界上所有鹦鹉的书。没过几年，他就转去画风景画了，接着又写起了打油诗，其中就包括成就了他今日声名的五行打油诗。

特别引人注目的是，他是在既没有受过正规训练又没有大量资金支持的情况下，取得如此耀眼的成就的。此外，他体弱多病，患有癫痫，不善交际，频发抑郁症，害羞到接近病态的地步，很可能在孤独症的谱系上。坦普·葛兰汀是一名孤独症患者。她利用农场动物完成了许多开创性的工作。她提出了一个理论，即孤独症患者和动物有着特别的相似之处，两者感知世界的方式很像。据她说，动物和孤独症患者都不会对感知到的信息进行筛选，他们把世界看作“一团由微小细节组成的旋涡”。[10] 她还认为，孤独症患者和动物一样缺乏矛盾的心理，并补充道：“身为孤独症患者，我深感欣慰的一点就是，我不需要像我的学生那样，还得应付情绪上的狂乱。”[11]

我无法评估葛兰汀的理论在多大程度上是正确的。在我看来，至少有几种动物是能高度集中注意力的，例如为了捕鱼而检视池塘的鹭。不过，葛兰汀对孤独症的描述似乎与利尔的情况十分吻合。这有助于解释为何利尔在捕

---

1 爱德华·利尔有部著名的作品题为《荒诞书》，英文名“A Book of Nonsense”，本节小标题“The Science of Nonsense”或有借鉴之意。

《葵花鹦鹉》，爱德华·利尔，出自一本博物学著作（1889）。

这只画得很漂亮的鸟露出了有点淘气的笑容，也许预示着利尔晚年会转而去创作带插图的打油诗

捉细节方面拥有非凡的眼力，为何他能与鸟类共情，同时也可以解释为何他和人类社会格格不入以至于难以适应，这个问题困扰了他一生。[12]

利尔为他的打油诗配的插图上经常有鸟和人鸟复合体。他最喜欢猫头鹰，常把自己画成一只猫头鹰。他对莺、蜂鸟这类优雅的小鸟不感兴趣，偏爱像鹳这样引人注目的大鸟。随着视力下降、腰围增大，利尔担心自己变得古怪了，于是想让自己笔下的鸟也变得奇形怪状。打油诗的配图展现了一个爱丽丝梦游仙境式的荒诞世界。在那里，人和动物之间没有明显的区别，只有完全特质化的个体。他笔下的鸟是奇形怪状的人，笔下的人是奇形怪状的鸟。

和艺术家不同，人们认为插画家的个性应该服从于手头的题材。利尔在他早期的鹦鹉插图和其他鸟类插图中似乎能做到这一点，但随着时间的推移，他的古怪变得越来越明显。假如在看了他的打油诗配图后，回过头去看他的鹦鹉画，我们就会意识到，那些鹦鹉画可能比最初看上去的更复杂、更具创新性，也更有个人风格。

There was a Young Lady whose bonnet came untied when the birds sate upon it;
But she said, "I don't care! all the birds in the air
Are welcome to sit on my bonnet!"

爱德华·利尔于 1887 年创作的配插图的打油诗

美国樵夫

在欧洲，约翰·詹姆斯·奥杜邦被称为“美国樵夫”。他成功地至少暂时弥合了插图和美术之间的分歧。他的《美洲鸟类》首次出版于1827年至1838年间，在野心和覆盖面上甚至超过了古尔德的鸟类学著作。它包括435幅美洲鸟类的手工上色凹版腐蚀版画，全都还原了实物的大小，由伦敦出版商约翰·哈维尔印制而成。虽然在科学和艺术上取得了巨大的成功，但高昂的印刷成本使它无法真正获利。随后，奥杜邦推出了一个较小的版本，里面的画换成了手工上色的平版版画。后来，他又开始绘制一本关于北美哺乳动物的类似书籍，该书在他1851年去世时尚未完成，最后由他的儿子约翰·伍德豪斯·奥杜邦续完。

奥杜邦是西方唯一一个作品经常出现在艺术史里的动物学插画家。他出生在加勒比地区的法属圣多曼格岛（今海地），是一名富有的法国船长的私生子。他6岁时随父亲回到法国，18岁时至少部分为了逃避拿破仑时代的兵役，又移民到了美国。他在他父亲位于宾夕法尼亚州的农场里住了一段时间。此后，他人生中的大部分时间都是在美国的边疆度过的，远离欧洲和美国的文化经济中心。他废寝忘食地射鸟、画鸟，过程中不断获取知识、锻炼技法，而不是通过正规的学习。他的性格具有明显的矛盾性，但也因此让同时代人，甚至当下的我们对他更加着迷。他把自己打造成一介樵夫，却又自称是法国贵族的一员，甚至为他是路易十六和玛丽·安托瓦内特所生的失踪王太子这样的谣言推波助澜。

奥杜邦不仅画鸟，还用浪漫的语句写鸟，常常赋予它们人类的情感。然而，他同时也大规模地杀鸟，一天能杀100多只。不过，在当时，其他鸟类学家和鸟类艺术家也是这样做的。约翰·古尔德就被他的妻子伊丽莎白称为“长羽毛的部落的大敌，射杀了许多美丽的鸟儿，抢了其余鸟的鸟巢和鸟蛋”。[13]但是，与古尔德和几乎所有同时代人不同的是，奥杜邦毫不隐瞒这种矛盾，无论是对自己，还是对公众。有时，他会以热爱艺术或科学为由给自己辩护，有时也会请读者原谅自己。克里斯托弗·伊姆舍尔写道：“宣泄和懊悔奇怪地混合在一起……使奥杜邦，作为他自己人生脚本里的一个角色，几乎和他描绘的鸟儿们一样，令人难以忘怀。”[14]

但也许奥杜邦身上最大的矛盾在于，他成功地描绘了许多看似十分有活力且自然的鸟,用的却是他自己研发的在许多方面都十分机械的新方法。首先他会射下一只鸟，然后在其垂死之时用金属丝固定在一个格栅上。他的画布上会有和格栅同样大小的网格，这使他能够准确地描绘出鸟的身材比例，同时也能注意到它是如何动的。这种新方法使奥杜邦能够从不同寻常的角度清楚地表现鸟，从而揭示出原本通常隐而不现的羽毛纹样和其他特征。这有时会导致他让鸟摆出一些不可思议的扭曲姿势，但也使他呈现出来的鸟类活动比之前任何一个艺术家的都更多样。把浪漫愿景和机械方法结合在一起，这使奥杜邦在许多方面都成了典型的现代人。

他还找到了表现物种的新方法。他不会在一处风景里展现几个彼此割裂的个体，而是致力于表现戏剧性的场景。在一些场景里，他的描绘对象要么互斗，要么合作。它们可能是正在吃其他鸟的蛋的冠蓝鸦，或是正准备逃走时你看我、我看你的仓鸮，或是正保护其鸟巢不受蛇侵犯的嘲鸫，或是正在互相调情的长尾小鹦鹉，等等。

动物画的魅力多半来自画中动物的人性和兽性之间的张力，换言之就是我们对它们的认同感和它们的他异性之间的冲突。上文讨论过的法布里蒂乌斯的《金翅雀》就是一个很好的例子。奥杜邦笔下的鸟儿无疑也是如此，它们的活动和激情似乎既和人类的相差无几，又完全不可预知。

奥杜邦有幅插图描绘了响尾蛇攻击嘲鸫巢的情景。这就是一个很好的例子。这条蛇爬上了一棵树，它的嘴巴张得大大的，显得极具威胁性，但它的注意力不在鸟蛋上,而在围攻它的四只鸟中的一只上。这只鸟身体后仰以躲避蛇的攻击，但似乎并不十分害怕，它的喙张开，已做好了回击的准备。旁边还有一只鸟，它的喙就在蛇头的正后方，眼睛位于画面的正中央，直视着我们，看起来十分像人。就这一点而言，蛇的眼睛也是如此。左上方的那只嘲鸫张大了嘴，好像正在训斥蛇，而右上方的第四只也摆出了一副攻击的架势。[15]

博物学家们质疑此情此景是否真的发生过，就算真的发生过，也是极不寻常的。不过，虽然奥杜邦是在室内作画，但他在野外的时间比同时代的任何一个艺术家都要多，因此他可能目睹了一些不为人知的动物行为。人们特别容易和画里的嘲鸫共情，因为当时的人和它们面临着同样的危机。尤其是在美国西南部，人们的家，至少是房屋的花园，遭到响尾蛇的入侵，这种情

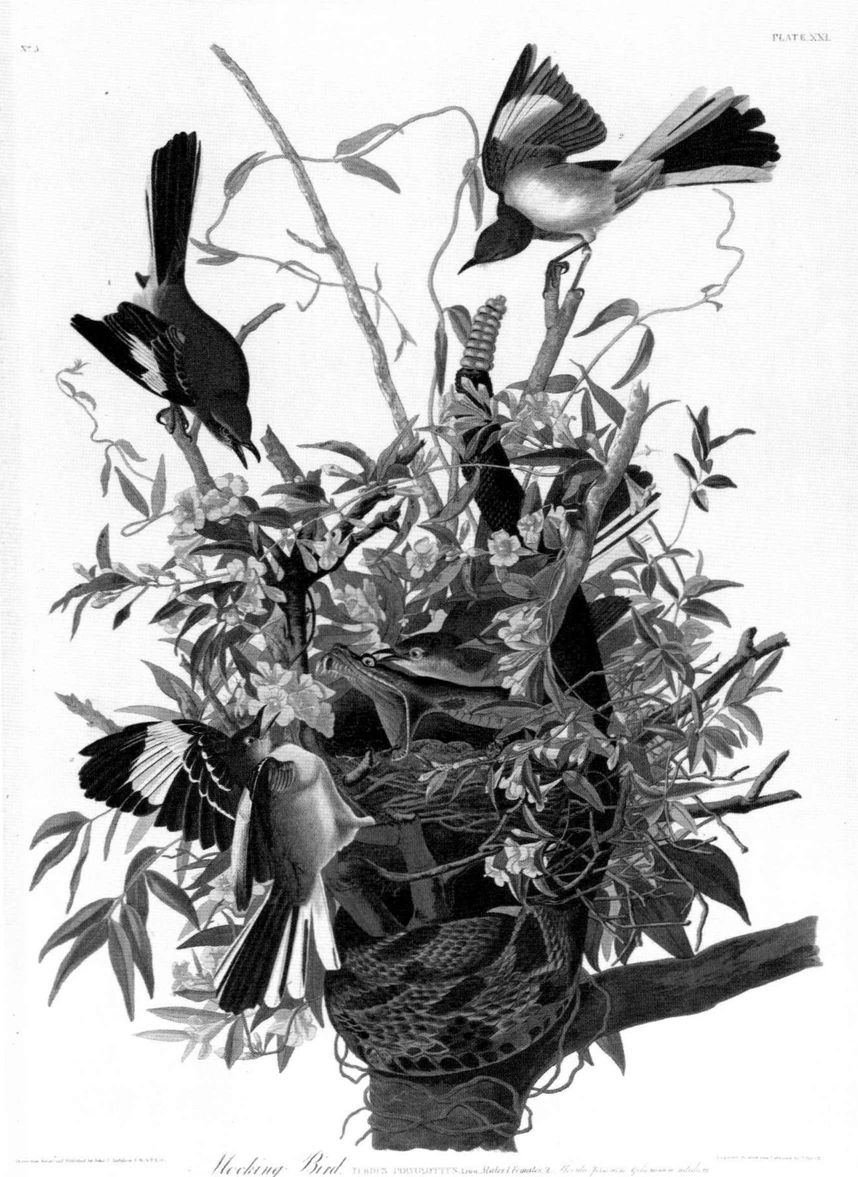

《小嘲鸫》，约翰 · 詹姆斯 · 奥杜邦，1827—1838 年，凹版腐蚀版画

况并不罕见，如今也偶有发生。夹在恐惧和斗争之间的这四只嘲鸫代表了遇到这种危机时不同的人所做出的不同反应。此外，这一幕还可能是从流行病肆虐到环境崩溃的任何一个世界末日级灾难的真实写照。

奥杜邦为鸟类插图规约的松绑做出了巨大贡献，但除此之外，他几乎没有留下什么别的遗产。在奥杜邦开始编绘《美洲鸟类》的时期，人们仍然轻率地相信新大陆拥有无穷无尽的自然资源，可以大规模地射杀鸟。奥杜邦继承了美洲就是“新伊甸园”的神话，这就是为什么他的画作中几乎没有人类居住的痕迹，连背景里也没有。19 世纪末，随着时间的推移，美国的边疆逐渐关闭，对开发的限制也愈发明显，因为许多鸟变少了。人们已经不再被允许，或者说不再可能像奥杜邦那样大量地射杀鸟，然后借助格栅画它们了。在他之后的艺术家没有一个人采用他的方法，而他本人后来也变得关心野生动植物的保护问题了。

现代主义

到了 19 世纪末 20 世纪初，鸟在美术作品和插图中的形象差别进一步扩大。艺术家对表现的本质提出了强烈的质疑，从而开创了一个空前绝后的大胆实验的时代。鸟在某些方面变得更重要了，但大画家们对科学地描绘鸟、对鸟进行分类几乎不感兴趣。人们在看奥迪隆・雷东、亨利・马蒂斯、乔治・布拉克、巴勃罗・毕加索和马克斯・恩斯特等艺术家画的鸟时，充其量能识别出它们的属，几乎无法认出是什么种。还有一些艺术家，比如康斯坦丁・布朗库西，描绘的鸟高度风格化到无法辨认的地步。他们对鸟类感兴趣主要是认为它们象征着超越，在他们眼中，林奈分类法是发挥创造力的绊脚石。

19 世纪末 20 世纪初，欧洲艺术家为了摆脱学院风格，会从之前被忽视的源泉中汲取灵感。保罗・高更受到了塔希提艺术的影响。布朗库西的童年是在罗马尼亚度过的，他学习并改进了在那里观察到的农民艺术家使用的技法。毕加索从非洲艺术中汲取灵感，而恩斯特、安德烈・布勒东和胡安・米罗等超现实主义艺术家从美洲原住民艺术中汲取灵感。[16] 现代主义艺术家对面具特别感兴趣，它们是美洲原住民艺术和非洲艺术的重要组成部分。这些面具

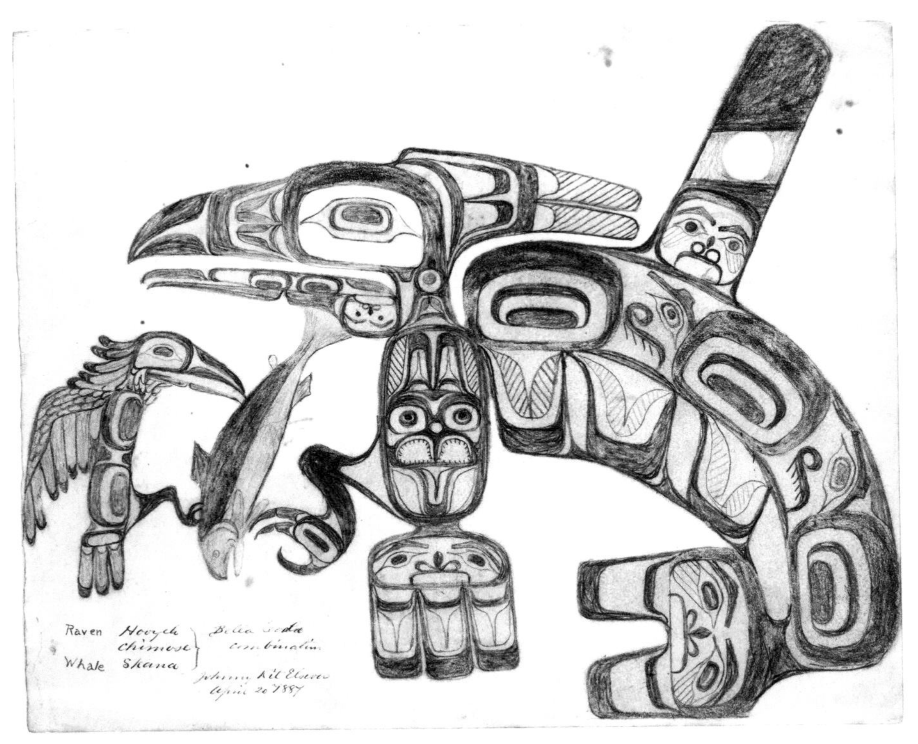

《渡鸦和鲸鱼》，约翰尼·基特·埃尔斯瓦（海达族文化），1881 年，铅笔画。
海达族的仪式性文身。在该图像中找到所有的脸可能是某种神圣的游戏

把人、鸟、陆生动物、海洋生物和神的特征融合在一起，戴着它们就能和灵界交流。它们最初被用在入会、占卜、治疗、狩猎等各种仪式中。总的来说，现代主义艺术家对这些仪式的理解非常肤浅，且他们志不在此，但这些仪式对固定身份的摒弃深深吸引着他们。

现代主义艺术家借用原住民的技法和图案，这无疑极具讽刺意味，因为面对殖民列强带来的巨大压力，原住民要守住他们的遗产十分艰难。欧洲艺术家追求的是从传统中解放出来，与此正好相反。他们和维多利亚时代的人持有同样的观点，认为原住民文化是“野蛮的”，但也认为它象征着荣誉。然而，欧洲艺术家和原住民艺术家都在不断地和迷惘感做斗争。在一个极度焦虑的时代，作为摆脱了压力、恐惧和烦恼的高度模糊的符号，鸟在艺术领域变得格外重要。

很少有艺术家像马克斯·恩斯特那样着了魔似的表达这种痛苦。他笔下

夸扣特尔族的舞者戴着仪式性的渡鸦面具在跳舞，
照片，爱德华·柯蒂斯摄于 1914 年

的鸟其实是人类。据他自己说，他童年就迷上了鸟。他的宠物凤头鹦鹉死去的同时，他的一个妹妹出生了。1920 年，恩斯特创造出一个怪物般的第二自我，给它取名“洛普洛普——鸟中至尊”，把它作为他的象征，有时也是他的代言人。[17] 他笔下的鸟很少有在飞的。它们虽然被困在地上，仍保有鸟的一些众所周知的自由，但模样却不符合社会常规。它们通常是长着鸟头的人。鸟头是某种“面具”，使它们可以自由地把人类的暴力幻想和古怪性幻想全都付诸实践。鸟的身份体现的是艺术家的疏离感，这和罪犯或其他局外人的感受并没有太大的区别。总之，对恩斯特来说，“人”的定义可能是“丧失了飞行能力的鸟”。

马克斯·恩斯特的拼贴画，出自《为期一周的仁慈》，1934 年

相比之下，同为超现实主义艺术家的勒内·马格利特几乎总是画正在飞翔的鸟儿。当恩斯特用极端夸张的戏码填满自己的画布时，马格利特完全不允许这样的戏剧性出现在自己的画布上。同时代的画家瞧不起流行文化的枯燥乏味。也许是预见了后现代主义的出现，马格利特拥抱枯燥乏味，但又越过它，找到了一个奇怪至极的现实。对大多数艺术家来说，一只填满天空的巨大鸽子是对圣灵的标准描绘。但马格利特勾勒出这样一只鸟的轮廓，在它的剪影里是飘着白云的蔚蓝天空，剪影外则是迫近的黑暗。通过把寻常图案以一种不寻常的方式重新排列，马格利特使它们看起来很怪诞，甚至很吓人。对恩斯特和马格利特来说，飞鸟是超越的象征。对恩斯特来说，这是当代生活缺失的东西，

《大家庭》，勒内·马格利特，1963年，布面油画

而马格利特则在日常生活的表层之下掘到了它。

不过，总的来说，对鸟类的描绘一如既往地处于我们所谓“艺术世界”的边界线上。出名的艺术家相对较少，相关艺术品的要价也不高。鸟类艺术家汲取了印象派、野兽派、抽象表现主义和后现代主义等运动发展出来的技法，但并不属于任何一场艺术运动。他们讨厌那些被称为“艺术术语”的高度抽象的社会哲学解释。他们拥有自己的网络，其中最重要的中心可能是威斯康星州沃索市的伍德森艺术博物馆，该馆自 1976 年以来每年都会举办主题为“艺术中的鸟类”的展览和大会。

因为聚焦于人的艺术一直都比较丰富，所以它必须不断应对可能性用尽的前景，这就产生了创新的需求。现在，艺术似乎大多需要有新技法、新媒介和新理论源源不断地注入。而鸟类艺术并无过时之虞，因此会显得相对保守一些。单看一件鸟类艺术品，通常很难或不可能说出它是哪个时期甚至哪个世纪的作品。

《蓝头鸦》，托尼·安吉尔，1975 年，刮拓版画。
20 世纪下半叶，鸟类艺术作为一个相当独立的流派出现了，
它把传统鸟类学插画和美术结合在一起。
这样创作出来的鸟虽然细节又多又准，但很可能还是比你在流行指南或科学著作里看到的更有个性

电影中的鸟

20 世纪，尽管人们对摄影技术进行了改进，但插图通常还是野生生物野外观察指南的首选，它们可以提供更常规、更易于辨识的图像。这类理想型一直只存在于“林奈的世界”里，在那里，它们实际上存在于时间之外。静态摄影通过使鸟各具特色而深刻影响了我们对鸟的看法，电影则把重点从个体的鸟转移到了它们的生存环境上。

从历史上看，摄影媒介的发展和许多动物的加速灭绝以及它们从我们的日常生活中消失是同时发生的。填补这一空白的是科幻小说、自然纪录片等文化作品里的大量动物。[18] 但鸟类一如既往地被认为属于一个与人类社会大体隔绝的国度。已经出现了几部关于狗狗的电影，比如《神犬莱西》，但很少有以鸟为主要关注对象的电影。

只有少数几部鸟类题材的电影已经找到了一些方法，充分利用这种鸟属于另一个世界的感觉，例如 1963 年阿尔弗雷德·希区柯克的《群鸟》。片中，在加利福尼亚州的一个海滨社区，鸟儿们突然开始攻击人类。恐怖电影的一种惯常手法是把代表纯真的形象（比如可爱的小孩）变成怪物来吓观众。《群鸟》是通过鸟来达到这个目的的，因为鸟常常象征着大自然的纯净。电影海报引用了希区柯克的原话，称之为“我拍过的最吓人的电影”。

一个较为新近的例子是华纳兄弟于 2010 年发行的《猫头鹰王国：守卫者传奇》（导演是扎克·施奈德）。里面的所有图像都是由计算机生成的，表明媒介技术正在日益成熟。它大体上还是一个“剑与魔法”[1] 的老套故事，只是其中所有角色都是不同种类的猫头鹰，而非人。这部电影是一个只字不提人或人类文明的人类奇幻故事，但是，它相当准确地展现了猫头鹰的身体结构。

一部将艺术和图解几乎完美结合的电影是法国制片公司 BAC Films 于 2001 年发行的《迁徙的鸟》（导演是雅克·贝汉）。它用尽可能少的解说词描绘了多种候鸟是如何迁徙到南半球，又是如何飞回来的，历数了它们一路上要面对的重重危险，比如暴风雨、猎人、猛禽和筋疲力竭。其中特别吓人的

1　剑与魔法（sword and sorcery）原是一种小说类型，又译为“剑侠小说”或“冒险和幻想小说”，讲述的是传奇历险故事。故事发生在幻想时空背景下，在那个世界里，科技只发展到利刃武器的水平，魔法非常重要。

希区柯克电影《群鸟》的海报，1963年

一幕发生在海滩上，一只翅膀受伤的鸟遭到一群螃蟹的攻击。影片以无声的凯旋作结，候鸟们重返家园，开始筑建或夺回它们自己的巢。它在讲故事时既没有把鸟拟人化，也没有感情用事，摄影机像是无所不知的叙述者。

但这个貌似最为自然主义的故事花招用尽，就为了掩盖人类一直在场的事实。这部电影花了 4 年多的时间才制作完成，共有 6 个团队、大约 500 个人参与。他们在各大洲之间来回跑，大约跑了 300 趟。电影的镜头从滑翔机、热气球、无人机、船只和摩托车上拍摄而来，都经过了精心的剪辑和拼接。在有些地方，翅膀的扑棱声里隐约可以听到人类喘气的声音。鸟是不会喘气的，但这种手法使观众代入了鸟的视角，产生了一种自己就是它的错觉。影片中许多场景的拍摄用的是野鸟，但也有一些用的是一出生就为这部电影受训的鸟。[19]

和绘画艺术相比，电影给予了创作者更大、更多的时空控制权。电影艺术家在表现场景时可以选择减慢或加快动作，从而决定时间的节奏。他们可以闪回到过去，也可以跳到未来。镜头可能推近或拉远，这甚至已经是常规操作了。在电影及其相关媒介里，时间不必是线性的，空间也不必是连续的。在这方面，它们把我们带回了前现代世界，甚至带回了前基督教世界。这些媒介让我们对时空有了一个有机整体观，这可能最终有助于我们理解鸟类是如何看待这个世界的。

12 花鸟与时间

樱桃树树中最娇，
日来正花压枝条，
林地内驰道夹立，
佳节近素衣似雪。

——A. E. 豪斯曼，《西罗普郡少年》

宋徽宗（1082—1135）不幸成了中国皇帝，但他同时也是画家、诗人、学者和音乐家。在他的《蜡梅山禽图》中，一株蜡梅挺立在右边，枝干向上伸展，弯曲成“S”形。上面有花蕾初绽，由此可知时值早春。一根粗壮的枝条往左边斜伸，枝头立着一对白头鹎。它们目不转睛地注视着左方，令观者不禁好奇它们到底在看什么，也许它们正提防着鹰。再往左一点，这根蜡梅枝一分为二。向上长的那根开出花来，朝地面弯下去的那根则光秃秃的。动物在野外不间断地面临着捕食者、食物稀缺等各种威胁，因此它们的生命总是那么岌岌可危。也许，这两只白头鹎面前的两根分枝分别代表了生与死的前景。

但是，朝下弯曲的那根树枝指向了宋徽宗所作的一首诗，体型较大的那只白头鹎的尾巴也指着它。该诗前两句描绘了两只白头鹎在蜡梅花的清香中怡然自得的样子，末两句则道：“已有丹青约，千秋指白头。”[1] 中国的题画诗并不总是直白地阐明画中深意，但这首诗可能含有一丝讽刺的意味。这个约定会被遵守吗？这两只鸟真的那么安逸自在吗？无论如何，这幅画和这首诗都是对生死的复杂思考。

作为帝王，宋徽宗对历史时间的思考比大多数人都要多。作为一个道教徒，他清心寡欲，淡泊名利。我既不是研究中国文化的学者，更不是什么皇帝，所以只能猜测：他生活在皇宫里，身边都是大臣、宦官、阿谀奉承之辈和妃嫔，这一切可能都让他十分恼火。宋徽宗本人悲惨的结局也为此画增添了几分悲凉：他在一次金人南下中被俘，生命的最后几年是在囚禁中度过的。人们看着这幅《蜡梅山禽图》，不禁怀疑宋徽宗对未来要发生的事是否已经有了某种不祥的预感。

《蜡梅山禽图》，宋徽宗，12 世纪早期，绢本设色

亚洲花鸟画

亚洲的花鸟画是对时间的思考，思考的不是时钟度量出来的时间，而是日复一日、年复一年人所经历的时间。通常，每幅画都会以一种鸟或一种花为主角，每种都会有一个或多个个体作为代表。花和鸟以截然不同的方式象征着短暂。和人类相比，它们的寿命都很短，但花的寿命以季计，而鸟的寿命以年计。从更广泛、更一般的意义上来理解，花鸟画是由仔细观察到的自然界的小插曲组成的。

鸟的生活受到季节周期的支配。许多鸟每年都要迁徙、返回、群聚、筑巢、长羽和换羽。但这些周期中没有一个是完全固定的，它们和植物的周期也并不完全同步，这些细微的变化会在花鸟画中呈现出来。如果花提前开放或者鸟推迟聚集而使它们同时出现，我们可以由此得知鸟甚至人的某些经历。如果花朵刚刚绽放或开始凋零，它可能代表着某个人生阶段。

植物不仅具有象征意义，还极具个性。梅、兰、竹、菊被称为中国画中的“四君子”。坚韧不拔的梅不仅开花开得早，而且花期可长达半年以上，甚至能在雪中怒放。兰纤弱冷傲，生于幽谷。竹遒劲挺拔，却谦逊高洁。菊积极乐观，因为它开花开得很晚，其他花都要凋谢了它才开。[2] 再如，樱花春天开，花期很短，象征着转瞬即逝的美，尤其在日本深受人们的喜爱。牵牛花也是如此，它朝开夕闭，就像一扇通往风流韵事的门。牡丹花开得也很早，品种繁多、形态各异、婀娜多姿，这使它成为高雅女性的象征。

鸟的象征意义同样既丰富又微妙。东方和西方一样，把迁徙归来的燕子视为春天的使者。鸳鸯象征着夫妻之间忠贞不渝的爱情。鹤也是，此外它还是长寿的象征。隼会直冲天际，于是把它与冉冉升起的太阳和新年联系在一起，这种联系在日本尤为常见。鹌鹑以好斗闻名，但也是出了名地能形成稳定、和睦的伴侣关系。喜鹊能给人带来喜悦，根据亚洲的一个传说，牛郎和织女被银河隔开，天各一方，每年都是喜鹊搭起一座桥，他俩才得以团聚。翠鸟因明亮的彩虹色羽毛而备受喜爱，它和比较艳丽的女性美联系在一起。孔雀象征着秋天的灿烂，那是一个树叶变色的季节。麻雀因叽叽喳喳叫个不停、活蹦乱跳和兴高采烈而引人注目。雉鸡象征皇室的奢华和精致。但是，鸟的象征意义离不开具体情境。一个人只查寓意清单是无法得知画中某种特定的鸟或花到底象征着什么的，只有结合艺术家描绘的特定环境进行思考，才会有所领悟。鸟就像人一样，是完全独立的个体。某些鸟和植物经常被配成一对，比如翠鸟和鸢尾花、孔雀和牡丹、鹤和松树。一个艺术家只要改动规约，哪怕只是轻微地改动，就会使一幅画的寓意发生微妙的变化。

在东亚和西方，对于高雅艺术和仅靠娴熟技巧的画作之间的差别，人们秉持的看法是相同的。要被认为是“艺术”，就需要具有一种超越装饰或实用目的的特殊的严肃性。[3]东亚文化中这种高尚的艺术观建立在佛教和道教的基础之上，而西方主要基于新柏拉图主义。这三种哲学都认为日常现象最终都不过是幻觉罢了，而且在这一点上，它们和现代科学不谋而合。

在西方传统中，被赋予“严肃艺术”地位的主要是历史、神话和宗教题材的作品。自大约 16 世纪以来，其范围部分扩大到了肖像画、风俗画、风景画和静物画。在东亚艺术中，风景和动物一直都是人们偏爱的题材，重大历史事件（比如战役）则不是。但是，在双方的传统中，高雅艺术都被认为应该透过有限的题材传达对永恒秩序的洞见。在西方，自文艺复兴以来，这通常意味着个人的愿景。因此，西方传统强调的是个人特质和技法创新。相比之下，在亚洲，人们倾向于把个人身份视为超越的障碍。在东亚的绘画艺术中，鸟长久以来一直是地位最高的主题之一。在西方早期绘画中，鸟通常不被视为一个非常有价值的艺术题材，特别是在没有任何明显的宗教或社会象征意义的情境下。

17 世纪末，一本题为《芥子园画谱》的中国绘画专著给出了鸟类各种姿势的画法，有些姿势古怪，有些则不落俗套，比如翻身倒垂、飞斗和浴波。[4]中国画在描绘鸟的运动时，笔触是如此流畅、自然，以至于近乎魔法，但这其实是几个世纪的研究和实验结果。早在公元后的头几个世纪里，中国就有关于如何画鸟和其他生物的画论。要想成为绘画大师，就必须使规则内化，内化到使它们基本上变成潜意识。

中国画的目的始终是表现生命力，这点和西洋画不同，所以他们不会把死鸟或被俘的鸟拿来当模特。尽管如此，他们还是十分关注各种鸟的羽毛和身体结构的细节。黄筌（约 903—965）是一名宫廷画师，在四川成都这座“西南大都会”里，他得以接触到许多不寻常的鸟类和植物。他的绢本设色画《写生珍禽图》描绘了 10 只鸟、2 只龟和 12 只昆虫。这些动物之间的互动几乎为零，而且这幅画是没有背景的。画它们的目的似乎主要就是记录其外观。事

《写生珍禽图》，黄筌，约 960 年，绢本设色

实上，单个地看这些鸟和其他动物几乎就像是在看 18、19 世纪西方鸟类学或动物学通俗读物里的插图。和欧洲早期的鸟类学插图一样，《写生珍禽图》里的鸟几乎全都是侧面图，只有左上方的一只在飞翔。它的翅膀对称张开，姿势不太自然，有点僵硬。

这幅画笔法细腻，色调含蓄，但鸟儿们却毫无动感可言。只有一个例外，就是右边那只姿势不对称的小麻雀。它的翅膀稍稍抬起，一边翅膀比另一边高一点，仿佛马上就要飞起来。它的喙微张，像是正在对着站在它身旁、个头比它稍大一点的麻雀唧唧叫。这是这幅画中唯一还有点故事性的场景。我的观感是，这只小麻雀可能是只雏鸟，它即将开始它的第一次飞行，正在寻求父母的指导。

中国画家总是专攻特定的题材，比如某种特定的鸟。他们为观察鸟类所付出的耐心是今天绝大多数人都无法企及的。崔白（约 1004—1080）在 1070 年画的《寒雀图》描绘了 9 只神态各异的麻雀在枯枝上、半空中嬉戏的情景。一只倒挂在枝头，一只背对着观众；还有一只直接看向画外，但它并没有面朝观众，而是朝下看，仿佛在提醒我们人类终归是微不足道的。这些鸟儿在对彼此叫唤，而不是对我们。它们快乐地迎接寒冬的到来，这至少让我联想

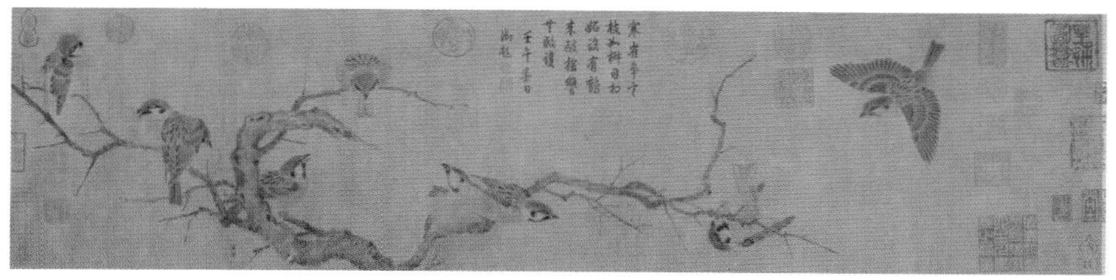

《寒雀图》，崔白，约1070年，绢本水墨

到道教的神仙画。

边寿民（1683—1752）专门画雁，他住在湖边就是为了能在大雁迁徙的路线上观察它们。他的《百雁图》作于18世纪早期，上面画了几十只高度个性化的雁，它们彼此之间以及与环境都有互动。有些在地面上忙个不停，比如梳理羽毛、觅食、休息和照顾雏鸟。有几只往高处飞去，有几只准备降落，还有几只正在空中飞翔。另外一些正要潜入湖中。它们的姿势两两不同，动作灵活流畅。[5]这些鸟并没有被描绘得格外拟人化，但把它们的活动合在一起而得出的全景表明它们可能代表着人类。

这幅画还显示出了记录的冲动。儒家学者以热爱秩序闻名，这就需要将从美德到能量的一切事物都列出清单。他们对鸟和其他动物都进行了详细的分类，但分类的依据与其说是生理特征，倒不如说是它们和人类的关系：可能基于实用性，例如根据马在战争中的用途对马进行分类；还可能根据动物在传说中扮演的角色或它们作为征兆的寓意进行分类。[6]宇宙秩序是由类比、平行、特征和对应构成的，它们共同组成了一个复杂的矩阵，分类就是在这个矩阵内放置事物的一种方法。

从17世纪起，许多亚洲艺术家开始受到西方动物学插图的影响，但他们的核心目的仍然不是科学地记录鸟的样貌。他们竭力暗示在物质现实之外还有一个精神现实，同时也表现颜色和姿态变化时的瞬息之美。他们描绘出来的形象和洞穴壁画里的有点类似，常常脱离背景，周围还大面积留白，这赋予了它们超凡脱俗的一面。[7]形状和颜色相互作用的方式在某种程度上和西方抽象艺术差不多。和埃及人不同，东亚人对鸟的描绘不是分析性的，因为鸟身体的各个部位并没有被单独检视。换言之，一只鸟不会以经过单独研究的头、翅膀、躯干和喙等部位排列组合的形式出现。相反，一整只鸟被画成了一个

《百雁图》，边寿民，18世纪初，绢本设色

单一的有机体。

然而，在一些东亚绘画作品和版画中，鸟儿们千姿百态，透视法的运用高超娴熟，令人很难相信它们竟是快照摄影技术诞生之前的作品。艺术家能够如此出色地捕捉到运动，是因为他们始终强调下笔要果断老练，这种画法很适合捕捉快速、多变的运动，比如鸟在飞行中改变方向。东亚艺术家被教导要相信自己的直觉，这使他们能够捕捉一闪而过的印象。画家在意识层面可能无法记下快速运动的鸟的轮廓，但他们让自己的潜意识接管，继续创作下去。[8]

日本版画家，特别是18世纪末和19世纪的浮世绘大师们，承袭了中国花鸟画的许多规约。约1791年，喜多川歌麿（1754—1806）出版了一系列中国风格的鸟类版画以诠释短诗。如果说中国禽鸟图中鸟的拟人化很微妙，那么喜多川歌麿的就明显多了，以至于到了鸟有时看起来就像是人类替身的地步。完成鸟类版画后，他转而去画妓女，如今他以后者最为出名。想想鸟和妓女之间的相似之处，也挺有意思的。画中的鸟和女人通常形单影只或是三三两

麻雀在公园里打斗。小鸟的动作通常又快又无法预测，以至于人类很难记录这些变化

《始终不渝又变幻无常的爱情》，喜多川歌麿，1790 年，木版画

两，有时若有所思，但往往是无忧无虑的。鸟的羽毛和女人的和服都很优雅、艳丽。最重要的是，她们都处于男性社会的边缘，近到足以反映社会，但又远到得以保留一些神秘感。

19 世纪初至中叶，歌川广重（1797—1858）创作了几百幅花鸟版画。他并非是为博物学家而作，但确保自己准确记录下了对象的外观，其品种几乎都能被识别出来。他的版画涉及几十种不同的鸟，有些还很罕见，有几种甚至不是日本本土的鸟类。根据亚洲美术传统，他的作品大多是写生而来，但他一定参考了博物学家的描述，至少核查了一下解剖学和颜色花纹的细节。由于歌川广重是用木版创作而不是笔绘，他不能照搬中国前辈的方法来达到自然的效果。然而，从不寻常的角度以动态的姿势去表现对象，就能增强直观性。尤其是在表现麻雀这样的小鸟时，歌川广重会突出表现它们的玩兴，这一特质是西方鸟类学艺术作品明显欠缺的。在他的不少版画中，恣意欢乐的鸟儿们与秋风萧瑟、冬雪飘零形成了鲜明的对比。他的版画很欢快，但透着一股忧郁。

在创作于 19 世纪 30 年代的《八重樱与小鸟》中，一只麻雀正凝视着一簇盛开的樱花。在麻雀脑后，有一些花苞，另外还有一些刚刚绽放的花朵。小鸟头顶上方的那根树枝上，花已经掉光了，仿佛在提醒人们韶华易

《八重樱与小鸟》，歌川广重，19 世纪 30 年代，木版画

《红腹灰雀和垂枝樱花》，葛饰北斋，1834 年，木版画

逝。[9]1852 年的《黄鸟与木芙蓉》[10] 描绘了一只日本绣眼鸟栖息在木芙蓉上。从含苞待放到完全盛开，花开放的四个阶段在这根花枝上都能找到。鸟儿正看着画面前景里一片大树叶的叶尖，叶尖已经由绿变黄了，这告诉我们冬天快来了。这只鸟就像一个第一次意识到“人固有一死”的孩子。

西方的现代鸟类插画家常常在不知不觉中就吸收了亚洲花鸟画的传统。[11] 17 世纪末 18 世纪初，欧洲刮起了一股“中国风”。设计师把东亚艺术（比如花鸟画）里的许多图案复制到了各种物品上，比如墙纸、瓷器、布料和家具。东亚的图案和风格无所不在，以至于人们很容易在潜移默化中受到它们的影响。欧洲人在 19 世纪中期发现了日本版画，到 1860 年，它们就已经非常流行了。[12] 它们对法国印象派画家（比如莫奈）和后印象派画家（比如凡·高）都产生了重大的影响。

歌川广重和跟他同时代的约翰·詹姆斯·奥杜邦可谓分别是当时东亚和西方最杰出的鸟类艺术家，两人之间的相似性也很惊人。在他们的那个时代，

《黄鸟与木芙蓉》，歌川广重，1852 年，木版画

约 1875 年，一位佚名日本艺术家所作的木版画，描绘奥杜邦发现自己的作品被老鼠吃掉了的情景。长期以来，奥杜邦一直深受日本人的喜爱。图中，他被描绘成具有亚洲人的面貌特征的样子

有人已经开始用早期相机了,尽管这种相机只有极慢的快门速度。他们都专攻版画，而不是绘画。两人尽管都得到了专业上的认可，但大部分时候都生活拮据。他们都偏爱大胆、不对称的构图和鲜艳明亮的颜色。他们更喜欢表现摆出不寻常的动态姿势的鸟。最后，两人都力图把系统记录、流行魅力、艺术抱负结合在一起。

但这些相似性同时也凸显了两人之间深刻的差异性，奥杜邦同其他日本及中国艺术家之间也是如此，尤其是在时间观上。和奥杜邦不同，歌川广重不断地提醒我们世事无常、生命短暂，和其他日本以及中国艺术家一样，他重视能表现四季变化的图案，比如树叶枯萎变黄和花瓣飘落。这些在奥杜邦的作品里相对不常见，但也不是完全没有。歌川广重通常不仅会告诉我们他所描绘的季节，而且会具体到某个时段，例如是夏初还是夏末。在奥杜邦的作品里，他没有特别倾向于哪个季节，但通常会描绘夏天或冬天，偶尔也有春天。对东亚艺术家来说，秋天是最悲伤的季节，草木凋零，寒风萧瑟，但秋天很少是奥杜邦的鸟类图画的背景。

也许奥杜邦想象不出他描绘对象的未来生活会是什么样子，仅仅因为它们根本没有未来，它们都是被他射下来的死鸟。奥杜邦画的是一个神话——美洲是一个物产丰富，各种自然资源都取之不尽、用之不竭的新世界。他在一个迷恋新事物的文化中作画，在这个文化里，过去被抹杀，而未来只是想象中的一个模糊身影。奥杜邦插图里无与伦比的活力正反映出美洲蛮荒之地所孕育出来的冒险精神和浪漫气质。但是，他尽管对表现捕食行为毫无顾忌，却几乎从来没有描绘过恶劣天气威胁鸟类生存的情景。

蜂鸟

在西方，花鸟图案变得重要起来最早是在有蜂鸟插图的鸟类学艺术作品里。在野外，蜂鸟是和花朵联系最紧密的鸟类，它们主要以花蜜为食，会把喙深深地插入花朵吸食。它们是最小的鸟，非常活泼好动，似乎永不停歇。设想一下，假如蜂鸟是东亚本土鸟类，那么东亚的传统艺术家会如何描绘它们呢？在许多方面，蜂鸟都是我们概念中的“鸟类”的缩影。至少在大众的想象中，飞行是鸟的决定性特征，而蜂鸟是飞行大师。它们不仅能朝前飞、倒着飞，而且朝任何一个方向都能飞，还能在半空中悬停很久。但前现代的亚洲艺术家们即使有所耳闻，也只是隐约知道蜂鸟的存在，因为蜂鸟是美洲独有的鸟类。

在阿兹特克人的宗教中，蜂鸟代表了威齐洛波契特里——太阳神兼战神。阿兹特克战士的头饰、披风和盾牌上都装饰着蜂鸟的羽毛。蜂鸟和战斗联系在一起是因为它们凶猛好斗，也因为它们在空中机动性很强，动作灵活敏捷。

《红喉北蜂鸟雄鸟与雌鸟》，朱塞佩·帕齐，1763年，版画。在这幅年代很早的蜂鸟画里，艺术家认为最接近蜂鸟的是蝴蝶，如图中右边所示。事实上，蝴蝶有时就被称作“蜂鸟”

它们通常独居，经常为了争夺花蜜而大打出手。阿兹特克人认为战死的人下辈子可能会重生成蜂鸟。玛雅人和阿兹特克人的画作常把人类和蜂鸟的特征融合在一起，因此可能很难确定一个图案主要代表的是神、鸟，还是穿着特殊服装的战士。[13]

19 世纪早期，出于记录蜂鸟的需要，花鸟图案在西方绘画艺术里变得重要了起来。1832 年，法国医生勒内·普里梅韦勒·莱松出版了《蜂鸟》，记录了他在环游世界途中看见的各种蜂鸟。[14] 其中有众多鸟类艺术家绘制的精美优雅的插图，但他们笔下的鸟只是停在树枝上，一动不动，略显僵硬，没有一只在飞翔。到目前为止，关于蜂鸟最宏伟的巨著当属《蜂鸟科专论》，由约翰·古尔德于 1849 年至 1887 年间编纂而成，一共出版了 6 卷。许多杰出的艺术家都给它画了插图，比如约瑟夫·沃尔夫、爱德华·利尔、伊丽莎白·古尔德和亨利·里克特。其中有许多图画都试图通过使用清漆和透明的油画颜料呈现蜂鸟身上那时隐时现、变幻莫测的彩虹色。这些插图在其他方面也有所创新。在某种程度上，这些作品接近于奥杜邦的，每页插图不只有一只鸟，而是有好几只，这就从多个角度记录了蜂鸟的外观。这些鸟不是没精打采地呆呆站着，置身于符号化的风景之中，而是在飞翔、盘旋、栖息，周遭还有原产于它们栖息地的花卉。

古尔德的蜂鸟平版版画非常漂亮，在解剖学上也很准确，故如今仍然备受重视，但在某种意义上，它们展示的只是一种幻想。其绘制不是基于对活鸟的观察，而是基于古尔德收藏的大量蜂鸟毛皮。古尔德本人甚至从未见过一只活的蜂鸟，直到项目启动了好一段时间后，他才去费城的一家植物园里观察了一只蜂鸟。[15] 他版画里的蜂鸟完全没有表现出令阿兹特克人着迷的攻击性。画里的场景似乎属于一个天堂般美好的亘古不变的世界。古尔德及其同事很可能受到了亚洲花鸟画的影响，至少潜意识里受到了，但其作品中不存在它们的哲学维度。

蜂鸟在 19 世纪中叶前后维多利亚时代的英格兰红极一时。蜂鸟标本被放在镀金的陈列柜里，被镶在帽子上，甚至被当成耳坠佩戴。蜂鸟很小，闪耀着彩虹的光芒，这让 19 世纪的人联想到了小精灵。正如人们从未见过小精灵，他们也从未见过活的蜂鸟，这无疑给它们增添了几分浪漫的气息。

《蓝胸蜂鸟》，亨利·C.里克特和约翰·古尔德合作绘制，19 世纪 60 年代，手工上色的平版版画

《剪尾蜂鸟》，水彩版画，出自威廉·渣甸的《博物学家文库》(1834)。
图中这只鸟画得很精细，但就和当时画作中几乎所有的蜂鸟一样，看起来好像一动也不动

飞翔

即使是奥杜邦和古尔德，也会觉得飞鸟很难画。19 世纪末，研究者们开始使用摄影新技术来考察动物的快速运动。他们的争论主要集中在被称为“飞腾马”（flying gallop）的姿态上，即马在奔跑时四腿伸直，同时离地，仿佛飞了起来，马蹄要么朝前，要么朝后。几个世纪以来，人们基本上都这么画奔跑的马。19 世纪 80 年代末，英裔美国人、摄影师埃德沃德·迈布里奇最终解决了这个问题。他用当时最先进的照相机给运动中的动物拍摄了一连串照片。这些照片显示马在疾驰时实际上并没有飞离地面。[16] 历史上几乎所有的艺术家，从中国唐朝的雕塑家到意大利文艺复兴时期的皮萨内洛、达·芬奇，都误解了马的运动。

然而，史前洞穴壁画在这方面的准确度竟是最高的，[17] 这表明，虽然瞬间

变换的姿态难以用肉眼捕捉，但通过耐心的重复观察，事实上可以绘制出真实的情况。鸟没有引发像飞马这样简单明了的争议，但人们对它们的运动情况也知之甚少，不能确定的事太多了。然而结果表明，它们在一连串照片里的姿态和一千多年前中国艺术家们描绘的并无二致。

飞行中的凤头鹦鹉的一系列快照，埃德沃德·迈布里奇摄于美国，19世纪后期

不过，即使是照片也并不总能捕捉到鸟在飞行时的流畅动作。一本教艺术家画鸟的当代书籍建议艺术家从长期观察开始，并补充道："人眼看到的和高速摄影机看到的不同，人脑总是在解读它接收到的图像。你画出来的东西要想令人信服，应该用心地从现实出发，而不是把照片当成研究鸟的基础。"[18] 中国、朝鲜半岛和日本的花鸟画在描绘鸟类运动方面可能是首屈一指的。那里的艺术家们意识到了鸟并不是扇扇翅膀就能飞起来的，而是需要身体各个部分协调配合，尤其是在起飞、降落和改变方向时。翅膀展开或放松都会改变鸟的形状，它们柔软的身体似乎总在不断变形，尤其是体型稍小的鸟类，它们几乎永远处于运动状态，在人类面前通常很害羞。

人类并不依靠感知直接记录事物，而是要经过大脑编辑和简化，从而使认识连贯、有条理。就像大脑把双眼看到的影像整合成一个图像，或把一条胶片上的多帧合成一个动作一样，它也可以把各个角度的飞鸟综合起来，使之成为一个完整的图像。蜂鸟通常每秒拍动翅膀超过 50 次，最高速度可达这一速度的两倍多，这太快了，以至于人眼根本看不清楚。即使对最具创造力的艺术家来说，要把它画下来也是一项挑战。那么，只是将蜂鸟向两侧伸展开来的双翼清晰地勾勒出来就算是"写实"吗？不，这依然表明模特是一只死鸟，而不是活鸟。

如果古尔德及其合作的艺术家以活的蜂鸟为模特并如实地描绘它们，他

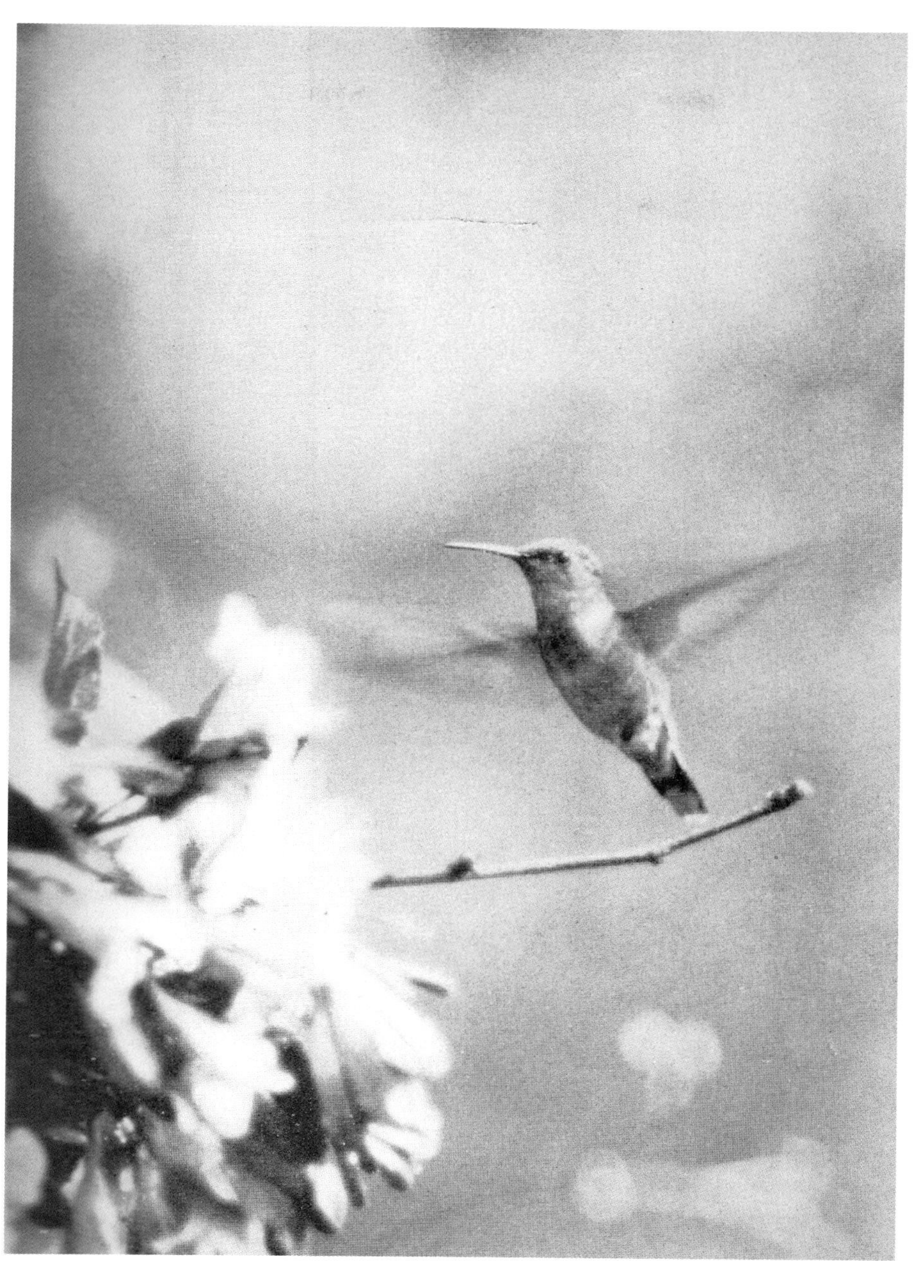

飞翔的红喉北蜂鸟，照片，玛格丽特·L.博丁摄于20世纪30年代。
这很可能是用当时最先进的照相机拍摄的，但翅膀的部分仍然模糊不清

《西番莲花和蜂鸟》，马丁·约翰逊·赫德，1865 年，布面油画。
画家把蜂鸟浪漫化，使它们看上去就像是一对在美国边疆建设家园的移民夫妻。
景色实际上是巴西雨林之景，却如同“老西部”一样“狂野”

们在艺术上会有更大的创新。他们原本很有希望发展出印象派、未来派和立体派的绘画技法。然而现实是，他们笔下的蜂鸟大多张开双翅呈一个平面，有点像展翅滑翔的鸥。这使插图看起来几乎是静态的，尽管描绘的对象是近乎疯狂运动中的鸟儿。

连迈布里奇也无法揭示蜂鸟飞行的秘密，因为在他那个时代，照相机的快门速度还不够快。直到 21 世纪，科学家们才利用最先进的成像技术解开了蜂鸟的飞行之谜。原来，它们不是上下拍打翅膀，而是以“8”字形旋转翅膀，这样一来，无论翅膀是向上还是向下挥动，它们都能获得升力，在空中悬停或即时改变方向时也是如此。[19]

迷雾与镜子

我以一个例子结束本章，该事例说明了花鸟画是如何化解来自新媒介的挑战，又是如何在此过程中变得越来越重要的。在迈布里奇发布他具有开创性的动物运动快照之前数年，柴田是真在两幅卷轴上用墨和水彩颜料画下了《凝视自己在瀑布上的映象的鹰》。该画朴实无华，却让人回味无穷。在左边那幅上，鹰妈妈站在悬崖边，旁边站着它的一只雏鸟。右边那幅的最上面是悬崖峭壁，画家用零星几笔就勾勒出了从悬崖上飞泻而下的瀑布，画面上大片留白，鹰妈妈的头和肩隐现在瀑布上。鹰妈妈和小鹰正凝视它在瀑布中的映象。[20]

瀑布飞流直下，在流速如此快的水面上，人类能看见自己映在上面的脸庞吗？也许不能，但鹰的视力比我们好太多了。鹰妈妈和小鹰是否能意识到水幕上的面孔只是镜像，而非入侵者？也许不能，因为小鹰看起来吓坏了，鹰妈妈则是一副保护者的姿态。小鹰张开翅膀，仿佛马上就要纵身跃下悬崖，尝试首飞。瀑布象征时间，脸庞代表自我。在佛教徒看来，这两者的恒定性可能都只是一种错觉。瀑布的表面就像一幅挂轴，所以这幅画本身也是映象，在某种意义上，还是对艺术本质的思考。瀑布上的映象还可以象征摄影。柴田是真一定对这项新兴技术有所耳闻，那时它已经经过了几十年的不断改进。和早期用快门速度极慢的相机拍出来的照片一样，瀑布里的映象也无法记录任何运动中的事物。假如鹰妈妈动动脑袋，哪怕只是微微动一下，瀑布上的那个影子也许就会消失得无影无踪。

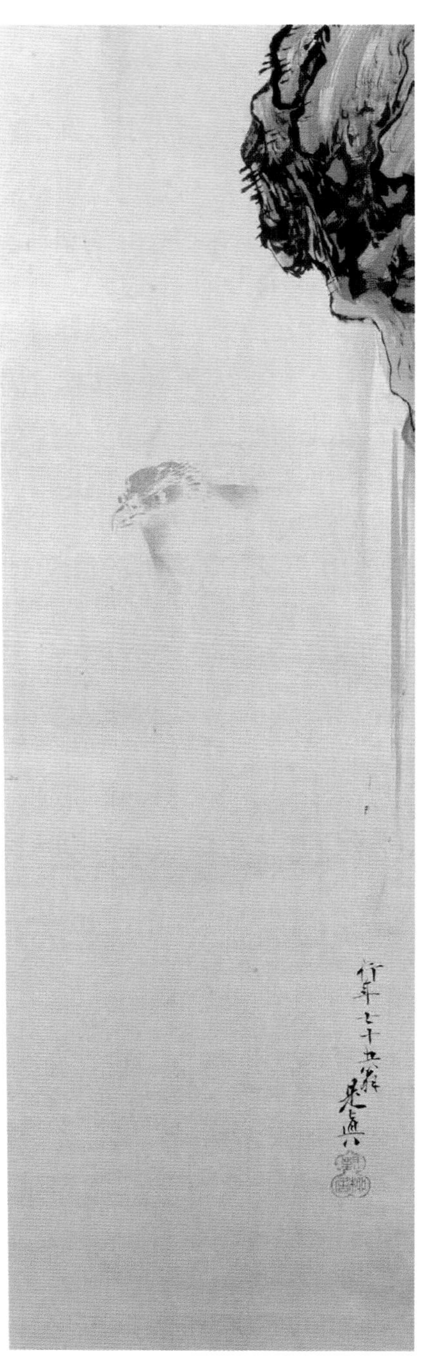

《凝视自己在瀑布上的映象的鹰》，柴田是真，1870 年，绢本设色

13　夜莺与玫瑰

你现在就要走了吗？天亮还有一会儿呢。
那刺进你惊恐的耳膜中的，
不是云雀，是夜莺的声音；
它每天晚上在那边石榴树上歌唱。
相信我，爱人，那是夜莺的歌声。

——威廉·莎士比亚，《罗密欧与朱丽叶》，第三幕第五场[1]

当英国大提琴家比阿特丽斯·哈里森在萨里郡奥克斯特德附近她家的花园里开始练琴的时候，一只鸟儿跟着唱了起来。她立即认出那是一只夜莺，于是她俩即兴合作了一曲。在同样的事发生了好几次后，1924 年 5 月，BBC 录下了她和夜莺一起演绎的《伦敦德里小调》并在英国各地广播。这事立即引起了轰动，这场“音乐会”被重演了很多次。在接下来的 12 年里，每年春天她们的合作都会被录制下来。对许多人来说——其中就包括 BBC 的总经理约翰·里思——这曲调不仅仅是音乐，不仅仅是绝妙的音乐，而是一种原始的寂静。比阿特丽斯最终搬了家，而 BBC 继续播放着没有她伴奏的夜莺的歌声。[1]

身为艺术家的夜莺

没有人会怀疑比阿特丽斯的艺术家身份。问题是，给她伴唱的那些夜莺也是艺术家吗？根据传统，艺术的一个特征是没有明显的实用性。鸟的叫声（call）接近于人类的语言，往往有特定的目的，比如发出捕食者靠近的警告。相比之下，鸟的歌声（song）不一定有明确的目的。一般来说，歌声标记领地并表示自己有意保卫领地，此外雄鸟还用它来吸引雌鸟。

但这些解释所引发的问题和它们回答的一样多。面对如此多元化的目标，为什么要使用单一信号？人们对特定的歌抱着很高的期待，认为它们应该发

1　译文引自《莎士比亚全集》第四卷，朱生豪译，北京：人民文学出版社，1994 年。

比阿特丽斯·哈里森展示她和夜莺合奏音乐会的纪念品，照片，约1920年

挥更大的作用。而且，当这些目的都被排除的时候，鸟儿常常还在唱。有时，为了歌唱，鸣禽甚至不惜把自己的位置暴露给捕食者，承担不必要的风险。即使上述三个目的可以解释鸟类为何歌唱，也仍然无法解释鸟曲的广度和多样性，亦无法解释这些曲调为什么吸引人。莫非这是一种跨越物种的艺术本能？

在某种程度上，鸟的歌声和人类音乐是共同进化的。早期现代，在玻璃窗普及之前，许多人，很可能是大多数人，都是每晚听着夜莺、鸫或其他鸟的歌声入眠的。歌剧演唱家的颤音很难学，听起来更接近于鸟的歌声，而不是人话。维瓦尔第、莫扎特、贝多芬等作曲家都在自己的作品中融入了模仿鸟鸣的曲调，其中用鸟鸣用得最多的莫过于奥利维尔·梅西安了。[2] 许多鸟会模拟环境的声音（比如人声），将之融入它们的歌声。它们很容易就能学会人类音乐的主旋律，还会把它教给另一只鸟。然而，人类的曲子是以线性的方式向前推进的，夜莺或嘲鸫的歌声则没有开头、中间和结尾。

《夜莺》，出自康拉德·格斯纳的《动物史》（德语版，1667）

夜莺的歌声不仅出了名地美妙动人，其情感和心智的复杂度也尽人皆知。有些段落听起来悦耳，但并不太依赖优雅的转调，这点和人类音乐有所不同。大卫·罗滕伯格称夜莺的歌声“很奇怪，细碎急促，只有当你不把它视为一种音乐时，它才是音乐”。[3] 在古希腊罗马传统中，人们把夜莺视为女性，认为她们是在讲述普洛克涅（或者在后来的版本里，是她的妹妹菲洛墨拉）的悲惨故事，她们的歌声中有间隙、中断和声调变化，就像是古希腊悲剧中的一场，主角讲述自己可怕遭遇和合唱队对她表示同情的戏码轮流上演。它既有刺耳的段落，又有悦耳的段落，前者可能意味着内容过于恐怖，以至于无法说出口。

自古以来，人们都因夜莺歌声优美而把它们养在笼中。老普林尼记载，在古罗马，它们能卖到跟奴隶一样的价钱。[4] 在早期现代，随着富人建造的宅邸越来越豪华精美，笼养夜莺成了一种给自家增添大自然元素的做法。珀西·比希·雪莱在《为诗辩护》中写道："诗人是一只夜莺，栖息在黑暗中，用美妙的歌喉唱歌来慰藉自己的寂寞。"[5] 把夜莺称为出色的歌者成了标准的诗歌用语。

当人们意识到许多鸟都会互相学唱歌时，鸟中善歌者就被派去教其他鸟唱歌。儒勒·米什莱介绍了俄国的一家夜莺歌唱学校：

> 沙龙中央吊着一个笼子，里面就是歌唱大师。学生们围在它周围，各自有各自的笼子。鸟主人要想把他的鸟送到这里来上课，就得交一笔不小的学费。在大师开讲前，学生们七嘴八舌地说个不停，互相打招呼，彼此认识一下。但只听老师一声令下，全场立刻鸦雀无声。老师中气十足，声如洪钟，叫声里带有一种专横的口吻。只见学生们个个毕恭毕敬地聆听老师的教诲，接着又怯生生地把曲调重复一遍。大师听完，十分得意地回到主要段落，温柔地一一纠正学生们的错误。[6]

这个场景就像某种理想化的大学课堂，非常强调训练技巧，基本不重视培养自发性。

米什莱非常清楚家养鸟不得不牺牲的自由。他写道："这翅膀的声音、激情的声音、天使般的声音，源自一种高人一等的紧张生活，源自一种漂泊不定的流动状态。它们的声音唤起了最终还是会循规蹈矩的浪子们心中最宁静的思绪，激励他们追求自由，去实现自己最璀璨的梦想。"[7] 然而，作为一名自然观察家，米什莱也很清楚鸟和其他动物能从圈养中受益。圈养可以保护它们不受捕食者和恶劣天气的伤害，还使它们得到稳定的食物供应，摆脱不断挣扎求生的命运。

弊是否大于利？米什莱没说，三言两语也是无法说清楚的。它取决于鸟类个体，以及当前野外和家养的条件，但米什莱认为内心冲突给夜莺的歌声增加了一个维度。夜莺一度和玫瑰或孔雀一样是美的载体，由此却变成了美的创造者。

米什莱把夜莺视作浪漫艺术家的缩影，他们情绪化、容易激动、天真、胆小、孤僻，往往很虚荣，但心地终究还是善良的。他想的甚至可能就是济慈和雪莱。当时的欧洲文化主要关注的是自由理念以及自然和社会的差别。米什莱正是在夜莺的歌声中找到了这些主题："只有在自由中诞生的夜莺才是真正的夜莺，它们的价值与生于笼中之鸟的价值完全不同：它们唱得很不一样，因为它们尝过自由的滋味，见识过大自然，才会因失去自由和自然而惆怅不已。伟大艺术家的天赋中有一大半来自苦难。"[8] 对米什莱而言，也许没有鸟比夜莺更能理解人与大自然的疏离，以及随之而来的特权和悲伤了。

生与死

在伊斯兰教，特别是苏菲派的传统中，歌唱的夜莺喻指男性。他的歌声是对以玫瑰为象征的遥不可及的欲望对象的倾诉和哀叹。玫瑰种在贵族花园里，需要精心培育，而夜莺生活在森林里。玫瑰耀眼夺目，夜莺则灰扑扑的，唯一打动人的只有它的歌声。这使玫瑰成了出身卑微的小伙子梦寐以求的公主。在一个波斯传说里，夜莺为了减轻单相思的痛苦而把胸脯抵在一根刺上，最终失血而死。[9]

夜莺渴望玫瑰的主题常常出现在阿塔尔、鲁米、哈菲兹等许多苏菲派诗人的作品里。它通常象征世俗爱恋的虚荣心，但也能使人联想到忠贞的美德甚或灵魂对神的渴望。在一首被认为是 11 世纪波斯数学家欧玛尔·哈亚姆所作的诗中，它是短暂易逝的象征，该诗在 19 世纪中叶由爱德华·菲茨杰拉德译成英文：

可是春天啊，竟随同玫瑰消亡！
芬香的青春手稿呀，也得合上！
夜莺啊，曾在树枝间娇啼曼唱，
谁知道它来自哪里，飞向何方！[10]

18 世纪后期，哈菲兹等波斯诗人的诗被译成英文，成了"东方主义"热潮的一部分。它们主要因异国情调和神秘感而备受欣赏，但夜莺与玫瑰的寓言

彩绘的夜莺和玫瑰，伊朗伊斯法罕八重天宫的壁画，1669 年

也因此为讲英语的民众所熟悉。[11] 西方文学也常常提及夜莺（比如乔叟、斯宾塞和莎士比亚等），它和这一悠久传统融合在了一起。在西方传统中，夜莺有时是某种殉道者，尽管更多是为艺术，而不是为爱。13 世纪，意大利人圣文德记载，当夜莺快要死的时候，它会在黎明前停落在一棵树上，开始歌唱。它的歌声随着太阳的升起越来越响亮欢快，直至中午，它会因精疲力竭而亡。[12]

19 世纪，在对浪漫主义艺术家的狂热崇拜中，夜莺作为最杰出歌者的名望达到了顶点。在《夜莺颂》里，对济慈来说，夜莺之歌绝非尘世的欢乐颂。诗人听到但没有看到一只夜莺，于是试图想象自己跟着它穿过幻想中的草地和树林。诗歌末尾，当他再也听不到夜莺的叫声时，周围如同死一般沉寂，于是他不禁发问："我是睡是醒？"夜莺之歌代表生命，然而它的歌声却是毫无人情味的，可谓是某种"天体音乐"[1]：

永生的鸟呵，你不会死去！
饥饿的世代无法将你蹂躏；
今夜，我偶然听到的歌曲，
曾使古代的帝王和村夫喜悦；
或许这同样的歌也曾激荡
露丝忧郁的心，使她不禁落泪，
站在异邦的谷田里想着家；

1　天体音乐，古代希腊神话认为天体在运行中发出的一种凡人听不见的音乐。

就是这声音常常
在失掉了的仙域里引动窗扉：
一个美女望着大海险恶的浪花。[13]

诗人并不知道夜莺是不会边飞边唱的。他可能错误地认为,夜莺的歌声发生变化，部分是因为随着地形的改变，距离、方向和传声效果都发生了变化。更为重要的是，济慈没意识到夜莺唱歌主要靠习得，故其歌声是变动不居的，且极具个性。该诗的写作时间比达尔文《物种起源》（1859）的出版早了大约40 年，所以济慈不知道夜莺会进化，它们的歌声也会进化，而且还会伴有明显的地域差异。因此,《圣经》里的露丝、罗马皇帝听到的和济慈听到的几乎不可能是同一首歌。

该诗尽管犯了一些时代错误和鸟类学错误，但还是很感人的一首诗，不仅能引起读者的情感共鸣，而且本身就是一份个人遗嘱。济慈患有肺结核，写这

《夜莺和玫瑰》，J.J. 格朗维尔，19 世纪 40 年代，版画

首诗时已经病入膏肓，两年后便离世了。他在夜莺的歌声里找到了完美，而人类的生命是如此短暂、脆弱，这令他很沮丧，但最终夜莺还是带给了他些许慰藉。它没有表示同情，只是保证说，生活如同它的歌一样，在它走后仍会继续。无论是有意为之还是无心插柳，济慈的这首诗都让人联想到苏菲派传统中的那则古老寓言，但里面的角色完全颠倒了过来。诗人成了玫瑰，被困在地上，夜莺则成了远在天边的令人渴慕的对象。

安徒生的童话故事《夜莺》发生在一位中国皇帝的宫殿里，宫里的一切都是陶瓷制成的，甚至连花朵也是。皇帝在一本书里读到，本国最大的奇迹乃是一只夜莺的歌声，但他对此一无所知。他问遍群臣，大家也都闻所未闻。最后，内侍问到了一个在御膳房工作的小姑娘，她跟那只夜莺很熟，于是带着侍臣们找到了它。他们请这只能说人话的鸟进宫，它同意了。夜莺在皇帝面前一展歌喉，它的歌声深深地打动了皇帝。它谢绝了所有的物质奖励，但答应留下来。它被关在一个笼子里，只允许白天出来两次、夜晚出来一次。每个人都在谈论夜莺，甚至模仿它的叫声。

接下来有一天，一只人造的机械夜莺被献给了皇帝。它上面镶满了珍贵的宝石，虽然只会唱一首曲子，但比真夜莺漂亮多了。宫里的人把注意力都转移到了新来的那只夜莺身上，于是真夜莺从窗户飞走了。后来，机械夜莺出了故障，皇帝则病入膏肓。这时，原来的那只夜莺又飞了回来，停在皇帝的窗口，唱歌给他听，使他恢复了健康。它同意每晚都唱歌给皇帝听，条件是他不能跟别人透露它的存在。[14]总之，这其实是两只鸣禽的故事：一只是象征生命的生物夜莺，另一只是象征死亡的机械夜莺。它们争夺的其实是皇帝的灵魂。这位皇帝除了地位尊贵，其余和普通人无异。安徒生不喜欢描写矛盾或复杂的心理，他笔下的角色和《伊索寓言》里的一样，是一维的，只在跟其他角色的互动中才显得有趣些。但这两只鸟是传说中夜莺这一母题衍生的两个方面，与生命的源头和尽头密切相关。

故事的背景设定在中国，这全凭作者的想象，里面对中国人物的漫画式描写如今会被认为是种族歧视，但该故事明显是在讽刺欧洲的宫廷。欧洲的宫廷里充斥着各种人造景观、繁文缛节和佞臣奸臣，始终弥漫着对自然和自由的渴望，以至于玛丽・安托瓦内特和她的同伴们要假扮牧羊女和挤奶女工取乐。

科学知识和技术是一种权力。君主和贵族试图把科学、工艺和自然融为一体创造出奇迹来攫取这种权力，比如把黄金制成镶有宝石的星盘。其中最重要的奇珍异物是齿轮构造极其复杂的小机器人，它们可以执行迎接访客、画画和演奏音乐等多项任务。发明它们的目的不仅是引发赞叹，也是探索人类、其他物种以及无生命物质之间的界限。笛卡尔在他的《沉思录》中曾担心他在大街上看到的所有人可能都是机器人。[15] 在恩斯特·西奥多·阿玛迪斯·霍夫曼的《睡魔[1]》里，一个小伙子疯狂地爱上了一个女孩，结果女孩竟然是一个机器人。[16] 如今随着人工智能的兴起而出现的傲慢、兴奋和恐惧事实上早就存在。安徒生故事里的人造夜莺的灵感可能源于拜占庭皇宫里的机械鸟。[17]

对于像奥斯卡·王尔德这样的19世纪后期新浪漫主义者来说，要像安徒生或济慈那样直接地描写爱情并非易事。对早期浪漫主义者而言，受单恋之苦是件值得骄傲的事，但后来这却更多地成了隐藏在层层讽刺之下的令人难堪的事。王尔德的同性恋身份使这个问题变得更为复杂。当时，同性恋行为在很大程度上已为艺术圈所接受，却仍是非法的。王尔德致力于实现他的浪漫主义理想，但依然怀疑这些理想能否在他所处的社会里实现，甚至只是被理解。

安徒生童话里的那只活夜莺不仅能说人话，甚至俨然成了人类社会地地道道的一员。在王尔德的童话《夜莺与玫瑰》里，夜莺不会说话，但能听懂（确切点说，是误解）人话。换言之，它位于人类世界的最边缘，和浪漫主义者一样感到与社会格格不入，这种疏离感被浪漫主义者视为艺术行业的一部分。

王尔德显然和这只夜莺有共鸣，他把它描绘成女性。故事开头，一个青年学生哭泣道，一个姑娘说如果他送她一朵红玫瑰，她才愿意和他跳舞，可遗憾的是，他的花园里没有红玫瑰。一只夜莺听闻此事，决定帮他。她飞来飞去，找了好多地方，却一无所获。最后，她只好飞回自己的鸟巢，它就在学生花园里的一棵玫瑰树上。这树的树枝被暴风雨吹断了，花蕾也被寒霜冻死了。玫瑰树告诉夜莺，如果想得到一朵红玫瑰，“你就必须在月光下培育它，用你自己心脏的鲜血染红它”。

按照树的指示，夜莺用一根刺刺穿了自己的胸脯，还唱了整晚的歌。学生听见了，有所回应，却完全无法理解歌声的内涵。夜莺“歌颂因死亡而完美的爱情，它在坟墓里也不会消逝”。她唱完最后一曲便死了，一朵美艳夺目

1　睡魔（sandman），即童话中在小孩眼上撒沙子使其熟睡的睡魔。

的猩红色玫瑰花出现在树上。学生发现了它，把它摘下来送给女孩。但女孩却说这花配不上她的衣服，而且另一个贵为内侍的追求者送给她的珠宝可比这贵重多了。她随手便把花扔在地上，一辆马车经过，将它碾碎。学生带着一丝遗憾回到了自己的书堆里。[18]

该故事的一个主题是，人们因不懂得欣赏大自然而任由自己的激情衰退。激情似乎只存在于大自然中，存在于鸟甚至树木中，人则几乎如同机械一般。在这里，学生和女孩之间的关系并不十分重要，因为女孩不具有吸引力，男孩也几乎没有。也许，这其实是夜莺和玫瑰树两情相悦的爱情故事。弗洛伊德学说的信奉者可能会宣称，这里的刺是阴茎，夜莺和玫瑰树的最终结合实际上是交配。它可能被称为“不合乎自然”，而人们也用这个词来评价王尔德的同性恋关系。假如我们还记得鸟类会给植物授粉，这个观点似乎就不那么反直觉了。鸟和树的结合至少生出了一个后代——那朵玫瑰花。可能是夜莺的牺牲使这棵树得以复活，这朵玫瑰只是未来千万朵中的第一朵。

这似乎是叶芝对它的解读。他在诗作《玫瑰树》中提到了王尔德的这个童话故事。《玫瑰树》讲述的是帕特里克·皮尔斯和詹姆斯·康诺利的故事，他们是爱尔兰人为反抗英国统治而于 1916 年发起的复活节起义的领导人。两人在花园里看见有一棵玫瑰树枯萎了，需要浇水灌溉：

“可是水井都已干涸，”
皮尔斯对康诺利述说，
“我们在哪儿能打到水？
哦，再明显也不过，
要想造就真正的玫瑰树，
只能用自己的鲜血。”[19]

在这里，玫瑰树是爱尔兰，夜莺是必须牺牲自己才能拯救爱尔兰的起义者。

传说天鹅临死时会唱一首美妙动听的歌。柏拉图和亚里士多德都提到过天鹅挽歌，但这个说法早在古代就已经受到了驳斥。[20] 米什莱认为，天鹅之所以停止歌唱，是因为遭到了人类的迫害。和许多难民一样，它们在离开祖祖辈辈生活的那片位于意大利的家园时，便失去了一部分传统。[21]

纽约州沃尔基尔河中的天鹅，纯白的羽毛和玲珑有致的曲线常使天鹅显得超凡脱俗

今天，学术界的权威人士大多把天鹅之歌视为一种普遍存在的错误认知。尽管如此，几个世纪以来一直都有零星的相关报道，使它不至于被彻底否定为传说或幻觉。1898 年，美国动物学家丹尼尔·吉劳德·艾略特射中了一只天鹅。令他惊讶的是，它都已经飞到了差不多 1 英里外，还在歌唱。他形容它的歌声“哀怨”“悦耳”，并说他和他的同伴们站在那里，听得“目瞪口呆”。[22] 对天鹅之歌的一种解释是德国动物学家彼得·帕拉斯于 19 世纪初提出来的。他认为，大天鹅的气管异常扭曲，它的肺萎陷时，会发出哭泣般的声音。[23]

“天鹅之歌”，无论是真的，抑或只是传说，都和前面我们讨论过的王尔德故事里那只夜莺的绝唱一样。在天鹅和夜莺的故事里，都出现了对死亡的色情化处理。济慈在《夜莺颂》里写道：

我在黑暗里倾听；呵，多少次
我几乎爱上了静谧的死亡，
我在诗思里用尽了好的言辞，
求他把我的一息散入空茫；
而现在，哦，死更是多么富丽：
在午夜里溘然魂离人间，

当你正倾泻着你的心怀，

发出这般的狂喜！[24]

同样色情化的死亡观在希腊的塞壬传说中也能找到。俄国的西林传说里也有。西林鸟很美，长着女人头和孔雀尾。它的歌声美得如此超凡脱俗，所以听到它歌声的凡人都得死。[25] 这些神话生物的终极原型大概是埃及的灵魂鸟“巴”。

《西林和阿尔科诺斯特》，维克多·米哈伊洛维奇·瓦斯涅佐夫，1896年，布面油画。图中右边的是喜悦之鸟——西林，左边的则是悲伤之鸟——阿尔科诺斯特，但她们长得很像。人们可以把她们与安徒生童话《夜莺》中的生物鸟和机械鸟进行比较

悲与喜

鸟的歌声里似乎有一种我们在人类艺术中几乎找不到的纯净。我们知道它们不是为了钱或名（至少不是为了在人类中的声望），也不是为了任何政治议题而唱。但这里的问题不在于鸟为何歌唱，而在于人类为什么会认为它们发出来的声音是歌声。换言之，我们为何会觉得鸟鸣美妙动听？毕竟，它们不是唱给我们听的。我们听到的声音和鸟自己听到的有很大的差别，所以我

们的听觉享受可能算不上是“交流”的结果。

鸟之歌的形式和结构的艺术感染力可能跨越了物种，甚至超出了感官知觉模式，但是，形形色色的解读表明，我们对它的欣赏基于一定的文化意识。对弥尔顿来说，夜莺的歌声是对完美爱情的承诺。[26] 弥尔顿的同时代人威廉·德拉蒙德认为，夜莺歌声的含义与希腊人的认知几乎相反：

什么样的灵魂如此病态，你的歌声
（你打扮得也很甜美）都不能轻易驱使它
彻底忘记地球上的动乱、恶意和冤屈。[27]

对济慈来说，夜莺的歌声勾起了忧郁之情；对柯尔律治来说，它激发的是喜悦之情。[28] 这也许只是因为诗人是在听不同的夜莺唱歌，他们很少把鸟儿视为单独的个体。

这一点在克里斯蒂娜·罗塞蒂的诗作《痛苦还是喜悦》中有最为清晰的表达：

我们称它为爱与痛
她曲中的激情；
然而我们却不太理解或明白；
为什么它就不能是喜悦
悸动在每条跳动的血管里？[29]

鸟类特别是夜莺的歌声，打开了位于人类通常情绪范围之外的某个情感库。在欧洲动荡的浪漫主义时期，诗人们正满怀激情地同信仰和怀疑问题做斗争。这时，鸟的歌声所具有的模糊性受到了极大的重视。

这又回到了我在本书第一章中提出的论点。悲与喜是情感世界中最基本的二元概念，但夜莺之歌所唤起的人类情感并不是非喜即悲的。这是动物如何挑战我们认知范畴[1]的一个例子，在此例中，挑战者是鸟类。说实话，我认为把动物分为“道德的”和“不道德的”、“有感知力的”和“没有感知力的”、

1　范畴化是人类对世界万物进行分类的一种高级认知活动，其结果就是认知范畴。

“野蛮的”和“文明的”、“愚蠢的”和“聪明的”等会造成许多问题。当我们说起鸟类时，没有什么是既定的，甚至连时间、空间、性别、痛苦、权力、地位、自由、支配、生死都不是。

每个物种都可充当一个宇宙，每个个体生物都代表一个不同的世界。人类语言在谈及鸟类时开始失灵，因为我们为人际交流开发出来的概念已不再适用。但正是这些概念意涵划出了人类领地的边界，和动物的互动创造了我们作为人类的身份。[30] 它还不断刺激我们重新审视我们用来描绘世界的基本术语。

七月的一天，一只鸟从海边岩石上低空飞过，翅膀在阳光下闪闪发亮。有几个人注意到了它，高兴了片刻，接着就坐进车里开走了。这是一个鸟启，尽管很小。几天甚至也许几个小时后，他们就忘了刚才看见的一切。但它会留在他们的潜意识里，成为他们的一部分，并和许多这样的启示交织在一起。也许一位女士会在全然不知为何的情况下一再到访这片海滩。这是一个故事的开端，只是这个故事可能永远无人讲述，因为我们在大多数时候是意识不到鸟类影响了我们的生活的。

结束语

鸟类与未来

《厨房餐桌旁的厨师和死野禽》，弗朗斯·斯奈德斯，1635 年，布面油画。
当猫试图去吃鸟时，厨师高高举起了他那只拿刀的手，准备出击。
这提醒我们不要忘记狩猎是一项暴力活动

14 灭绝

骑士啊，是什么苦恼你，
独自沮丧地游荡？
湖中的芦苇已经枯了，
也没有鸟儿歌唱！
——约翰·济慈，《无情的妖女》

现在，我们正朝着一个时期的顶点迈进，这个时期常被称为“人类世”或“人类时代”。在20世纪中叶的教科书中，这一时期的故事被描述成某种史诗剧，主人公是人类。他掌控了火，学会了耕作，建造了城市，接着又不断开始新的冒险。然而，如今，我们常把它讲述成一个灭绝加速的故事。现在，科学家们称这种灭绝速度是一般灭绝率（或者叫背景灭绝率）的100到1000倍不等。伊丽莎白·科尔伯特在《大灭绝时代》里估计，哺乳动物中四分之一的物种、爬行动物中五分之一的物种注定很快消失。两栖动物的物种灭绝率甚至还要高，但她拒绝给出一个具体的数字。鸟类的情况稍好一些。在她看来，只有六分之一的鸟类面临即将灭亡的命运。[1]和其他许多估计相比，这些数字还算保守的。那么，人类究竟是英雄还是恶棍？无论是哪个，都是从人类中心主义出发做出的回答，把人视为故事的焦点。就本书的目的而言，把人类视为一种强大且客观的力量，就和海上的天气一样，可能更有用一些。

几个世纪以来，人们尽管在理智和情感上有所抵触，但还是越来越强烈地意识到了物种灭绝的可能性。当林奈在18世纪提出“物种”这一概念的时候，他首创了一个人们可以用来衡量灭绝的单位。然而，他和他的追随者们相信，物种代表着上帝创造的永远不会消亡的永恒形式。约19世纪初，乔治·居维叶提出了“灾变论”（即“灭绝论”）。根据他的这个理论，地球经历了周期性的地壳隆起，这导致了许多生物的灭绝。人们一旦接受了这种可能性就能轻易地发现，即使没有发生像《圣经》中的大洪水那样的事件，许多物种还是被逼到了消失的边缘。在达尔文的《物种起源》中，灭绝被认为是正常进化过程的一部分。

1856年，儒勒·米什莱的《鸟》以法语首次出版。书中写道，作者在家乡法国的池塘边遇见了一只落单的鹭。它看起来威严却忧郁。作者想象自己问它怎么了。它并没有像浪漫主义作品里很常见的那样形而上地抱怨，而是向作者倾诉其族群的生存环境如何缩小和恶化：

> 当陆地刚浮出水面、还很年轻的时候，它是我们的帝国。在这个过渡期，陆地是水鸟的天下。虽然冲突和斗争不断，但食物非常丰富。那时，没有一只鹭养不活自己。它既不需要攻击，也不需要追赶猎物；是猎物追着猎人跑；到处都是它时而婉转响亮时而低沉沙哑的叫声。

最后，这只鹭预言，至少在欧洲，它和它的同类将在大约 100 年内灭绝。[2]

在《奥杜邦杂志》1887 年 2 月出版的创刊号上，一篇匿名社论表达了类似的担忧：

> 地球上很快就要没有极乐鸟了，而鸵鸟全靠个人育种者才得救。人类迫不及待地想立刻开始消费世界上从柚木到蜂鸟的一切。大约一个世纪以后，他会发现自己对这个除了人类制造的东西别无他物的星球感到困惑。[3]

这类表达并不罕见，它们大多为一些甚至尚未发生的损失哀叹。

所有对鸟类的摧残，特别是发生在过去 500 年里的，几乎都可以追究到人类头上。消灭鸟类，有时是人类在一种为天选之感所激发的陶醉状态下完成的，甚至是本着一种履行义务的严肃精神去完成的。最为常见的是，人们不知不觉间就消灭了鸟类，几乎从未充分认识到此举的后果。在新石器时代，人类就已经开始过度猎捕、破坏栖息地和引进入侵物种，导致世界各地的鸟类数量稳步下降。[4] 早期现代之前，鸟和其他动物所面临的压力通常并不太大，但一直存在，且来势汹汹，几乎不可阻挡。人类已经遍布全球，并不断地开发土地，拿来盖房和种庄稼。他们有时积极迫害鸟类，偶尔又保护它们，但大多数时候还是接纳了它们的存在，视其为正常生活的一部分。但是，沼泽被抽干，森林被砍伐，只为了给人类不断扩大的定居点腾出空间。

在工业革命之前，大多数人仍然住在农村。从报晓的公鸡到用来书写的羽毛笔，鸟和鸟制品普遍存在于人们的日常生活中。很多种鸟的多个部位都可入药。当鸟被端上餐桌时，厨师通常会保留其原形而不会切散。烤天鹅看起来真的像一只原本的天鹅。当人们想要一个现成的象征物时，鸟是脑海中最先浮现的东西之一。这样的曝光度加上鸟与日常生活的融合度至少给了它们一定的安全感，因为这意味着本地种群万一被杀光，立即会引起人们的注意。

16、17 世纪，屠杀鸟类的行为变得愈发蓄意、系统和广泛，人们表现出来的兴致也是前所未有的。这在很大程度上是因为人类的权利意识不断增强，不再甘愿听天由命。农民们下定决心要让自己的利益最大化，不太愿意容忍鸟儿吃掉哪怕极少量的谷物。随着越来越精准的火器被发明，他们手上有了实现愿望的工具。从 1500 年到 2017 年，已知有 182 种鸟灭绝，[5] 此外，无疑有许多其他鸟类还没来得及被确定所属的类别，就消失了。

醉心于死亡

在 17 世纪的欧洲，弗朗斯·斯奈德斯、梅尔基奥尔·德宏德柯特等人的狩猎画常常会展示一大堆刚被杀死的鸟儿，其中有天鹅、鸭子、雉鸡、鶇等许多种类。[6] 鸟类学家在斯奈德斯的画作中识别出了 50 种不同的鸟，[7] 这不但说明他对鸟观察得很仔细，还说明当时的鸟类资源异常丰富，恣意滥杀的情况也极其严重。这些绘画作品本质上是狩猎的纪念品，但风格普遍写实且关注细节，这表明猎物的数量没有被过分夸大。

这种陶醉在死亡中的样子在今人看来可能很恐怖，但别忘了，对大多数人来说，在此之前（对许多人来说，在此之后也是如此），挨饿的可能性一直存在。他们严重依赖当地的收成，而这些庄稼可能会被干旱或暴风雨毁掉，肉类更是奢侈品。新兴的中产阶级正在庆祝他们从不安全感中解放出来。到了 18 世纪，鸟类和其他动物资源变得不那么丰富了。较为贫穷的阶层被禁止拥有火器，皇室和巨富则继续狂欢式地狩猎，他们拥有自己的狩猎场，并进口猎物以充盈自家猎苑。

狩猎画这一类别在 18 世纪的法国达到顶点，代表人物是为路易十四效力的弗朗索瓦·德波特和路易十五的宫廷画家让－巴蒂斯特·乌德里，他们都以善于描绘羽毛而闻名。[8] 此后，这一题材渐渐从绘画中消失了，也许是因为即使是国王也无法再如此大规模地猎杀猎物了，而且人们至少初步意识到大自然可能无法从这样的掠夺中恢复过来。约 19 世纪末，威廉·亨利·赫德森写道，英国鸟类中虽然有些种类是因沼泽干涸而灭亡的，但大部分是因过度狩猎而亡。他还进一步补充道："猎杀野禽者、猎场看守人、收藏家、粗鄙的打猎爱好者以及持枪的大老粗追杀它们，正如他们现在追捕我们所有更稀有的物种一样。"[9]

与狩猎画同时，还有一类油画选择赞美丰富多彩的鸟类生活，通常一个画家会对这两种题材均有涉猎。在 16、17 世纪的欧洲，人们还没有充分意识到，不同的物种，乃至不同种类的鸟，有它们各自不同的生境。因此，这些画作会把大海雀、鹦鹉、火鸡等来自世界各地的数十种鸟全部画在一张画布上。

《风景中的死野禽和桃子的静物画》，让－巴蒂斯特·乌德里，1725 年，布面油画。鸟和兔子的脚用绳子绑着挂在树枝上，动弹不得，上身则张开来摊在地上。扭曲的姿势凸显出它们死得有多惨烈

有时，这些鸟象征着自然女神掌管的天空。[10] 有时，将各种各样的鸟画在一起是为了表现《圣经》里的场景，比如创世、伊甸园和诺亚方舟。还有一些时候是在描绘一场鸟类音乐会，领唱的通常是猫头鹰。[11] 但这些鸟类庆祝活动的由头通常不会交代。这类作品在某种程度上是画家展示精湛绘画技巧的窗口，但它们也在试图重建一个艺术家及其资助人都知道正在消失的、鸟类资源极其丰富的世界。这类作品往往通过背景里的古代遗迹来表现鸟的历史感。

《鸟类音乐会》，弗朗斯·斯奈德斯，约 1635 年，布面油画

早期灭绝

人类每到达世界上的一个新地区，都会在随后的几个世纪里导致当地动植物大规模灭绝，并不是只有受西方文化影响的人才这样。人类在美洲、澳大利亚、新西兰等地的生物大灭绝中扮演了重要的角色。原因不能用人性本贪来简单概括，而要看到人类面对新环境和陌生的生命形式时，既不受文化传统的束缚，也不受实践经验的限制。[12] 大部分鸟类可以飞着逃走，因此受到的

打击通常没有哺乳动物和爬行动物那么大，但在即将进入现代之际，情况开始发生变化。恐鸟是一种不会飞的巨型鸟，外形类似鸵鸟、鹤鸵。14 世纪早期，当毛利人成为新西兰的首批居民时，他们很快就把恐鸟猎杀殆尽了。象鸟可能是有史以来最大的鸟类，中世纪时在马达加斯加也遭遇了类似的命运。

渡渡鸟是一种鸟喙厚重、不会飞的鸽形目大型鸟类。16 世纪末，荷兰殖民者在毛里求斯岛上发现了它们，此后不到 200 年它们就灭绝了。主要原因是过度猎捕，但把猪、狗等入侵物种引入毛里求斯也是一个重要因素，这些动物会吃渡渡鸟的鸟蛋。19 世纪 60 年代末，渡渡鸟灭绝不久，一本博物学畅销书反映了当时常见的一种人类中心主义观点。它称："渡渡鸟毫无优点，连死后都没有利用价值。它的肉很难吃，有一股难闻的味道。总的来说，它灭绝了，没什么值得遗憾的。"[13] 在很长一段时间里，渡渡鸟都是众所周知的"失败者"，是不配活下来的落伍者。它的名字成了一种蔑称。后来，研究人员才逐渐意识到，它并不像人们最初以为的那样愚蠢、笨拙，它的重大弱点是信任人类。现在，它主要作为人类贪婪的牺牲品被铭记。如今，毛里求斯自豪地将渡渡鸟作为国徽的一大元素。

在几个世纪以来所有的灭绝鸟类中，大海雀的故事也许有一种特别的伤

《恐鸟》，H.N. 哈钦松《已灭绝的怪物》（伦敦，1910）中的插图

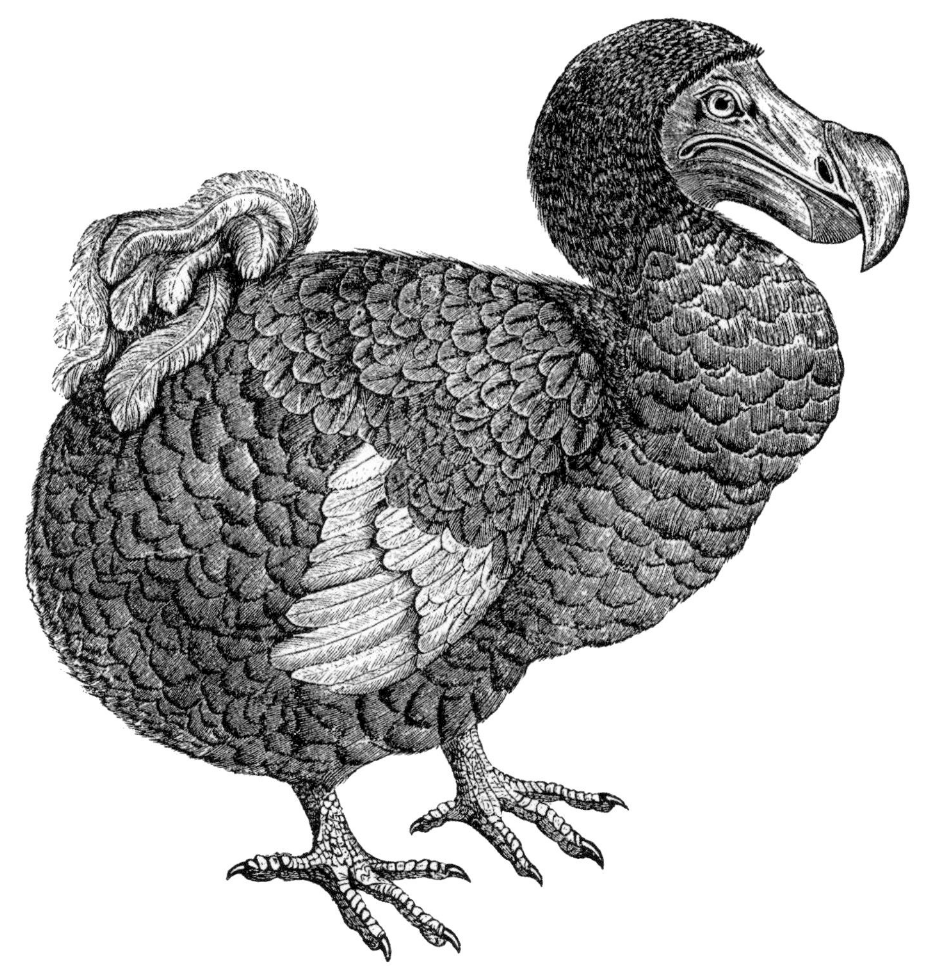

《渡渡鸟》，出自19世纪的一本博物学著作。渡渡鸟实际上比当时大多数图片资料显示的要苗条、灵敏，因为渡渡鸟的图几乎都是基于皮毛或圈养的鸟绘制而成的

感，因为它和人类的交往史长且多变。大海雀是一种体型相对较大、不会飞的鸟，看起来非常像企鹅，但它们没有任何亲缘关系。在历史上，大海雀栖居于北大西洋的各个岛屿和沿岸地区，但其活动范围最南曾到达西班牙和地中海地区。旧石器时代的人会以它为食，它也是洞穴壁画中出现的极少数鸟类中的一种。到16世纪，它已经退居到人迹罕至的偏僻地方，但地理大发现使它被人重新发现了。16世纪，在力图展现鸟类生活全貌的欧洲画作中，大海雀

成了最受青睐的题材。最初，人们狩猎大海雀主要是为了羽毛和鸟蛋，但随着大海雀的数量越来越少，它们的价值也水涨船高。于是，它们被杀越来越多是为了制成标本在博物馆展出或成为私人收藏品。已知的最后一只大海雀于 1844 年在冰岛附近的岩石上被杀死。[14] 恐鸟、象鸟、渡渡鸟和大海雀，在它们最终被杀光前，其种群数量和遗传变异都已经降到了不可持续的水平。

《大海雀》，托马斯·比威克，1804 年，木版画

猎集羽毛

羽毛常有很实际的用途，比如填充枕头、床垫和制成箭羽，但它们更常用于装饰或出现在礼仪性场合。[15] 在前哥伦布时期的美洲、新西兰、波利尼西亚等地，五颜六色的羽毛常被用作装饰品、礼物和交换媒介。[16] 在很多种意义上，羽毛在这些国家相当于宝石和贵金属在中世纪的欧洲。鲜艳的颜色和优雅的线条使羽毛颇具美感，但也构成了借用鸟类象征意义的一种途径。羽毛的人类持有者通过它们传达阶层、角色、性别等方面的信息，尤其是在佩戴它们的时候。

在波利尼西亚的神话中，创造世界的是鸟神塔奥拉。最初，他就像小鸟一样被包裹在蛋壳里，他将壳啄开后，就把蛋壳的圆顶变成天，把身上的羽毛变成树。塔希提人和其他波利尼西亚人一样，把鸟视为原始祖先的化身，是从灵界来的使者。他们用羽毛制作仪式场合用的头饰、面具和长袍。波利尼西亚人皈依基督教后，他们在基督教的圣像上也加上了羽毛。[17]

波利尼西亚人用羽毛制作衣服。18 世纪末统一夏威夷的卡米哈米哈大帝的披风由 8 万只吸蜜鸟的羽毛制成。[18] 所罗门群岛距离新几内亚的海岸不远，岛上的原住民把绯红摄蜜鸟的羽毛织成卷状，当作货币使用。19 世纪、20 世纪初，每年约有 2 万只雄性绯红摄蜜鸟因此而死。[19] 南太平洋地区使用羽毛的传统竟分布得如此之广，令人不禁好奇为什么没有更多的鸟类灭绝。原因似乎是该地区人口相对稀少，鸟儿们还有安全撤退的空间。

墨西哥的阿兹特克人会制作精美的羽毛挂毯。美国西南部的纳瓦霍猎人和霍皮人会在传统仪式和传统衣物上使用金雕和其他鸟的羽毛。纳瓦霍猎人会躲在死兔子下面的坑洞里，等到鹰上钩，俯冲下来打算抓兔子的时候，就一把抓住鹰腿。霍皮人会把幼鹰从鸟巢中掳走。有些被俘的鹰之后会被放生，[20] 这种捕获被证明是可持续的，但后来更大的威胁出现了：拿着火器恣意滥杀猛禽的农民和杀虫剂 DDT。

羽毛和战争有着特别紧密的联系。美国的大平原印第安人、非洲南部的祖鲁人、新几内亚的部落男子上战场时都会用羽毛表示战士的等级，尤其用在头饰上。羽毛还常被用来装饰盾牌和武器。[21]

在中世纪后期和文艺复兴时期，缀在帽子上的进口鸵鸟羽毛成了欧洲贵

印加人的羽毛战袍，秘鲁，15 或 16 世纪

族女士和绅士的重要配饰。参加马上比武大会的骑士们头盔上常常装饰着一大簇这样的羽毛，这些羽毛可能比他们的整副盔甲还贵。自 15 世纪以来，威尔士亲王的纹章一直是一顶王冠插着三根鸵鸟羽毛。在维多利亚时代和爱德华时代，在高等法院出庭受审的女士必须在帽子上佩戴鸵鸟羽毛，已婚妇女戴三根，单身女性戴两根。[22]

颜色鲜艳的鸟成了西方时尚的牺牲品，尤其是在 19 世纪和 20 世纪初，欧洲和美洲的女帽变得越来越奢华。这些帽子很可能是故意设计成这样的，为

李维《建城以来史》(德语译本，1514）中的插图，木版画。插图描绘了穿着时服的人们。图中左边的男子头上戴着一大簇鸵鸟羽毛，代表了16世纪初最时髦的打扮

《戴鸵鸟羽毛的男子》，卢卡斯·凡·莱登，1517年，版画。时尚的羽毛在这里代表的是世俗的虚荣。这个年轻人已开始意识到这点，因为他左手拿着一个骷髅头，即死亡的象征，右手还指着它

了给人一种刺激的震撼，使戴的人看起来有种令人兴奋的“野蛮”。1868年，一本备受推崇的鸟类书籍指出:“每位时尚信徒的头饰上都装饰着鸟翼——下手的对象不仅仅局限于极乐鸟、鸵鸟、雉鸡和其他拥有华丽羽毛的鸟……他们已经把手伸到了无害的海鸟身上，正在成千上万地捕杀它们，只是为了获得羽毛。”[23]时髦的帽子上不仅有大量羽毛，还有整只鸟的标本。1887年,《奥杜邦杂志》的创刊号上刊登了一篇西莉亚·撒克斯特的文章，题为《女人的残忍》。她在文中愤愤不平地说:“今天，我看见了一个团状物，它由多个莺头交织而成，表面满是尖喙。它被立在一顶系带的包头软帽上，被它的持有者自豪地高高戴起！这是一口气就犯下了20桩谋杀案！”[24]几年后,威廉·亨利·赫德森写道:“这座城市（伦敦）里有一些仓库，里面鲜艳华丽的鸟类毛皮多到没

《1796 年的时髦》，理查德·牛顿，1796 年，版画。
它讽刺了 18 世纪末伦敦男男女女所追捧的高级时尚

《苏族的鸟头》，照片，阿道夫·穆尔摄于 1899 年。
拍摄对象的帽子上有大量的羽毛，这在其他地方也许只是地位的象征，
但在这里却和他脸上流露出来的悲怆之情和浑身散发出来的高贵风度形成了鲜明的对比

J.A. 施坦的鸵鸟羽毛广告，美国，1896 年。
鸵鸟羽毛被用来制作各式各样数不清的女性时尚饰品

184 FRANK LESLIE'S ILLUSTRATED NEWSPAPER. [NOVEMBER 10, 1883.

THE CRUELTIES OF FASHION.—"FINE FEATHERS MAKE FINE BIRDS."

SEE PAGE 182.

《时尚的残酷》，约翰·N.海德，1883年11月10日《弗兰克·莱斯利新闻画报》插图，
描绘了一顶带有鸟类标本的女帽的制作过程

《枪后的女子》，罗斯·戈登，出自1911年5月24日的《波克》杂志。
该女子可能是可可·香奈儿。不久前她刚在巴黎开了一家时髦的女帽店。躲在一旁的男子中有一位被标识为“法国女帽商”。正如此前和此后经常发生的那样，动物保护成为民族主义的托词

过脚踝，人在其中穿行简直就像在涉水，两边堆起的毛皮刚好与人齐肩。”[25]白鹭的羽毛因白得发亮、卷得柔美且有缕缕绒毛而特别流行。

消灭捕食者

莺之类的小鸟因歌声悦耳、色彩亮丽而惹人怜爱，于是多少得到了些保护，但猛禽就不一样了。19世纪末20世纪初，捕食性动物总体上经常被妖魔化。在美国，狼、游隼等几种捕食者几乎被人赶尽杀绝。出于现实的考虑，这种做法保护了羊、鸡等家禽家畜。此外，这还反映了一个相对民主的时代对旧秩序中君主和贵族象征的不满。国王和贵族一般会选择诸如隼、鹰之类的捕食者作为他们的主要标志，因此这些鸟后来普遍遭人恨。

阿方斯·图斯内尔认为，不同的鸟对应人类社会的不同部分。他没有像林奈等人那样使用科学的生物分类法，而是根据食物对鸟进行分类。图斯内尔认

为肉食鸟类（比如鹰）是压迫者，草食鸟类（比如鸽子）是受害者，杂食鸟类（比如喜鹊）则是两者兼有之。[26] 虽然他没有明确主张要消灭所有的鹰和猫头鹰，但他的过激言论容易刺激人们大开杀戒。深受图斯内尔影响的儒勒·米什莱进而将猎杀猛禽视为进步的标志。根据他的说法，鹰“只靠谋杀过活”，应该被称作“死亡公使”。[27] 面相学是一门试图通过人和动物的头骨形状来判断其品格的学科，如今已被证明不可信，而米什莱据此声称，猛禽扁平的头骨表明它们愚蠢且凶残。[28]

长期以来，猎杀山鹑、松鸡、雉鸡等鸟类和猎狐一样，是英国上层社会一项高度仪式化的运动，在 19 世纪早期尽管也有女性出席，但只许男性参与，每个参与者都扮演着与其阶级相符的角色。击打树丛的人把鸟儿惊飞，有一定地位的男人射杀鸟，狗则捡回落下的鸟尸。狩猎季的开幕是上流社会的一件大事。在简·奥斯汀的《傲慢与偏见》里，愚蠢的丽迪雅十分迷恋自己的新婚丈夫，“她相信到了九月一日那一天，他射到的鸟一定比全国任何其他人都要多”。[29]

当贵族猎人面临猎物匮乏的窘境时，英国的猎场看守人便开始在乡村放

《燕隼》，出自威廉·渣甸的《博物学家文库》(19世纪30年代)，水彩版画。
在维多利亚时代的大多数鸟类学插画中，捕食现象通常是被忽略的，
但一旦表现起来，又会被夸大为一种残酷

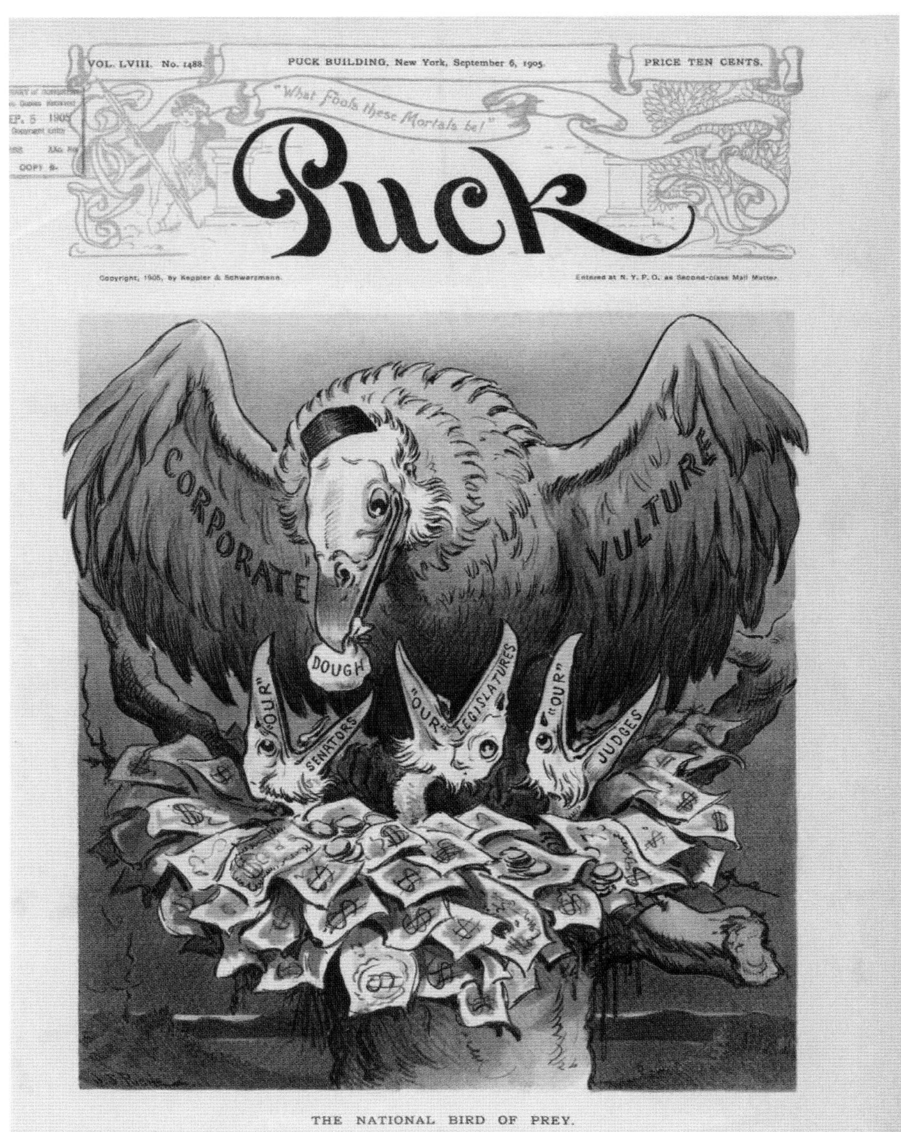

《泼克》杂志 1905 年 9 月 6 日刊的封面。正如猛禽被指责残忍一样，秃鹫常和金融剥削联系在一起。母秃鹫头上的帽子进一步暗示了反犹主义倾向

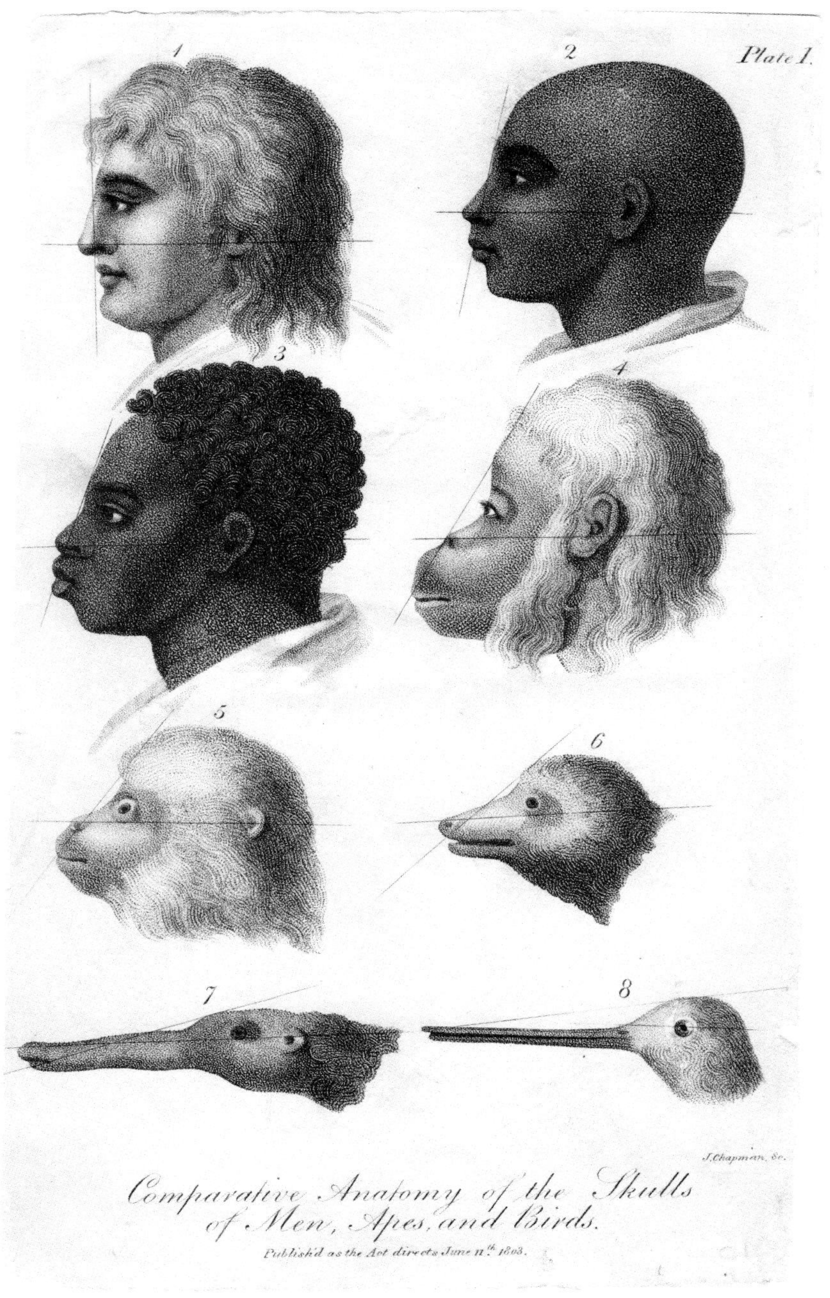

《人类、猿类和鸟类头骨的比较解剖学》，出自查尔斯·林奈和埃比尼泽·西尔比的《包括人类历史在内的完整博物学体系》(1803)。面相学是一门种族主义学科，认为可根据人类、兽类和鸟类的“面角”来确定其智力。据此，其等级从图中的左上角开始依序号递减

养数百万只雉鸡。雉鸡不是本土动物，不受法律的保护，但有可能成为猛禽的盘中餐。由于猎物是他们自己提供的，人们就产生了一种特别强烈的占有感，假如猛禽侵犯了他们“与生俱来的权利”，就会激起他们心中那种原始的怒火。于是，猎场看守人和农民都是一见猛禽就射。结果，到 19 世纪末，包括苍鹰、鹗在内，大约有一半大型猛禽在英国绝迹了，另外还有 6 种猛禽的数量不到 100 对。[30]

赫克托・贾科梅利为儒勒・米什莱的《鸟》(1869) 所作的插图。
鹰及其他猛禽常和旧贵族阶级联系在一起，也常因其暴行而遭到诋毁

为科学而采集

在现代，鸟类面临的威胁还有科学家。就像殖民列强征服原住民一样，科学家征服大自然主要依靠的也是暴力手段。在高倍望远镜和高速摄像机出现之前，科学家要想近距离、长时间地观察鸟，就必须先把它们射下来。于是，

他们这样做了，而且射杀的数量相当惊人。19 世纪 70 年代，一本标本采集和保存指南建议道："到访偏远地区时……不应该放过遇到的任何一只鸟。"它告诉我们，碰见一只雄鸟和一只雌鸟在一起的情况，采集者应该先射杀雌鸟，因为雌鸟更难找。指南上还说："一个好的采集者……必须时刻把枪准备好，因为他想要的鸟随时都可能从他的脚边惊飞，或者从树丛中探出头来。"该书还详细解说了该如何保存自己射杀的鸟，胆小者勿入。如果鸟还没死，人就应该压着它的身体，一直压到它肺萎陷。所有血迹都应该擦拭掉，以免玷污羽毛。将口鼻和身体上的其他开口都塞住，仔细做好记录后，要把鸟晾干，接着剥皮并用砒霜处理。[31]

较古老的自然博物馆通常仍拥有大量来自这个时期的鸟类标本。它们常常凝视着参观者，令人毛骨悚然。业余爱好者模仿科学家的所作所为，同时，富有的收藏家比赛谁得到的鸟最多、最稀有，谁的标本最完美。20 世纪初，威廉·亨利·赫德森写道："好多次，当我拜访一栋大宅时，主人首先向我展示的就是他放在玻璃陈设柜里的鸟类标本。"[32]

《男人和鸟类标本》，照片，哈里斯与尤因工作室摄于 1922 年。
拍摄对象表现出了与科学行业相称的严肃

赫克托·贾科梅利为儒勒·米什莱的《鸟》(1869)所作的插图。米什莱在家里养了一只欧亚鸲，插画家可能试图用这只鸟来代表米什莱本人，它正渴望地凝视着窗外。身为鸟类保护的热情拥护者，米什莱显然并不认为把鸟巢和鸟蛋拿回家研究有何不妥

鸟巢和鸟蛋也被科学家们放在科学课堂和博物馆里展示。科学家们将自身的威望赋予这些活动，引得无数业余爱好者有样学样。人们根据鸟蛋的色调柔和度、蛋壳的表面质感和上面点或线的图案来给鸟蛋定价。在近代的大部分时间里，人们大规模地杀鸟、偷鸟蛋，以至于分不清楚哪里是科学研究的终点，哪里是狩猎活动的起点。这些活动的参与者尽管常常声称自己爱鸟，但同时也表现出对其采集行为之有违生态和人道主义的无知。[33]

科学家们可以接触到大量的鸟类毛皮、鸟蛋和鸟巢，这极大地促进了鸟类学的发展，使它跻身 18 世纪下半叶从动物学中派生出来的第一批分支学科。然而，令人怀疑的是，这些知识是否值得付出毁灭性的代价。总体而言，鸟类研究很暴力，而且越接近科学等级体系顶端越暴力。19 世纪初，欧洲盛行的是较为“田园”的自然观。但是，这种观点似乎为异国他乡传来的报告所动摇，这些报告描述了当时的食人现象、强台风、饥饿，以及最重要的——动物的捕食行为。大自然似乎处处充斥着暴力，而根据后浪漫主义美学，参与那种暴力似乎是和大自然的一种交流。[34]奥杜邦为了画鸟杀了成百上千只鸟，他笔下的鸟和哺乳动物要么在杀猎物，要么在吃猎物。[35]

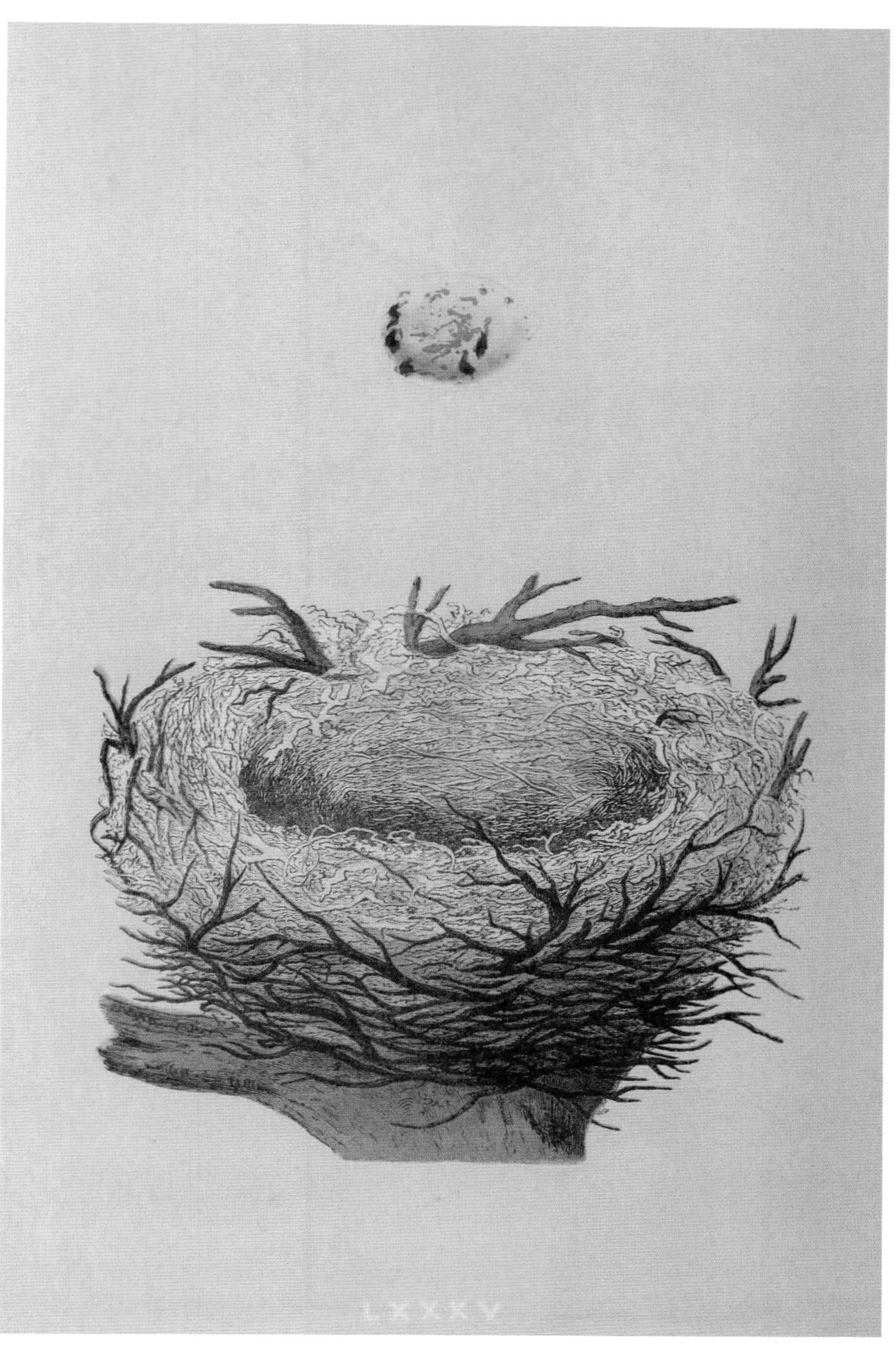

《锡嘴雀的鸟巢》，出自 F.O. 莫里斯的《英国鸟巢和鸟蛋的博物学》(1871)，水彩版画。在维多利亚时代的博物学著作里，画家像画鸟一样精心描绘鸟巢和鸟蛋

ALBATROSSES DRIVEN FROM THEIR NESTS.

《被赶出巢的信天翁》，出自玛丽·科比和伊丽莎白·科比的《海洋及其奇观》(1890)。因为害怕损害发现的宝贝，收集鸟蛋和鸟巢的人通常不用枪，而是用棍棒赶鸟

保护农作物

杀鸟有时需要进行某种心理间隔化 [1]，这一点不妨以卡罗来纳鹦哥的遭遇为例来说明。这是美国北部地区唯一的本土鹦鹉，个头很小，身体蓝绿色，头是明亮的黄红色。单从图像的曝光率来看，它们可能是美国有史以来最受人喜爱的鸟了。19 世纪初，它们不断出现在罐子、家具、纺织品、洗礼证书、结婚证等物件上，宾夕法尼亚州的德裔人尤其喜欢这类东西。

《卡罗来纳鹦哥》，约翰·詹姆斯·奥杜邦，1827—1838 年，凹版腐蚀版画

不幸的是，卡罗来纳鹦哥喜欢吃农作物，尤其喜欢吃水果，而它们的美丽并没有使农民网开一面。据奥杜邦说，它们很容易被大批大批地杀死。被子弹击中时，它们会放声大叫，叫声引来鸟群，这是带着同伴们往枪口上撞。[36] 到了 19 世纪中期，卡罗来纳鹦哥已经变得罕见，20 世纪早期就灭绝了。奇怪的是，即便它们不再常见，其形象仍然流行了很久。

美国的旅鸽可能曾是有史以来数量最多的鸟类。它们和其他鸽子一般大小，但以长尾、蓝灰羽毛、红褐色的闪着彩虹光泽的胸脯闻名。据亚历山大·威尔逊估计，1808 年人们在肯塔基州法兰克福看见的一个旅鸽群至少有 22.5 亿只旅鸽。[37] 奥杜邦曾试图数出一小时内头顶会飞过多少只旅鸽，但很快便放弃了，因为实在是太多了。他写道："天空都被它们塞满了。它们遮蔽了正午的日光，就像发生了日食一样；粪便如雪花般从空中飘落。" [38] 大队人马集结起来猎杀它们，部分是为了它们的肉，部分也是为了阻止它们吃田里的谷物。猎人们会朝路过的鸽群连续射击几个小时，

1　心理间隔化（mental compartmentalization），一种无意识的心理防御机制，用来避免认知失调，或者用来避免因同时拥有相互冲突的价值观、认知、情感、信仰等而引发的心理不适或焦虑。间隔化通过阻止被分隔开来的各个自我状态进行直接或明确的承认和互动，而使这些相互冲突的想法得以共存。

PASSENGER PIGEON.

《旅鸽》，出自 F.O. 莫里斯的《英国鸟类》(1840—1863)，水彩版画

造成大批伤亡，然后鸽群才开始变小并撤退。[39] 奥杜邦在纽约见过满载着死旅鸽的大船，一只旅鸽只卖 1 分钱。[40] 到了 19 世纪末，旅鸽在野外已近乎绝迹。已知的最后一只旅鸽于 1914 年死在辛辛那提动物园里。

1869 年出版的一本备受推崇的鸟类书籍绘声绘色地描述了旅鸽被屠杀的情景，但旋即补上了奥杜邦几十年前的声明——美国的旅鸽数量实际上是在增加的。[41] 这种令人安心的保证足以说明，当时的美国人已经把大自然的丰富物产视为理所当然，认为这表示他们受到了神的偏爱，就像如今许多美国人否认气候变化是现实一样。

当时没有多少人意识到抑制虫害需要鸟类。正当旅鸽走向灭亡的时候，即从 19 世纪 70 年代中期差不多一直到 19 世纪末，一大群一大群的蝗虫从美国中西部飞过，使天色都变暗了。[42] 它们对农作物的破坏力远超鸟类，因为它们不仅吃种子，还吃整株植物。从 1874 年到 1877 年，蝗虫一共造成了价值 2 亿美元的农作物损失，相当于今天的 1000 多亿美元。[43] 此外，它们也吃纤维织物，甚至还吃肉。[44]

1958 年，中国开展了一场类似的运动，但针对的不是鸽子，而是麻雀，结果同样是灾难性的。群众被大规模地动员来进行工业化建设，麻雀被认为吃了太多的粮食，所以呼吁消灭麻雀。在一些农村地区，几乎所有人（包括儿童）都被动员起来。他们敲锣打鼓以吓跑麻雀，射杀它们，追着它们跑直到把它们累死，打碎鸟蛋，捣毁鸟巢。至少数百万，可能多达数十亿只麻雀被杀死。有一段时间，它们在中国的大部分地区几近绝迹。麻雀灭绝后，随之而来的是蝗虫和其他昆虫泛滥成灾，破坏农作物，在一定程度上可能也导致中国出现了大饥荒。

引进异国鸟类

现代时期，野生动植物也日益全球化了，许多本土物种为了活下去，必须与外来物种竞争。19 世纪中后期的归化运动[1]试图将鸟和其他野生生物传播

1　归化运动（acclimatization movement）指使动物、植物等适应异域生长环境，被引种或引进饲养成功。在此运动中，人们成立了许多协会，鼓励引进非本土物种，并测试它们在新环境中的适应能力。

到世界各地的英国殖民地。这样做能使海外英裔觉得自己好像身在祖国。把遥远的异域他乡说成自己的地盘是一种环境帝国主义。19 世纪 70 年代，秃鼻乌鸦被故意引入新西兰，差不多与此同时，紫翅椋鸟也被带进了澳大利亚。

19 世纪末，赫德森领导了一场保护英国鸟类的运动，主张英国进口并归化异国鸟类，特别是那些以歌声或羽毛闻名于世的鸟类。他希望这些外来鸟不但能取代那些已经灭绝或接近灭绝的鸟类，还能推动鸟类保护事业的发展。用他的话来说："如果我们能够放过那些花了大价钱从中国或巴塔哥尼亚运到这里来的可爱珍禽，为什么就不能也饶了我们自己的翠鸟和金黄鹂呢？"[45] 除了最早于中世纪末从亚洲引进的雉鸡，把色彩鲜艳、歌声悦耳的鸟类从遥远的地方引入英国并使其扎下根来的其他诸多尝试都失败了。如果成功了，与赫德森期望的正相反，它们很可能不仅会和本地鸟竞争，而且会引来更多的猎人。

《椋鸟》，托马斯·比威克，1804 年，木版画

19 世纪中期，美国博物学协会在纽约市和辛辛那提放生了一些欧洲的鸣禽，有夜莺、欧亚鸲、云雀和欧乌鸫等，它们似乎无一幸存。该协会为了防止布鲁克林一处墓地内的蠕虫数量激增，还引进了一群家麻雀。此后，它们就以惊人的速度扩散开来，成了北美数量最多的鸟类之一。药剂师尤金・席费林策划在纽约放飞莎士比亚作品里的所有鸟类，但是，又一次，它们大多未能幸存下来。然而，1890 年，他放飞的 40 对紫翅椋鸟却出色地适应了新大陆的环境。[46]

家麻雀是一种进攻性很强的鸟，会攻击跟它差不多大小的其他鸟，杀死它们，并强占它们的鸟巢。很多人把本土的麻雀等几种雀鸟的种群衰落归咎于家麻雀的扩散。另外，椋鸟是一种强有力且自信的鸟，通常在洞里筑巢，椋鸟的兴盛可能是以蓝鸲、啄木鸟等本土物种的衰落为代价的，因为它们倾向于选择同样的巢址。在美国，这两种外来物种都引发了广泛的不满，有些人甚至在椋鸟歪头的姿态中看到了傲慢。为它们辩护的人认为，在美国生活了一个半世纪后，椋鸟和家麻雀就应该被视为本土物种，再说，它们对当地物种的破坏并没有批评者声称的那么广泛。

但是，对鸟类而言，威胁性最大的动物是家猫。最近，一项由史密森学会资助并得到大多数保护组织认可的研究估计，仅在美国，喂养后逃脱的和自由放养的家猫每年要杀死大约 24 亿只鸟。[47] 正因为这类事实，主要关注家养动物的动物权利运动和强调野生动物的环境运动之间形成了对立。

化学品、塑料和玻璃

在《寂静的春天》（1962）的开头，蕾切尔・卡森描写了一个田园诗般的农村社区遭到一种神秘疾病侵袭的情景。鸡和其他家禽家畜纷纷病亡。农民及其家人也开始染上这种怪病：“周围变得异常死寂。比如，鸟儿都不见了，它们去哪里了呢？……家家户户后院里的喂食台都荒废了。”这种神秘的不幸，其根源是什么？该书以某种谋杀之谜开篇，气氛越来越紧张。可能的凶手很多，事实上，作案的可能不是一个人，而是一个团伙。

和许多犯罪小说家一样，卡森设定的凶手出乎读者的意料，竟然是杀虫剂。使用杀虫剂尤其是 DDT 就是在环境中洒毒药。[48]DDT 最初是用来灭杀虱子和控制疾病的。“二战”期间，海外作战部队卫生条件相对较差，需要用 DDT 灭杀蚊虫以控制疟疾的传播。后来，它被宣传成一种喷洒在农作物上就能杀死害虫的农业特效药。

人们很容易受其承诺的引诱，这是因为农业工业化的发展带来了标准的改变。“二战”以前，蔬菜水果有点瑕疵是可以容忍的。例如，人们认为苹果上偶有虫眼很正常，把它切掉就可以了，乡下人随身带把小刀，部分就是为了做这事。“二战”后盛行的美学强调一致性，人们越来越把这类瑕疵视为品质低劣的标志，甚至厌恶它们。在农作物上喷洒杀虫剂似乎比更有机的控制虫害的方法（比如为昆虫的天敌创造生存和繁衍的有利条件）要卫生一些。

不出所料，杀虫剂行业猛烈地攻击卡森及她的论点——DDT 正在杀害鸟类、其他野生生物和家禽家畜。但研究人员证实了她的发现。今天，许多行业往环境中排放潜在有毒化学品的速度远远超过了检测和监管的速度。

像 DDT 这样的化学品肉眼一般看不见，这令人觉得它们特别恐怖。相比之下，塑料通常一目了然，以至于人们想当然地认为它们是正常生活的一部分。对于它们是最终降解了，还是只分解成越来越小的颗粒，从而作为微塑料无限期地存在于生态系统中，还存在一些争议。

鸟可能会在无意中吞下塑料制品，尤其是那些进入水体的塑料制品。像信天翁这样的鸟为了找鱼吃而用喙撇去水面上的漂浮物时，很容易吞下这些浮物。还有一些鸟会在快速下潜时摄入塑料制品。被丢弃的钓鱼线和合成纤维会缠在它们的器官上。塑料锋利的边缘可能会使它们受内伤，塑料在体内的堆积也会堵塞其消化系统。截至 1980 年，人们在 80% 的海鸟的消化系统里找到了塑料，而这个比例将很快逼近 100%。[49] 因摄入塑料而死可能是一种特别痛苦的死法。

如前所述，鸟类面临的威胁大多可追溯到新石器时代，甚至可能更早，但技术的发展带来了全新的危险。在美国，每年都有几亿只鸟因撞上玻璃窗而死。技术还创造出了一些别的威胁，至少大大加剧了威胁程度，其中包括烟雾、光污染和噪声污染，候鸟首当其冲。

危机

理智上，农民和其他人可能都已经意识到，大肆滥杀旅鸽等鸟类的行为并不符合自身利益。这种持续屠杀的驱动力是安静的愤怒，源自农民认为鸟儿夺走了理当属于他们的谷物。特别是在美国，人们在情感上觉得自己受到了“昭昭天命”[1]的保护，因此可以毫无顾忌地为所欲为，无须承担任何后果。人们攻击鸟类的方式和攻击其他动物（比如美洲野牛和狼）的方式差不多，但这种由搞破坏带来的陶醉状态是难以持续下去的。1890 年，美国正式关闭了边疆。此后，越来越多的人对破坏大自然感到不安。最终，大约从 20 世纪末开始，人们意识到物种灭绝不只是一个问题，还是一场危机。

到 20 世纪初，人类追求统治自然的热情和兴奋已经大不如前了。这时，人们也普遍意识到，农民要想阻止昆虫啃食农作物，需要鸟类帮忙。科学出版物、农民历、政府报告等都不断地强调这一点。人们也完整地了解了鸟类提供的其他服务，比如为植物播种、吃掉腐肉。环境科学的基础已经得到夯实。人们不再狂欢式地庆祝杀戮，对鸟类、其他动物和环境的保护变得越来越普遍，但栖息地破坏、入侵物种引进、化学污染和塑料污染的速度也在加快。这引发了一连串的物种灭绝，可能最终会威胁到人类的生存。

几十亿只旅鸽在一个世纪内就死得一只都不剩了。这应该警醒世人，一旦涉及灭绝问题，再庞大的数量都无济于事；聪明才智也不能保证我们的安全。如果说进化史上有什么动物相当于今天的人类，即某种“人类出现之前的人类”，那就只有骇鸟了。这些巨大的不会飞的鸟在大约 6000 万到 200 万年前是南美洲的顶级捕食者。我们也许可以把它们看作恐龙和人类的混合体。和其他不会飞的鸟（比如鸵鸟）一样，它们有着兽脚亚目恐龙的基本形态，以及与之相配的能力。它们长着巨大的喙、长腿、利爪，奔跑速度差不多可达每小时 113 千米。它们头骨巨大，可能是史上最聪明的动物之一。[50] 北美洲和南美洲之间的陆桥畅通以后，肉食的大型哺乳动物（比如剑齿虎）得以通过陆桥来到南美，而骇鸟的体力和智力都救不了它们自己。[51]

1 昭昭天命 (manifest destiny)，又译为天命论、天定命运论、天赋使命观、神授天命、命定扩张论等，是 19 世纪鼓吹美国对外侵略扩张乃天命所定，是正当且必然的一种理论。

《骇鸟》，H.N. 哈钦松《已灭绝的怪物》(伦敦，1910) 中的插图

15　保护与恢复

现在它们在宁静的水上漂游，
显得又神秘又漂亮；
哪天我醒后发现它们已飞走，
它们将会在什么样的
菖蒲中做窝，在哪个湖边或池塘
让人们见了就欢畅？
——W. B. 叶芝，《库尔的野天鹅》

海伦·麦克唐纳在谈到17世纪早期意大利的鸟类学家时说："卡萨诺、奥利那、莱奥纳尔迪及其同辈们所遇到的鸟类之丰富程度是我们几乎无法想象的。"[1] 这些文艺复兴时期的艺术家和思想家见过的鸟反过来又不如中世纪和古代的多。阿里斯托芬在《鸟》中提到了79种鸟，书中含有许多关于它们的习性和行为的信息。[2] 鸟类学家在庞贝古城的罗马马赛克中识别出大约80种鸟。[3] 莎士比亚在其作品里也提到了60种鸟，[4] 远比今天大多数人认识的鸟要多。在现代之前，几乎没有必要像如今的观鸟者这样去搜寻鸟的踪影，因为它们随处可见。

18世纪末19世纪初，城市化和工业化并非人人乐见，但是早期的反对通常是以哀悼而非抗议的形式出现的。被称为"进步"的势头似乎不可阻挡，不容置疑。欧洲和美洲的浪漫主义者大多把对社会发展方向的不安升华为一种对大自然的伤感崇敬之情。他们很可能凭直觉感到了工业对环境的破坏，但因为尚未建立起当代环保主义的概念，所以没有有意识地去挑战它。

浪漫主义诗人常把看见或听见一只鸟的经历描述成一种灵魂洗礼下的自我升华，最终走向殒没，这和坠入爱河或宗教狂热如出一辙。他们中世纪和文艺复兴时期的前辈们，比如瓦尔特·封·德尔·弗格尔瓦伊德和杰弗雷·乔叟，会描写上面有许多正唱着欢快小曲的鸟儿的草地。相比之下，济慈和雪莱关注的是独自在原野上唱歌的鸟。这只鸟似乎已疏远了大自然，如同诗人觉得自己与社会格格不入。这种隔离感表明那时鸣禽已经越来越罕见了。

大约从17世纪开始，鸟类的描述和分类变得日益复杂，这和它们属于另一个世界的看法相冲突。这体现在英国浪漫主义诗歌中最尴尬的两句诗里。雪莱的《致云雀》开篇道:“你好,欢乐的精灵!你绝不是一只鸟。”[5] 当然,云雀真的是一只鸟,但作者发现很难调和其物理现实和缥缈歌声之间的冲突。这不是过度修辞的孤例,因为当时在像奥杜邦这样的插画家的作品里,同样存在抒情和客观描述之间的冲突。但是,再回头想想,雪莱把鸟移到了精神领域,看起来几乎就像是在为不担心鸟类有可能灭绝找借口。

观鸟和喂鸟

观鸟源于维多利亚时代公众对博物学的狂热。当时,业余科学爱好者们考察树林、草地和海岸线,试图找到并记录新的物种。这种追求的基础是自然神学,自然神学本质上就是西塞罗所谓“自然占卜”的一神教变体。维多利亚时代的博物学家们相信,通过学习上帝的创世计划,他们将更好地理解上帝的旨意。今天,观鸟虽然仍基于对大自然的崇敬之情,但似乎已经完全世俗化了。

在工业化程度最高的国家,特别是在英国和美国,观鸟最为流行。这并非偶然。在某种程度上,观鸟是在享受自然环境的同时,不破坏甚至还能帮助监测生态系统。此外,它还具有工业社会的许多特征,比如普遍存在的竞争、量化和对新奇感的不断追求。有些观鸟者相互比赛,比谁在一季、一年或一生中看到的鸟最多。少数人还会斥巨资四处奔波,长途跋涉就为了看一眼据说出现在那里的珍禽。

批评观鸟的人中就有保罗·谢泼德。他称观鸟是“对博物学的歪曲”。他说:“鸟一直是奇妙的象征符号,但这种结合了新技术的追求是‘以数字计’的。他们(观鸟者)先辨识鸟类,再核对自己的‘观鸟记录’并记下得分。”[6] 对谢泼德这代美国人来说,对边疆的记忆仍然相当鲜活。美国人赞美原始风景和熊、美洲野牛等凶猛的大型动物。在这一时期和此后不久,对许多人来说,好像只有通过冲突才能和大自然建立亲密的关系,就像有些夫妻相信打架能拉近彼此的距离一样。粗犷的边民,比如丹尼尔·布恩、大卫·克洛科特和理想化的美洲原住民,是当时流行的榜样。相比之下,观鸟显得有些颓废、懒散和女性化。

谢泼德对观鸟的批评是有一定道理的。从现行的做法来看,观鸟过于强调识别种类，而不太重视讲故事，但“记录得分”只对相对少数的活动参与者来说很重要。观鸟使人们接触到季节的节奏，了解到鸟类迁徙和返回、羽毛改变颜色、交配和生小鸟的时间，并认识到这些周期是如何受暴风雨、强风、反常的高温或低温以及更为普遍的气候变化影响的。对他们来说，观鸟是践行环保行动主义理念的前奏，在某种程度上甚至是前提。

观鸟的一个直接后果可能是想喂它们,喂鸟的历史无疑非常悠久。社会各阶层的人可能一直都把不能用其他方式处理掉的残羹剩饭留给鸟来处理。对希腊人、罗马人和其他许多民族来说，献祭动物本质上就是一种喂鸟行为，留在祭坛上的皮、骨、软骨和小块肉的直接享用者很可能是鸟，而不是神。

大约 19 世纪末，在英国、欧洲大陆和美国，喂鸟成了一项公认的娱乐活动。它的受欢迎程度稳步上升。“二战”结束前后，鸟食行业成了一个重要的产业，品牌林立，大力营销，相互竞争。2006 年，美国鱼类及野生动植物管理局估计,有 5600 万美国人把喂鸟当成一种爱好。[7] 鸟类学家们的共识是,喂鸟通常对鸟类既无害也无益，但我们因疏远大自然而感到孤独，喂鸟能有效地缓解这种孤独感。[8] 下一步则困难得多，那就是保护鸟类。

保护鸟类

很早以前,有几种鸟就已经受到了法律或习俗的保护。在中美洲的伦卡人和玛雅人中，杀死绿咬鹃可以被判处死刑，因为绿咬鹃是他们神话的中心。[9] 亚里士多德和老普林尼都记载，在塞萨利，杀鹳是死罪，至少部分原因是鹳吃蛇，这帮了人类的大忙。[10]1457 年，苏格兰国王詹姆斯二世下令，在繁殖季节杀诸如山鹑、鸻、野鸭之类的鸟都是违法的。[11] 弗洛拉·汤普森 19 世纪在英国农村的一个贫穷社区里长大，她在回忆录里写道，即使是那些以杀鸟、破坏鸟巢取乐的男孩，也绝不会伤害欧亚鸲、鹪鹩、圣马丁鸟[1] 和燕子，因为他们相信这些鸟受上帝庇护。[12]

1 圣马丁鸟,燕科几种鸟类的总称,包括毛脚燕（house martin）、崖沙燕（sand martin）、紫崖燕（purple martin）等，传说此类鸟在圣马丁节时迁徙，故名。

有些鸟通过和权贵们产生关联而获得安全保障。1482 年，英国君主下令，只有挑选出来的富人才有资格拥有天鹅，还必须在天鹅喙上刻上或烙上特许标记。直至今日，葡萄酒商行会和染匠行会仍保有在泰晤士河上给天鹅打标记[1]这一特权。没有标记的天鹅自然都属于王室，杀天鹅、偷天鹅蛋和割天鹅巢附近的草都会被处以高额罚款。[13]天鹅拥有优雅的曲线、白得发亮的羽毛和重要的文学价值，对喜欢收集战利品的猎人来说，是极其诱人的目标。由于王室的保护，天鹅是英国唯一一种从未濒临灭绝的大型鸟类。

人们保护鸟类还因为它们对卫生有贡献。直到 16 世纪末，渡鸦在英国一直受到习俗和法律的保护，就因为它们吃腐肉。[14]鸢也受到了保护，尤其是在伦敦，18 世纪末之前，它们一直是城里人熟悉的鸟类，经常被莎士比亚等作者提及。[15]在 20 世纪的大部分时间里，秃鹫都在为印度提供类似的服务。印度教徒养牛是为了获取牛奶、耕地和驮重物，他们一般不吃牛肉，所以会把牛的尸体放在路边留给秃鹫吃。因为秃鹫能防止尸体腐烂、散发恶臭，所以被严格禁止捕杀。[16]但新的公共卫生措施最终使这些禁令显得与时代不符，而生态系统中的工业毒物正在以一种几乎不为人知的方式杀害鸟类。

另外一些鸟类则因能保护农作物不受虫害而受到保护。1848 年，犹他州的摩门教徒在一群鸥的帮助下从破坏农作物的美洲大螽斯口中夺回了当年的收成。他们坚信这些鸟儿是上帝专门派来帮他们打败美洲大螽斯的。19 世纪后期，当蝗虫在美国中西部肆虐时，像鹌鹑、草原松鸡、火鸡这样的食虫鸟类被证明是消灭蝗虫的有效手段，于是许多州修改了狩猎法以保护它们。[17]

20 世纪早期，美国仍有相当大的一部分人口以农业为生，所以要想保护鸟类就要强调它们对农村经济的重要性。1919 年，美国鸟类保护运动制作的一份传单里含有非常具体的农业信息，比如大杜鹃是唯一吃毛毛虫的鸟，因此，“对任何一个追求果树产量的果园主来说，一只大杜鹃值 100 美元”。“一战”在欧洲造成了食品短缺，对美国也有相对小范围的影响。美国当时的粮食署署长、后来成为总统的赫伯特·克拉克·胡佛说：“我希望美国人能够意识到保护候鸟、促进它们的繁殖和整个食品储备问题之间的联系到底有多紧密。”[18]但是，新的化学喷剂很快就使利用鸟来达到这个目的的做法过时了。

1　即“swan upping”，是英国一年一度在泰晤士河上给天鹅做标记以表明所有者的风俗。

19 世纪末 20 世纪初，美国上层妇女领导了一场抵制羽毛帽的运动。1918 年，抗议活动达到顶峰，标志事件是美国国会通过了《候鸟条约法》，宣布羽毛贸易非法。该法的合法性受到了质疑，于是被提交到了联邦最高法院。撰写多数意见的大法官奥利弗·温德尔·霍姆斯断言，假如没有这样的立法，所有鸟最终都可能会灭绝。[19]1954 年，英国议会通过了《鸟类保护法》，规定杀野鸟、捉野鸟、偷野鸟蛋和破坏野鸟巢都是违法行为。然而，该法还是允许有一些例外，即允许有执照的人员出于某些目的实施这些行为，比如放鹰狩猎、科学调查、保护其他鸟类等。[20]

1972 年，《寂静的春天》出版后的第十年，美国禁止把 DDT 当成农药喷洒。1984 年，英国也禁止了。但印度等少数国家仍在使用。1973 年，美国国会通过了《濒危物种法》，为存在灭绝危险的本土物种提供各种各样的保护。该法律禁止破坏它们的栖息地、杀害它们、把它们当宠物养和贩卖它们。

《濒危物种法》和其他鸟类保护法对原住民是否适用，这一直是个敏感问题，他们可能需要在宗教仪式中使用鹰的羽毛。由于繁殖系统受到了 DDT 的影响，美国国鸟白头海雕在美国已濒临灭绝。据估计，1892 年美国有 5 万对白头海雕伴侣，到了 1963 年，仅剩 417 对。[21] 今天，在美国，杀鹰和捉鹰都是违法的，只有部分霍皮人例外，[22] 但人们只要发现了鹰的羽毛，都被要求送到印第安人事务局以分发给各部落。美洲原住民普遍觉得，忍住不捕鸟是为保护鸟类而付出的一点点小代价。

恢复鸟类资源

亨利·沃兹沃斯·朗费罗在他的叙事诗《基陵沃思的鸟儿》中批评了农夫只关心利润的短视行为。该诗首次发表于 1863 年，开篇就用田园诗般的语言赞美了鸟儿的歌声，接着说到乌鸦呱呱的叫声使俭朴的农夫们感到惊慌。在举行了一场全镇大会后，镇民射杀了所有的鸟，结果发现他们的农作物全被昆虫毁了。一位校长对大伙发表了演讲，使用的意象和后来蕾切尔·卡森在《寂静的春天》中使用的很像：

想想吧：树林里，果园里，鸟儿都绝迹！
树枝上，屋梁上，鸟巢都空空荡荡，
就像一个白痴的脑子里，
只有梦想编织的蜘蛛网上零星挂着几个字！
当你们的牲口把粮食拉回家里，
再没有会飞的拾穗者跟在车旁，
是不是就让羊叫牛鸣的合奏
来补偿那一去不返的妙曲仙喉？

面对一片凋敝，他们意识到了自己的错误，于是用柳条鸟笼运来了新的鸟，并把它们放飞。它们在阳光照耀的田野里为校长的婚礼歌唱。[23] 鉴于我们目前在重新引进已消失物种方面遇到的重重困难，这个美满的结局似乎无法令人信服。

到了大约 19 世纪末，人们不仅开始专心保护鸟类，而且致力于重新引入诸如美洲火鸡、大麻鳽之类的濒危鸟类。这些行动一点也不像朗费罗在《基陵沃思的鸟儿》中所描绘的那样易如反掌，其结果最多只能算是有限的成功。当时的人对这项任务的难度和复杂性几乎一无所知。例如，他们没有意识到鸟的缺席可能会改变环境，从而使它在返回时变得不那么受欢迎。

《濒危物种法》为这场运动带来了新的动力，这场运动不仅要保护许多濒危物种，还要恢复甚至重新引进它们。特别是在美国，在过去的半个世纪里，使许多林鸟的种群得以恢复的条件变得更有利了。城市化和农场的荒废空出了大片土地，可以作为野生生物的栖息地。到了 21 世纪，树木逐渐长了回来，重新覆盖了 1630 年林地面积的三分之二。[24]

野生生物的管理者也从之前试图挽救濒危物种却大多失败的努力中吸取了教训。他们意识到，要做的远比朗费罗在《基陵沃思的鸟儿》中所说的把它们从柳条笼子里放出来要多得多，于是用新的复杂技术和资源来处理这项任务。虽然挑战很大，常显得有些不切实际，但他们表现得极具奉献精神，又足智多谋。早些时候试图恢复美洲火鸡数量的尝试都失败了，主要是因为养在农场里的火鸡被放回野外后无法生存下来。

20 世纪 50 年代，环保主义者开始在剩下的几个还能找到野生火鸡的地区捕捉它们，然后把它们重新安置在野生火鸡已经绝迹的地区。这种做法效果惊人。到 2009 年，美国的火鸡数量已增加到 800 万只。[25] 捕获鸟儿迁移至保护栖息地的类似计划也拯救了白头海雕。如今，它们不再濒危，在美国的东西海岸和许多湖泊河流附近，很容易就能看见它们。[26]

从殖民时代起，受过教育的美国人就嫉妒英国和欧洲大陆拥有丰厚的文学底蕴和民间传说，嫉妒它们几乎每条河、每座山都附有一个故事。他们把美国风景的原始壮观视为一种补偿，因此，在努力保护野生生物时，会重视有魅力的巨型动物，比如神鹫、狼和鹤，并倾向于把它们划到人类历史之外。英国人所面对的是一片比美国面积小得多，同时人口稠密得多的领土，因此他们处理这一挑战必须从和美国人完全不同的角度着手。他们倾向于把动物群

《麻鳽》，托马斯·比威克，1804 年，木版画

看作包括植物和人类在内的有机共同体的一部分，这一部分在灌木树篱和牧场上都留下了自己的印迹。保护野生动植物是在保存历史，而不是逃避历史。

一个很好的例子就是大麻鳽的种群恢复。这是一种生活在沼泽地的鸟，喙很长，叫声隆隆。自 16 世纪以来，大麻鳽的数量一直在稳步下降，到了 20 世纪初，在英国已停止了繁殖。赫德森称它是“英国最令人着迷的鸟类之一，因为它习性孤僻神秘，颜色怪异丰富，羽毛上有美丽的条斑，它轰隆隆的叫声曾是我们这片土地上熟悉的声音，‘令咕噜作响的沼泽都为之震动’”。[27] 成立于 1889 年的英国皇家鸟类保护协会（RSPB）游说议员保护大麻鳽的办法是，强调习俗和民间传说都反映出大麻鳽是英国乡村不可分割的重要组成部分。在 20 世纪的最后几十年里，大麻鳽在萨福克郡明斯米尔的沼泽地里一开始繁殖，动物保护人士就会把它们引诱到附近的地区。为了鼓励当地人和他们合作，协会还特地创立了一个品牌——麻鳽牌。当地的一款啤酒和一条铁路线也都以麻鳽命名。在一个主要受习俗支配的社区里，使该鸟重新成为社会结构一部分的策略大体上取得了成功，巢址的数量在稳步增加。[28]

少数几个物种的成功案例振奋了人心，但还远不足以扭转物种灭绝的总趋势。最近一项受到高度评价的研究表明，从 1970 年到 2019 年底，美国和加拿大的鸟类数量减少了 29%，其中消失的物种就有 31 种。这两个国家失去了 53% 的草原鸟类，比如北美产草地鹨；37% 的滨鸟，比如鸻；33% 的北方林鸟，比如莺；23% 的北极苔原鸟类，比如海鹦。一个鼓舞人心的趋势是火鸡和许多猛禽的种群得以恢复，另外湿地鸟类（比如鸭子）的数量实际也有所增长。[29]

复活鸟类

与火鸡和大麻鳽的例子相比，拯救加州神鹫的计划更复杂、更雄心勃勃。这是一种翼展长达 3 米多的秃鹫。到 20 世纪 80 年代初，它们在野外已绝迹，剩下的 22 只全被圈养着。使它们重新在野外立足似乎是一个不可能的任务，因为这不仅要教幼鸟学会野外生存的基本技能，还要教它们如何应对人类和人类技术。为了使神鹫不至于过度依赖人类，教导它们的人会使用长着成年秃鹫的头的木偶来隐藏自己的身份。人们通过电击进行负强化，教幼鸟学会避开输电线和垃圾箱。在给它们接种疫苗并放生后，研究野生生物的专家们在美洲原住民志愿者的帮助下仔细监测它们在野外的生存情况，偶尔还会抓几只回来检查它们铅中毒的程度。[30] 令人惊讶的是，这些鸟的确越来越独立了。可预见的是，到 21 世纪 30 年代，将会有 400 余只加州神鹫生活在野外。这是一个令人激动的数字，但仍不足以确保该物种的存续。

要恢复美洲鹤的数量，甚至需要更巧妙的做法。20 世纪末，世界上只剩下不到 20 只美洲鹤。人们几次三番把圈养的美洲鹤放回野外，但收效甚微，

《美洲鹫》，西奥多·贾斯珀，彩色石印画，
出自《施图德通俗鸟类学》(1881)。
站在树墩上的那只大鸟是加州神鹫，其下方分别是黑头美洲鹫和红头美洲鹫

圈养的鸟已经不知道该如何迁徙了。21 世纪初，人们采取了一种激进的新方法。他们穿着精心设计的服装接近圈养的雏鸟，假装是它们的父母，然后让雏鸟跟着一架超轻的航空器飞，从而教它们如何从威斯康星州迁徙到佛罗里达州。[31] 如今，有 669 只美洲鹤生活在野外，另外还有 163 只仍被圈养着。它们仍被列为“濒危”，部分原因是它们的种群虽然受到了严密的监测，但随时可能毁于一场自然灾害（比如飓风）。[32]

尽管人们为了加州神鹫和美洲鹤绞尽脑汁，想方设法，付出了巨大的努力，但它们已经功能性灭绝了。它们气宇轩昂，提醒人们别忘了它们昔日的辉煌，但其数量和地位都不足以对环境产生重大影响。假如没有人类周密的监测，它们很可能存活不了多久。而万一发生严重的经济衰退或政治风向的改变，这种监测很容易会被撤销。但大自然充满了惊喜，也许它们两者或其中之一能给我们带来惊喜。它们可能会想出令其训练者们都大跌眼镜的绝妙方法生存下去，甚至数量剧增。

此外，即使只是作为纪念物，幸存下来的鹤和神鹫种群可能仍很重要。就付出的时间、金钱、情感和心血而言，保留这些种群起初似乎并不像是非常务实的动保举措，但我们得把它们鼓舞人心的作用也考虑进来。在纪念碑上倾注大量心血和艺术性的做法并不罕见，其目的是提醒人们自己失去了什么，同时也暗示人们现在应该努力保存什么。几只鸟发挥的作用可能远远胜过任何青铜雕像发挥的作用。

即使把美洲鹤和加州神鹫的种群彻底恢复了，和现在启动的一些项目相比，其成就也是微不足道的。一个名为“复苏与复原”的科学家团队正在尝试把重建起来的旅鸽的 DNA 插入和它有亲缘关系的物种的卵中。他们希望用这种方法孵出一群新的旅鸽，然后放生，这样旅鸽就可以繁殖了，它们的粪便还能使美国的森林重新焕发生机。[33] 他们面临的挑战不全是科学技术问题，因为如果这个项目成功了，可能会勾起农人的旧怨，让人们再起杀心。而且，新复活的物种会不会和其他鸟竞争，从而把它的竞争对手逼到灭绝，或者是自己再度面临灭亡？这些鸟，不管它们的 DNA 是什么，它们的生长环境都和它们遗传学上的祖先截然不同，它们真的能算是旅鸽吗？在所有这些试图复兴罕见或已灭绝物种的项目中，保护是否逐渐成为干预自然进程的一个积极借口？

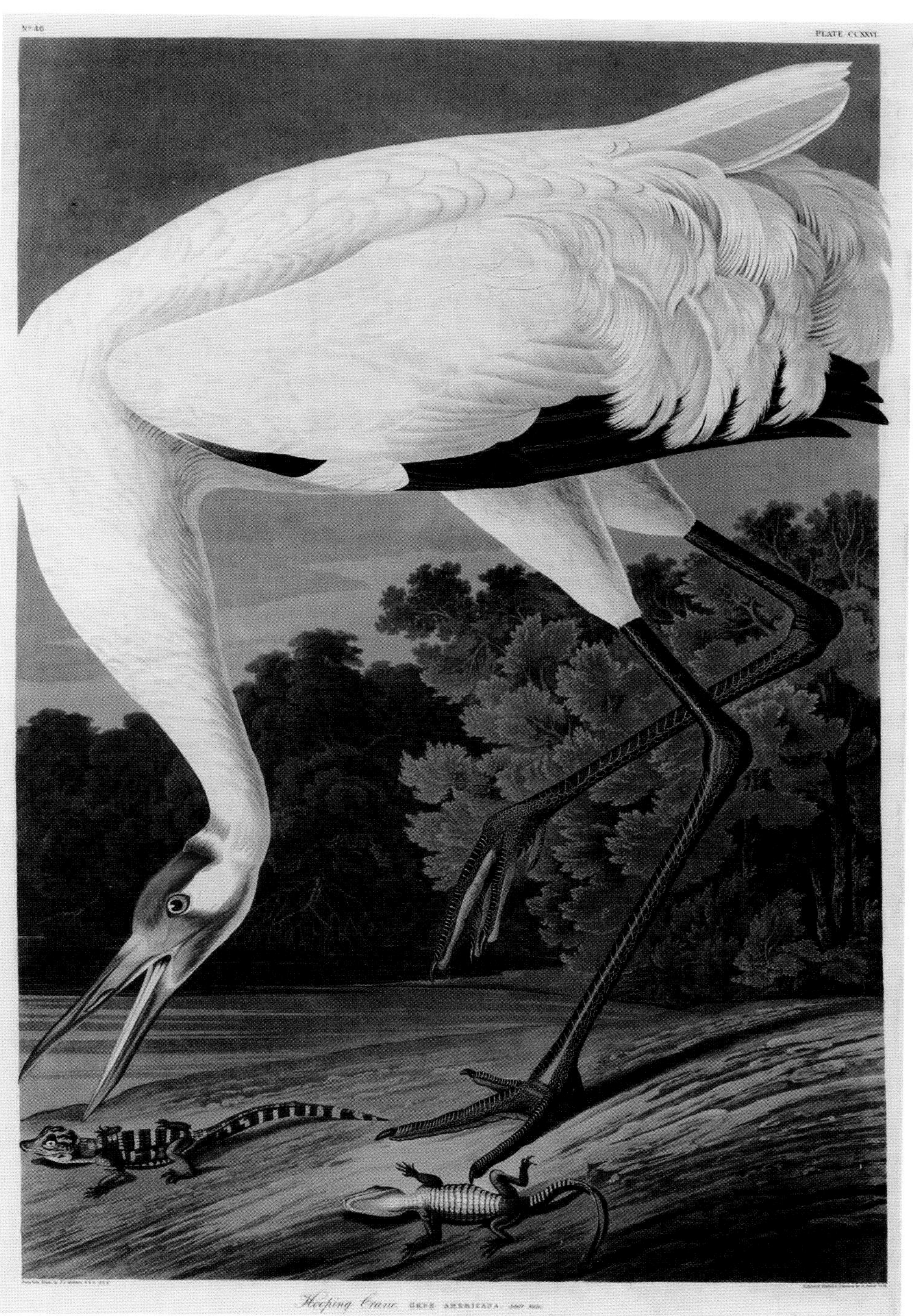

《美洲鹤》，约翰·詹姆斯·奥杜邦，1827—1838 年，凹版腐蚀版画

救助哪些物种

长期以来，杀死捕食者和竞争者一直是保护或恢复濒危物种的标准做法。美国政府的承包商们曾在阿拉斯加海岸射杀狐狸以保护海鸟。20 世纪末，动物保护人士在加拉帕戈斯群岛上射杀了 14 万头山羊以保护本土植物和以本土植物为食的本土动物。为了拯救濒危鸟类，2010 年到 2015 年间，人们在南大西洋的南乔治亚岛上投放了 300 吨有毒食物以毒死吃鸟蛋的老鼠。[34] 在美国西北部的森林里，美国鱼类及野生动植物管理局试图通过系统地杀死成千上万只横斑林鸮来保护斑林鸮，因为前者的活动范围一直在西移，把身为亲戚的后者从它们的栖息地里赶了出去。[35] 更激进的还要数澳大利亚政府在 2015 年做出的决定，即为了保护本地野生动植物，特别是鸟类，要消灭几十万只野猫。[36]

我只提到了近年来为保护和恢复濒危鸟类种群所做的几个尝试，但也足以说明这类计划中蕴藏的一些风险、危险、需求、问题和机会。因为生态系统变得越来越脆弱，所以可能需要采取极端的措施。许多保护或放归野生动物的方案都涉及操纵、欺骗或杀戮。正如托姆・范・多伦所言，“看来，关怀和希望里常常充斥着——甚至是基于——不可避免的持续的暴力行为”。[37] 随着大规模灭绝问题令人感到越来越绝望，动物保护人士可能会抛开许多禁锢，其手段的暴力程度将会加大。

伊丽莎白・科尔伯特在《大灭绝时代》的结尾处这样说道:“尽管完全不是有意为之,但我们正在决定哪条进化途径将继续畅通,而哪条将永远关闭。”[38] 正如她所观察到的,这是一个巨大的责任。关于该全力以赴拯救哪些物种的决定涉及个人忠诚、环境考量、情感、经济可行性和审美之间的复杂平衡。对于应该如何利用有限资源来给大规模灭绝设限，甚至环保界内部都存在着严重的分歧。我们应该集中精力保护单个物种还是整个生态系统？应该努力保护尽可能多的鸟类，还是只关心几个基石物种？

科尔伯特夸大了人类的影响力。除非这个星球上的 70 亿人全都协调一致、共同努力，我们才有可能决定生物的命运，但这是不太可能发生的。人类因文化、地理，甚至更多时候是因个人经历，而分裂成不同的群体。诸如鸽子、椋鸟、家麻雀、乌鸦之类的鸟在“人类世”，即所谓的“人类时代”里能够大量繁殖，不是因为人类选择了它们，而是因为它们能够适应城市环境。人们可能为它们的种群兴旺创造了条件，但这既不是有意识的行为，也不是故意的。

同时，人特别喜欢的鸟类，比如鹦鹉，一直都没有兴旺起来。人类的垂青甚至有损它们的存活机会。从事生态旅游业的人常常为了建造豪华酒店而破坏鸟类的栖息地。人们钟爱的鸟也可能被捕捉后送到秘密的、大多非法的异国宠物交易市场上买卖。大量的鸟从它们的自然栖息地里被抓走，送去参加赛鹰会和鸣禽歌唱比赛，前者在阿拉伯国家很流行，后者在印度尼西亚很流行。[39]

科尔伯特在书中描述了一幅未来的末日图景，随后，可能是为了避免听起来像在布道，她以一段关于人类力量的文字作结，希望给读者一些安慰，同时激励读者要肩负起相应的责任来。我们尚未看到这种方法的效果究竟如何。就大规模灭绝和与之紧密相关的气候变化问题而言，无论是客观公正的分析、严重的警告，还是诉诸罪恶感的呼吁，都已被证明不足以战胜公众的惰性和否定。

结语

在情感层面上，灭绝是死亡的升级，在某种程度上，它也与死亡一样神秘。正如人们不断幻想使死者苏醒，他们也渴望把已灭绝的物种重新带回人间。我们哀悼已灭绝的物种，就像我们哀悼逝去的个人一样。但现在，不是只有鸟在灭绝，消亡的还有其他动物、植物、文化、生活方式、宗教、语言、工艺、技术等几乎一切东西。累积影响可能极其可怕。

这些损失以一种复杂的方式相互关联。蕾切尔·卡森在《寂静的春天》里反对某些杀灭昆虫的方法，[40]但甚至连她也没有意识到，当昆虫死亡的规模足够大时，它本身就对环境构成一种威胁。21 世纪初，欧洲的农民和鸟类学家注意到鸟的数量锐减，这和蕾切尔·卡森书里描绘的情况类似。山鹑、夜莺、斑鸠等鸟的数量大幅下降，原来鸟在挨饿，因为它们不太容易找到赖以为食的昆虫。昆虫的数量和种类都出现了锐减。[41]从某种意义上来说，这与其说是鸟类减少的一个单独原因，不如说是对多个熟悉原因的综合阐释。昆虫减少的原因和鸟类的大体相同，比如栖息地遭到破坏和投毒。气候变化对鸟类的

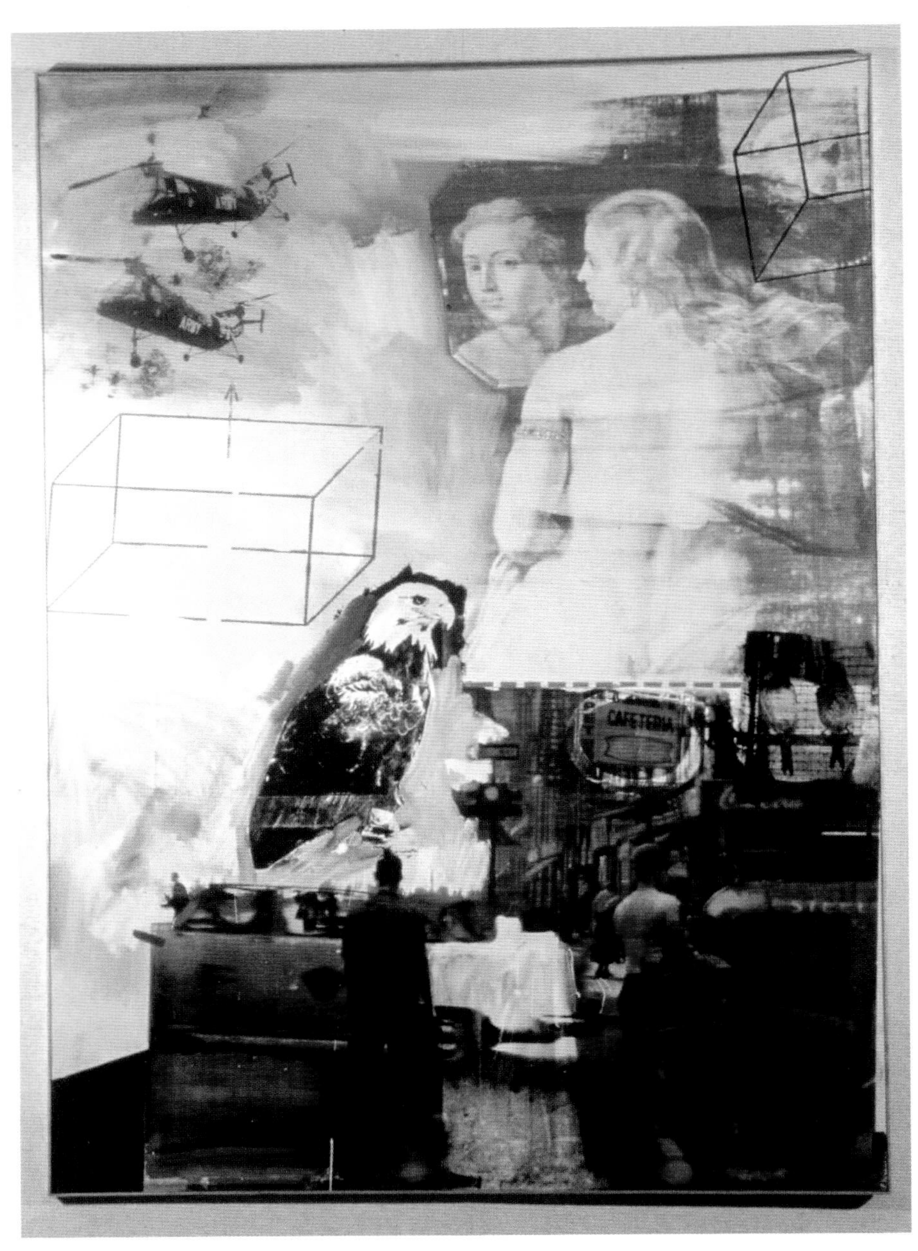

《示踪物》，罗伯特·劳森伯格，1964 年，用油画颜料和丝印油墨在布上绘制而成。
图中的这只白头海雕发现自己无论是在海上、陆地上，还是在空中，
周围尽是人类文明丢弃的各种物件

直接影响有限，它们通常有能力迁徙到相当远的地方，但它们赖以为食的昆虫却不能。

奇怪的是，环境危机既迫在眉睫，又在很多方面充满不确定性，这或许是史无前例的。我们习惯把重大事业比作战争，但在这个例子中，没有明确界定的敌人，我们对什么是“胜利”也只有一个模糊的概念。而且，尽管人们用物种的数量来衡量生物多样性，但科学家对物种是什么，甚至对物种是否真正存在都还没有达成共识。我们心心念念要保护的“人类文明”是什么？答案五花八门，有人可能会从商业或政治的角度出发来思考这个问题，也有人会想到几百个文化历史遗迹、民间传统或抽象原理，但几乎没有人会尝试给出一个简洁的定义。存续不仅仅是一个物质形态传递的问题。更为根本的是，它是一个身份维护的问题，而身份一直是很脆弱的。

我认为这场危机归根结底与生物多样性无关。它事关重建人与大自然的关系，而鸟是一个很好的切入点。它们是兴旺还是灭亡可以检测我们的环境良知，指出我们是否在做正确的事。我所说的“鸟启”就是一个人对一只鸟产生了强烈的认同感，它从来都不是一种特别不寻常的体验，更不是一种奇异的经历。这样的顿悟普遍存在于人类文明中，对个人和集体的身份概念的建立发挥了重要的作用，尽管我们并不总能意识到它们的存在。然而，令人困惑的是，不同的人是如何以各种各样的方式与鸣禽、猛禽或其他鸟类产生共鸣的。

正如本书所示，我认为这种认同感可以通过占卜、鹰猎、社会行动、讲故事、音乐、美术等表现出来，这里仅列举了几种最易知易感的表达方式。我们与鸟及其他动物的关系就像与其他人的关系一样，难以捉摸，层次复杂，存在矛盾，给人滋养。甚至连我们的支配感也不像看上去那么简单，因为无论是在哲学还是神话里，它都与对人类劣根性的怀疑联系在一起。[42]

由于这种复杂性，我不会试图告诉人们他们是否应该养殖、吃肉、狩猎、参观动物园或养宠物。这样的决定通常直接涉及个人身份的核心。无论是在严肃的学术期刊上，还是在嘈杂的公共论坛上，这都是极难探讨的问题。我只要求人们仔细思考他们的选择可能会带来哪些后果，并对其他可能的选项持开放的态度。

从许多方面来看，我们集体存续的欲望似乎并不特别强烈，因为我们不断地卷入无意义的、自杀式的战争中。然而，鸟体现了我们的许多价值观，有

《秃鼻乌鸦》，托马斯·比威克，1804 年，木版画

时还会在其中加入一种看似超凡脱俗的优雅。就算我们不为自己的生存而解决环境问题，我们也许仍然会为它们做这件事。鸟还有一种非凡的本领——在逆境中给人希望。

小说家西莉亚·戴尔在写给《乡村生活》杂志的一封信中回忆了自己“二战”期间在剑桥的经历：

> 我发现没有什么比秃鼻乌鸦呱呱的叫声更能抚慰人的心灵。战争期间，灾难一场接着一场，仿佛这就是英格兰的命运了。我会看着窗外，看看秃鼻乌鸦的鸟巢，听听它们的叫声，经常这样想：“无论如何，秃鼻乌鸦仍在那里。”[43]

注释

引言

[1] Boria Sax, 'Swan Maiden: The Animal that Adam Could not Name' , in *Goddesses in World Culture*, ed. Patricia Monaghan (New York, 2012), vol. II, pp. 183-92.

[2] Daniel Ward, ed. and trans., *The German Legends of the Brothers Grimm* (Philadelphia, PA, 1981), vol. II, legends 541-5, pp. 179-84.

[3] Mircea Eliade, *Shamanism: Archaic Techniques of Ecstasy* (Princeton, NJ, 1964), p. 403.

[4] Herman Melville, *Moby-Dick* (New York, 1902), p. 166. 引文译文引自《白鲸》，赫尔曼·麦尔维尔著，曹庸译，上海：上海译文出版社，1982 年。

[5] Graeme Gibson, 'Some Blessed Hope: Birds and the Nostalgic Human Soul' , in *The Bedside Book of Birds: An Avian Miscellany*, ed. Graeme Gibson (New York, 2005), pp. 304-5.

[6] Gerard Manley Hopkins, 'The Windhover' , in *On Wings of Song: Poems about Birds*, ed. J. D. McClatchy (New York, 2000), p. 224.

[7] Boria Sax, *Dinomania: Why We Love, Fear and are Utterly Enchanted by Dinosaurs* (London, 2018), pp. 227-46.

1 平行世界

[1] John Ayto, *Dictionary of Word Origins: The Histories of More than 8,000 English-Language Words* (New York, 1990), pp. 64, 239, 289.

[2] Claude Lévi-Strauss, *The Savage Mind* (Chicago, IL, 1966), pp. 204-5. 引文译文引自《野性的思维》，克洛德·列维－斯特劳斯著，李幼蒸译，北京：中国人民大学出版社，2006 年。

[3] Ibid., p. 204.

[4] Ibid., p. 184.

[5] Sian Lewis and Lloyd Llewellyn-Jones, *The Culture of Animals in Antiquity* (Oxford, 2017), pp. 45-6.

[6] Roel Sterckx, *The Animal and Daemon in Early China* (Albany, NY, 2002), pp. 43-9.

[7] P'u Sung-ling, *Strange Stories from a Chinese Studio*, trans. Herbert A. Giles (New York, 1926), pp. 171-6.

[8] John Cummins, *The Hound and the Hawk: The Art of Medieval Hunting* (London, 2001), pp. 187-8.

[9] Alphonse Toussenel, *Le monde des Oiseaux, Ornithologie Passionnelle* (Sydney, 2019), pp. 1-7. The translations are my own.

[10] Lévi-Strauss, *Savage Mind*, pp. 137-8.

[11] Philippe Descola, *Beyond Nature and Culture*, trans. Janet Lloyd (Chicago, IL, 2013), pp. 144-71.

[12] Edward O. Wilson, 'Biophilia and the Conservation Ethic' , in *The Biophilia Hypothesis*, ed. Stephen R. Kellert and Edward O. Wilson (Washington, DC, 1993), p. 31.

[13] Roberto Marchesini, *Over the Human: Post-humanism and the Concept of Animal Epiphany* (Cham, Switzerland, 2017), pp. 93-114.

[14] Donna Haraway, *The Companion Species Manifesto: Dogs, People and Significant Otherness* (Chicago, IL, 2003), pp. 16-17.

[15] Lisa Nocks, *The Robot: The Life Story of a Technology* (Baltimore, MD, 2008), p. 17.

[16] Apollodorus, *The Library of Greek Mythology*, trans. Robin Hard (Oxford, 1997), pp. 140-41.

[17] M. C. Howatson, ed., 'Daedalus' , *The Oxford Companion to Classical Literature* (Oxford, 1989), p. 167.

[18] Plato, 'Euphyphro' , trans. Hugh Tredennick and Harold Tarrant, in *The Last Days of Socrates* (London, 1993), section IIC, p. 20.

[19] Plato, *The Republic*, trans. Robin Waterford (Oxford, 1998), section 620a-b (p. 378).

[20] Mircea Eliade, *Myth and Reality* (New York, 1963), pp. 124-5.

[21] Mircea Eliade, *Shamanism: Archaic Techniques of Ecstasy* (Princeton, NJ, 1964), p. 403.

[22] Giorgio Vasari, *The Lives of the Artists*, trans. Julia Conaway and Peter Bondanella (Oxford, 2008), p. 286.

[23] Smithsonian National Air and Space Museum, 'Leonardo da Vinci's Codex on the Flight of Birds' , http://airandspace.si.edu, 22 October 2013.

[24] Ibid.

2 凤凰与雷鸟

[1] Graziella Arazzi, 'I segni dell'universo animale. Zooantropologia e zoosemiotica in Gaston Bachelard' , *Zooantropologia: Storia, etica e pedagogia dell' interazione uomo/animale*, ed. Claudio Tugnoli (Milan, 2003), pp. 185-93.

[2] Gaston Bachelard, *Air and Dreams: An Essay on the Imagination of Movement*, trans. Edith R. Farrell and C. Frederick Farrell (Dallas, TX, 2002), pp. 19-110.

[3] Gaston Bachelard, *The Poetics of Space*, trans. Maria Jolas (New York, 2014), pp. 124-37.

[4] Bachelard, *Air and Dreams*, pp. 247-8.

[5] Geoffrey Chaucer, 'Prologue to *The Canterbury Tales'* , in *Chaucer: Complete Works*, ed. Walter W. Skeat (London, 1973), lines 9-10, p. 419.

[6] Tim Birkhead, *Bird Sense: What It's Like to Be a Bird* (New York, 2012), pp. 30-31.

[7] Joseph Nigg, *The Phoenix: An Unnatural Biography of a Mythical Beast* (Chicago, IL, 2016), p. 19.

[8] Roel Sterckx, *The Animal and the Daemon in Early China* (Albany, NY, 2000), pp. 178, 288.

[9] Adam McLean, 'The Birds in Alchemy' , *Hermetic Journal*, 5 (Autumn 1979), pp. 15-18, available at http://levity.com, accessed 14 November 2019.

[10] Sabine Baring-Gould and Edward Hardy, *Curious Myths of the Middle Ages* (New York, 1987), pp. 27-34.

[11] Antonio Pigafetta, *Magellan's Voyage around the World*, ed. James Alexander Robertson, 3 vols (Cleveland, OH, 1906), II, p. 105.

[12] Willy Ley, *Dawn of Zoology* (Englewood Cliffs, NJ, 1968), p. 140.

[13] Ibid., p. 140.

[14] Sterckx, *Animal and Daemon*, p. 181. 引文译文参考《古代中国的动物与灵异》，胡司德著，蓝旭译，南京：江苏人民出版社，2016 年。

[15] Ibid.

[16] Edward A. Armstrong, *The Folklore of Birds* (London, 1958), pp. 109-10.

[17] Hieronymus Megiser, *Warhafftige, gründliche und außführliche so wol Historische alß Chorographische Beschreibung der uberauß reichen, mechtigen und weitberhümbten Insul Madagascar* (Altenburg, 1609), p. 22.

[18] Husain Haddawy, trans., *Sindbad and Other Tales from the Arabian Nights* (New York, 1995), p. 12.

[19] Evan T. Pritchard, *Bird Medicine: The Sacred Power of Bird Shamanism* (Rochester, VT, 2013), p. 207.

[20] Bachelard, *Air and Dreams*, p. 16.

3 鸟卜

[1] Homer, *Odyssey*, trans. Stanley Lombardo (Indianapolis, IN, 2000), x.514-17, p. 115.

[2] Apollodorus, *The Library of Greek Mythology*, trans. Robin Hard (Oxford, 1997), I.9, pp. 46-7.

[3] Anonymous, 'The Lay of Fafnir' , in *The Poetic Edda*, trans. Carolyne Larrington (Oxford, 1996), pp. 157-65.

[4] Jacob Grimm and Wilhelm Grimm, *The Complete Fairy Tales of the Brothers Grimm*, trans. Jack Zipes (New York, 1987), tale 33, pp. 127-9.

[5] Mircea Eliade, *Shamanism:Archaic Techniques of Ecstasy* (Princeton,NJ,1964), p. 98.

[6] Rebecca Ann Bach, *Birds and Other Creatures in Renaissance Literature* (New York, 2018), p. 42.

[7] Jared Diamond, 'The Worst Mistake in the History of the Human Race' , www.

discovermagazine.com, 1 May 1999.

[8] Marie V. Lilly, Emma C. Lucore and Keith A. Travin, 'Eavesdropping Grey Squirrels Infer Safety from Bird Chatter' , PLOS One, https://journals.plos.org, 4 September 2019.

[9] Hesiod, *Works and Days*, in *Theogony, Works and Days*, trans. M. L. West (Oxford, 1988), lines 448-50, p. 50.

[10] J. Pollard, *Birds in Greek Life and Myth* (New York, 1977), p. 111.

[11] Hesiod, *Works and Days*, lines 484-5, p. 51.

[12] Ibid., line 828, p. 61.

[13] Pollard, *Birds in Greek Life and Myth*, p. 113.

[14] Apollodorus, *The Library of Greek Mythology*, I.9, pp. 52-3.

[15] Boria Sax, *City of Ravens* (London, 2011), p. 28.

[16] Debra Hermann, *Avian Cognition: Exploring the Intelligence, Behavior and Individuality of Birds* (Boca Raton, FL, 2016), p. 17.

[17] Paul Shepard, *Thinking Animals: Animals and the Development of Human Intelligence* (Athens, GA, 1998), p. 34.

[18] Jeremy Mynott, *Birds in the Ancient World* (Oxford, 2018), p. 10.

[19] Herodotus, *The History of Herodotus*, trans. G. C. Macaulay, vol. I (London, 1890), II.55.

[20] Homer, *The Iliad*, trans. Stanley Lombardo (Indianapolis, IN, 1997), x.282-301, pp. 188-9.

[21] Ibid., XII.201-57, pp. 230-31.

[22] Ibid., XXIV.336-42, p. 477.

[23] Homer, *Odyssey*, II.161-72, p. 19.

[24] Homer, *Illiad*, VII.58-60, p. 130.

[25] Homer, *Odyssey*, V.333, p. 39.

[26] Hans Blumenberg, *Work on Myth*, trans. Robert M. Wallace (Cambridge, MA, 1985), pp. 131-2.

[27] Ibid., pp. 136-7.

[28] Plutarch, *Plutarch's Lives*, trans. John Dryden, ed. Arthur Hugh Clough [1864] (New York, *c*. 1930), p. 141.

[29] Ibid., pp. 820, 852.

[30] Sian Lewis and Lloyd Llewellyn-Jones, *The Culture of Animals in Antiquity: A Sourcebook with Commentaries* (London, 2018), p. 518.

[31] Suetonius, *The Twelve Caesars*, trans. Robert Graves (New York, 2007), p. 38.

[32] Aelian, *On Animals*, trans. A. F. Scholfield (Cambridge, MA, 1958), III.9, pp. 165-6.

[33] Ibid., III.23, p. 185.

[34] Ovid, *Metamorphoses*, trans. Rolfe Humphries (Bloomington, IN, 1955), XIV.310-96, pp. 348-50.

[35] Ibid., XI.408-761, pp. 272-84.

[36] Rozenn Bailleul-LeSuer, ed., *Between Heaven and Earth: Birds in Ancient Egypt* (Chicago, IL, 2012), p. 134.

[37] Caroline Bugler, *The Bird in Art* (London, 2012), p. 50.

[38] Armstrong, *Folklore of Birds*, p. 80.

[39] Apuleius, *The Golden Ass: The Transformations of Lucius*, trans. Robert Graves (New York, 2009), pp. 122-3.

[40] Cicero, *On Divination*, Book One, in *On Old Age. On Friendship. On Divination*, trans. W. A. Falconer (Cambridge, MA, 1923), VI.10-11, p. 235. “自然占卜” “人为占卜”两专名来自中译本《论占卜》，马库斯·图留斯·西塞罗著，戴连焜译，上海：华东师范大学出版社，2019 年。

[41] Elijah Judah Schochet, *Animals in Jewish Tradition: Attitudes and Relationships* (New York, 1984), p. 128.

[42] Anthony S. Mercatante, *Zoo of the Gods: Animals in Myth, Legend and Fable* (New York, 1974), pp. 169-70.

[43] *The Koran*, with parallel Arabic text, trans. N. J. Dawood (New York, 2000), 5:31, p. 111.

[44] Anon., *The Nibelungenlied*, trans. A. T. Hatto (New York, 2004), p. 18.

[45] Kakuichi, *The Tale of the Heike*, trans. Helen Craig McCullough (New York, 1988), chap. 11, #7, p. 372.

[46] J. V. Andrea, *The Chemical Wedding of Christian Rosenkreutz*, trans. Joscelyn Godwin (Boston, MA, 1991), p. 25.

[47] J. Simpson and S. Roud, 'Magpies' , in *Oxford Dictionary of English Folklore* (Oxford, 2000), pp. 222-3.

[48] Grimm and Grimm, *The Complete Fairy Tales of the Brothers Grimm*, pp. 22-8.

[49] Iona Opie and Moira Taten, eds, *A Dictionary of Superstitions* (New York, 1989), pp. 90-91.

[50] Ibid., pp. 25-6.

[51] Ibid.

[52] Evan T. Pritchard, *Bird Medicine: The Sacred Power of Bird Shamanism* (Rochester, VT, 2013), p. 22.

[53] Ibid., pp. 69-70.

[54] Ibid., p. 105.

[55] Jacob Grimm and Wilhelm Grimm, *The German Legends of the Brothers Grimm*, trans. Donald Ward, 2 vols (Philadelphia, PA, 1981), legend 23, I, p. 33.

[56] Sax, *City of Ravens*, p. 34.

[57] W. M.Patterson & Company, eds, *The Growing World* (Philadelphia, PA, 1882), p. 196.

[58] Anonymous, 'Official France is Worried to Death' , *Boston Post*, 28 November 1922, p. 15.

[59] Anonymous, 'Raven of Ill Omen Reappears in Paris' , *New York Times*, 21 November 1921.

[60] Sax, *City of Ravens*, pp. 15-35, 49-55.

[61] Ibid., pp. 36-40, 62-73, 56-88.

[62] Sarah Marsh, '"Bored" Ravens Straying from Tower of London as Tourist Numbers Fall', *The Guardian*, 20 August 2020.

[63] Peter Doherty, *Their Fate Is Our Fate: How Birds Foretell Threats to Our Health and Our World* (New York, 2013), p. 181.

4 鸟的灵魂

[1] Sherif Bana El Din, 'The Avifauna of the Egyptian Nile Valley: Changing Times' , in *Between Heaven and Earth: Birds in Ancient Egypt*, ed. Rozenn Bailleul-LeSuer (Chicago, IL, 2015), p. 125.

[2] Francis Klingender, *Animals in Art and Thought to the End of the Middle Ages* (Cambridge, MA, 1971), p. 49.

[3] Juliet Clutton-Brock, *Animals as Domesticates: A World View through History* (East Lansing, MI, 2012), p. 66.

[4] Patrick F. Houlihan, *The Animal World of the Pharaohs* (New York, 1996), p. 136.

[5] Ibid.

[6] Klingender, *Animals in Art and Thought*, p. 32.

[7] Rozenn Bailleul-LeSuer, 'Pharaoh the Living Horus and His Subjects' , in *Between Heaven and Earth*, ed. Rozenn Bailleul-LeSuer, p. 136.

[8] Aaron H. Katcher, 'Man and the Environment: An Excursion into Cyclical Time' , in *New Perspectives on Our Lives with Companion Animals*, ed. Aaron H. Katcher and Alan M. Beck (Philadelphia, PA, 1983), p. 526.

[9] Bailleul-LeSuer, 'Nina de Garis Davie's Facsimilies from the Painted Tomb-chapel of Nebamun' , in *Between Heaven and Earth*, ed. Bailleul-LeSuer, pp. 152-3.

[10] S. Peter Dance, *The Art of Natural History: Animal Illustrators and their Work* (New York, 1978), p. 10.

[11] Dorothea Arnold, *An Egyptian Bestiary* (New York, 1995), p. 24.

[12] Edward Bleiberg, Yekaterina Barbash and Lisa Bruno, *Soulful Creatures: Animal Mummies in Ancient Egypt* (New York, 2015), pp. 66-7.

[13] Rozenn Bailleul-LeSuer, 'From Kitchen to Temple: The Practical Role of Birds in Ancient Egypt' , in *Between Heaven and Earth*, ed. Rozenn Bailleul-LeSuer, p. 30.

[14] Bleiberg, Barbash and Bruno, *Soulful Creatures*, p. 64.

[15] Patrick F. Houlihan, *The Birds of Ancient Egypt* (Cairo, 1988), p. 140

[16] Ibid., pp. 84-5.

[17] Bleiberg, Barbash and Bruno, *Soulful Creatures*, pp. 91-4.

[18] Bailleul-LeSuer, 'Introduction' , in *Between Heaven and Earth*, ed. Bailleul-LeSeur, p. 16.

[19] Bleiberg, Barbash and Bruno, *Soulful Creatures*, p. 83.

[20] Dorothea Arnold, *An Egyptian Bestiary* (New York, 1995), p. 45. I have slightly altered the lines on poetic grounds, without changing the meaning.

[21] Ibid.

[22] Joseph Nigg, *The Phoenix: An Unnatural Biography of a Mythical Beast* (Chicago, IL, 2016), pp. 3-17, 38-41.

[23] Homer, *Odyssey*, trans. Stanley Lombardo (Indianapolis, IN, 2000), XII.1109-14, pp. 179-82.

[24] Apollodorus, *The Library of Greek Mythology*, trans. Robin Hard (Oxford, 1997), I.9, pp. 52-3. 引文译文引自《希腊神话》，阿波罗多洛斯著，周作人译，北京：中国对外翻译出版公司，1998 年。

[25] Louis Charbonneau-Lassay, *The Bestiary of Christ*, trans. D. M. Dooling (New York, 1991), p. 230.

[26] Pliny the Elder, *Natural History: A Selection*, trans. John F. Healey (London, 1991), p. 100.

[27] Mircea Eliade, *Shamanism: Archaic Techniques of Ecstasy* (Princeton, NJ, 1974), pp. 477-82.

[28] Bede, *A History of the English Church and People*, trans. Leo Sherley-Price (London, 1976), p. 127.

[29] Mary Webb, *Precious Bane* (New York, *c*. 1930), p. 29.

[30] Suzana Marjanić, 'Croatian Notions of the Post-mortal and Cataleptic Soul' , trans. Nina Antojak, in *Body, Soul and Supernatural Communication*, ed. Eva Pócs (Newcastle, 2019), p. 110.

[31] Jakob Grimm and Wilhelm Grimm, 'The Juniper Tree' , in *The Annotated Brothers Grimm*, ed. and trans. Maria Tatar (New York, 2004), pp. 208-23.

[32] Jan Knappert, *African Mythology* (London, 1995), p. 38.

[33] Pedro Pitarch, *The Jaguar and the Priest: An Ethnography of Tzeltal Souls* (Austin, TX, 2010), pp. 21-2.

[34] John Marzluff and Tony Angell, *In the Company of Crows and Ravens* (New Haven, CT, 2005), pp. 137-8.

[35] Elisabeth de Fontenay, *Le silence des bêtes* (Paris,1998), p. 244.

[36] Anon., *Physiologus*, trans. Michael J. Curley (Austin, TX, 1979), pp. 13-14.

[37] Ibid., pp. 7-8.

[38] Randy Shonkwiler, 'Sheltering Wings: Birds as Symbols of Protection in Ancient Egypt' , in *Between Heaven and Earth*, ed. Bailleul-LeSuer, pp. 49-54.

[39] Horapollo Niliarcus, *The Hieroglyphics of Horapollo*, trans. George Boas (Princeton, NJ, 1993), p. 50.

[40] Anon., *Physiologus*, pp. 47-9.

[41] Anon., *Bestiary: Ms. Bodley 764*, trans. Richard Barber (Woodbridge, 1993), p. 126.

5 迁徙与朝圣

[1] Joseph Campbell, *The Hero with a Thousand Faces* (Princeton, NJ, 1973), pp. 36-7. 引文译文引自《千面英雄》，约瑟夫·坎贝尔著，张承谟译，上海：上海文艺出版社，2000 年。

[2] Gaston Bachelard, *The Poetics of Space*, trans. Maria Jolas (New York, 2014), p. 137.

[3] Dale Serjeantson, *Birds* (Cambridge, 2009), p. 14.

[4] Edward A. Armstrong, *The Folklore of Birds* (London, 1958), p. 99.

[5] Anon., *The Táin*, trans. Thomas Kinsella (London, 1972), pp. 21-3. 引文译文参考《夺牛记：爱尔兰史诗》，曹波译，长沙：湖南教育出版社，2008 年。

[6] Boria Sax, *City of Ravens: London, The Tower and Its Famous Birds* (New York, 2011), p. 41.

[7] George N. Allen, *Ocean Burial: Song and Quartette* (Boston, MA, 1850), p. 5.

[8] Richard J. King, *Ahab's Rolling Sea: A Natural History of Moby Dick* (Chicago, IL, 2019), p. 100.

[9] Armstrong, *The Folklore of Birds*, pp. 209-13.

[10] Roel Sterckx, *The Animal and the Daemon in Early China* (Albany, NY, 2002), pp. 71-2.

[11] J. Pollard, *Birds in Greek Life and Myth* (London, 1977), pp. 43-4.

[12] Aristotle, *The History of Animals*, trans. D'Arcy Wentworth Thompson (Oxford, 1910), VIII.16.

[13] J. F. Lyle, 'John Hunter, Gilbert White and the Migration of Swallows' , *Annals of the Royal College of Surgeons of England*, LX (1978), pp. 485-91.

[14] Lynn Barber, *The Heyday of Natural History* (New York, 1980), p. 42.

[15] Gilbert White, *The Natural History of Selbourne* [1789] (New York, 1895), p. 30.

[16] Lyle, 'John Hunter, Gilbert White' , p. 490.

[17] Gordon C. Aymar, *Bird Flight* (New York, 1938), p. 97.

[18] Per Christiansen, *Encyclopedia of Birds: 400 Species from around the World* (London, 2009), p. 177.

[19] Clive D. L. Wynne and Monique A. R. Udell, *Animal Cognition: Evolution, Behavior*

and Cognition, 2nd edn (New York, 2013), pp. 18-23, 32-4.

[20] R. A. Holland, 'True Navigation in Birds: From Quantum Physics to Global Migration' , *Journal of Zoology*, 293 (2014), pp. 1-15.

[21] Tim Birkhead, *Bird Sense: What It's Like to Be a Bird* (London, 2012), pp. 61-2.

[22] Debra Hermann, *Avian Cognition: Exploring the Intelligence, Behavior, and Individuality of Birds* (North Bethesda, MD, 2014), pp. 15-16.

[23] Jennifer Ackerman, *The Genius of Birds* (New York, 2016), pp. 192-232.

[24] Antonio Demasio, *Descartes' Error: Emotion, Reason, and the Human Brain* (New York, 1994), p. 145.

[25] Ibid., pp. 150-51.

[26] Sterckx, *The Animal and the Daemon*, pp. 178-9.

[27] William Cullen Bryant, 'To a Waterfowl' , in *On Wings of Song: Poems about Birds*, ed. J. D. McClatchy (New York, 2000), pp. 225-6. 该诗译文引自江冰华译本。

[28] Jules Michelet, *The Bird*, trans. W. H. Davenport Adams (London, 1869), p. 183.

[29] William T. Hornaday, *Popular Official Guide to the New York Zoological Park*, 17th edn (New York, 1921), p. 138.

[30] W. G. Sebald, *Austerlitz*, trans. Anthea Bell (New York, 2001), pp. 50, 68.

[31] Rosi Braidotti, *The Posthuman* (Cambridge, 2003), p. 86.

6 自然 – 文化

[1] Jeremy Black and Anthony Green, 'Tower of Babel' , in *Gods, Demons and Symbols of Ancient Mesopotamia: An Illustrated Dictionary* (Austin, TX, 1992), p. 179.

[2] Nigel Barley, *Grave Matters: A Lively History of Death around the World* (New York, 1995), pp. 9-29.

[3] Bruno Latour, *We Have Never Been Modern*, trans. Catherine Porter (Cambridge, MA, 1993), p. 17. 参见《我们从未现代过：对称性人类学论集》，布鲁诺·拉图尔著，刘鹏、安涅思译，苏州：苏州大学出版社，2010 年。书中论及“即我们所谓的自然-文化’，因为它或多或少地像是一种文化”。

[4] Boria Sax, 'What is this Quintessence of Dust? The Concept of the Human and its Origins' , in *Anthropocentrism: Humans, Animals, Environments*, ed. Rob Boddice (Boston, MA, 2011), pp. 21-36.

[5] David Quammen, *Natural Acts: A Sidelong View of Science and Nature* (New York, 2009), p. 27.

[6] Katy Sewall, 'The Girl Who Gets Gifts from Birds' , BBC News, www.bbc.com, 25 February 2015.

[7] Jacob Grimm and Wilhelm Grimm, *The Complete Fairy Tales of the Brothers Grimm*, trans. Jack Zipes (New York, 1987), pp. 67-70.

[8] John Marzluff and Tony Angell, *Gifts of the Crow: How Perception, Emotion, and Thought Allow Smart Birds to Behave Like Humans* (New York, 2012), pp. 169-92.

[9] Anon., 'The Twa Corbies' , in *On Wings of Song: Poems About Birds*, ed. J. D. McClutchy (New York, 2000), p. 89. 中译引用自王佐良译本，该译本题名作《两只乌鸦》，而本书作者认为“corbie”在此处具体指“raven”，故此处及诗句中略作改动。

[10] Boria Sax, *City of Ravens: London, the Tower, and Its Famous Birds* (London, 2011), p. 26.

[11] Dale Serjeantson, *Birds* (Cambridge, 2009), p. 362.

[12] Marzluff and Angell, *Gifts of the Crow*, pp. 137-46.

[13] Sax, *City of Ravens*, p. 101.

[14] Black and Green, *Gods, Demons and Symbols*, frontispiece.

[15] J. C. Cooper, 'Owl' , *Symbolic and Mythological Animals* (London, 1992), p. 173.

[16] Ashley E. Sharpe, 'A Reexamination of Birds in the Central Mexican Codices' , *Ancient Mesoamerica*, XXV/2 (2014), pp. 317-36.

[17] Cooper, 'Owl' , *Mythological Animals*, pp. 173-4.

[18] Sonia Tidemann and Tim Whiteside, 'Aboriginal Stories: The Riches and Colour of Australian Birds' , in *Ethno-ornithology: Birds, Indigenous Peoples, Culture and Society*, ed. Sonia Tidemann and Andrew Gosler (Abingdon, 2010), pp. 168, 176-8.

[19] Steve Pavlik, *The Navaho and the Animal People: Native American Traditional Ecological Knowledge and Ethnozoology* (Golden, CO, 2014), pp. 189-91.

[20] Allen F. Roberts, *Animals in African Art: From the Familiar to the Marvelous* (New York, 1995), p. 72.

[21] Viviane Backe, 'Les hommes et leurs "doublures animals"', in *Animal*, ed. Christiane Falgayettes-Leveau (Paris, 2007), p. 260.

[22] Roberts, *Animals in African Art*, p. 72.

[23] Aristotle, *The History of Animals*, trans. D'Arcy Wentworth Thompson (Oxford, 1910), IX.1.

[24] Aelian, *On Animals*, trans. A. F. Scholfield (Cambridge, MA, 1958), I.29, available at www.attalus.org.

[25] T. H. White, trans., 'Owl' , *The Book of Beasts* (Mineola, NY, 1984), pp. 133-4.

[26] J. L. Schrader, *A Medieval Bestiary* (New York, 1986), p. 38.

[27] Boria Sax, *Imaginary Animals: The Monstrous, the Wondrous and the Human* (London, 2013), p. 127.

[28] J. J. Grandville, text by Albéric Second et al., *Les Métamorphoses du jour* (Paris, 1854), p. 144.

[29] 'Owlery' , *Harry Potter Wiki*, https://harrypotter.fandom.com, accessed 6 September 2020.

[30] Desmond Morris, *Owl* (London, 2009).

[31] Ibid.

[32] George Eliot, *Middlemarch* (Edinburgh and London, 1872), pp. 297-8. 引文译文引自《米德尔马契》，乔治·艾略特著，项星耀译，北京：人民文学出版社，1987 年。

[33] Luca Impelluso, *La natura e i suoi simboli* (Milan, 2003), p. 193.

[34] Boria Sax, 'When Adam and Eve Were Monkeys: Anthropomorphism, Zoomorphism, and Other Ways of Looking at Animals' , in *The Routledge Companion to Animal-Human History*, ed. Hilda Kean and Philip Howell (Abingdon, 2019), pp. 273-97.

[35] Arthur W. Ryder, trans., *The Panchatantra* (Chicago, IL, 1964), pp. 179-82.

[36] Aelian, *On Animals*, XIII.18.

[37] Richard H. Randall Jr, 'A Gothic Bird Cage' , *Metropolitan Museum of Art Bulletin*, XI/10 (June 1953), p. 292.

[38] Sian Lewis and Lloyd Llewellyn-Jones, eds, *The Culture of Animals in Antiquity: A Sourcebook with Commentaries* (Abingdon, 2018), pp. 268, 271.

[39] Serjeantson, *Birds*, p. 313.

[40] Martin Schongauer, *Madonna and Child with the Parrot*, http://metmuseum.org, accessed 18 April 2020.

[41] Colin Eisler, *Dürer's Animals* (Washington, DC, 1991), pp. 47-52.

[42] Impelluso, *La natura e i suoi simboli*, pp. 302-3.

[43] Caroline Bugler, *The Bird in Art* (London, 2012), pp. 215, 219, 221.

[44] Paul Carter, *Parrot* (London, 2008).

[45] Clive D. L. Wynne and Monique A. R. Udell, *Animal Cognition: Evolution, Behavior and Cognition*, 2nd edn (New York, 2013), pp. 79-80, 292-3.

[46] Irene M. Pepperberg, *Alex and Me: How a Scientist and a Parrot Uncovered a Hidden World of Animal Intelligence–and Formed a Deep Bond in the Process* (New York, 2008), pp. 4-32, 242.

[47] Purbita Saha and Claire Spottiswoode, 'Meet the Greater Honeyguide, the Bird that Understands Humans' , *Audubon*, 22 August 2016, www.audubon.org.

[48] Mercy Njeri Muiruri and Patrick Maundu, 'Birds, People and Conservation in Kenya' , in *Ethno-ornithology: Birds, Indigenous Peoples, Culture and Society*, ed. Sonia Tidemann and Andrew Cosler (Abingdon, 2010), pp. 279-90.

[49] Jake Page and Eugene S. Morton, *Lords of the Air: The Smithsonian Book of Birds* (New York, 1989), p. 32.

[50] Ibid., p. 31.

[51] Mark Bonta, 'Ethno-ornithology and Biological Conservation' , in *Ethno-ornithology: Birds, Indigenous Peoples, Culture and Society*, ed. Sonia Tidemann and Andrew Cosler (Abingdon, 2010), pp. 13-30.

[52] Tidemann and Whiteside, 'Aboriginal Stories' , pp. 168-9.

7 鸟类政治

[1] Evan T. Pritchard, *Bird Medicine: The Sacred Power of Bird Shamanism* (Rochester, VT, 2013), pp. 73-9.

[2] Edward T. C. Werner, *Ancient Tales and Folklore from China* (London, 1986), pp. 189-91.

[3] Hollym International, *Long, Long Ago: Korean Folk Tales* (Seoul, 1997), pp. 23-9.

[4] Hesiod, *Works and Days*, in *Theogony, Works and Days,* trans. M. L. West (Oxford, 1988), lines 203-20, pp. 42-3. 译文引自《工作与时日 神谱》，赫西俄德著，张竹明、蒋平译，北京：商务印书馆，1991 年。

[5] Aesop, *The Complete Fables*, trans. Olivia and Robert Temple (London, 1998), p. 8.

[6] Hesiod, *Works and Days*, line 568, p. 54.

[7] John Pollard, *Birds in Greek Life and Myth* (London, 1977), p. 165.

[8] Aristophanes, *The Birds*, trans. Peter D. Arnott (Wheeling, IL, 1986), pp. 1-58.

[9] Stephanie Dalley, ed. and trans., *Myths from Mesopotamia: Creation, The Flood, Gilgamesh and Others* (Oxford, 1992), pp. 203-27.

[10] Edward A. Armstrong, *The Folklore of Birds* (London, 1958), pp. 161-2.

[11] René Girard, *Violence and the Sacred*, trans. Patrick Gregory (Baltimore, MD, 1993), pp. 124-30.

[12] Dalley, ed., *Myths from Mesopotamia*, pp. 230-31.

[13] Aesop, *Three Hundred Aesop's Fables*, trans. Geo. Fyler Townsend (London, 1867), pp. 45-6. 译文引自《伊索寓言》，伊索著，邱宏译，天津：天津人民出版社，2012 年。

[14] Anon., *Jātaka Tales*, trans. H. T. Francis and E. J. Thomas (Cambridge, 1916), pp. 30-32.

[15] Arthur W. Ryder, trans., *The Panchatantra* (Chicago, IL, 1953), pp. 304-8.

[16] Anon., 'The Owl and the Nightingale' , in *The Owl and the Nightingale/ Cleanness/ St Erkenwald*, trans. Brian Stone (London, 1988), pp. 181-244.

[17] Walther von der Vogelweide, 'Weltklage' , in *Werke*, vol. I: *Spruchlyrik. Mittelhochdeutsch/ Neuhochdeutsch*, ed. Günther Schweikle and Ricarda Bauscke-Hartung (Stuttgart, 1994), pp. 74-5.

[18] Geoffrey Chaucer, 'The Parliament of Fowles' , in *The Complete Works*, ed. Walter Skeat (London, 1973).

[19] Joyce E. Salisbury, *The Beast Within: Animals in the Middle Ages* (London, 1994), pp. 117-33.

[20] Dalley, *Myths from Mesopotamia*, pp. 189-202.

[21] Sian Lewis and Lloyd Llewellyn-Jones, *The Culture of Animals in Antiquity: A Sourcebook with Commentaries* (Abingdon, 2018), pp. 505-6.

[22] Ibid., pp. 510-11.

[23] Dante Alighieri, *La Divina Commedia di Dante Alighieri*, (Milan, 1962), canto XVIII, lines 106-11, p. 484.

[24] Janet Backhouse, *Medieval Birds in the Sherborne Missal* (Toronto, 2001), p. 43.

[25] Lewis and Llewellyn-Jones, *The Culture of Animals in Antiquity*, p. 417.

[26] Elizabeth Lawrence, *Hunting the Wren: Transformation of Bird into Symbol* (Knoxville, TN, 1997), pp. 23-7.

[27] Beryl Rowland, *Birds with Human Souls: A Guide to Bird Symbolism* (Knoxville, TN, 1978), p. 185.

[28] Jacob Grimm and Wilhelm Grimm, *The Complete Fairy Tales of the Brothers Grimm*, trans. Jack Zipes (New York, 1987), pp. 548-9.

[29] Ibid., pp. 36-7.

[30] Ibid., pp. 107-8.

[31] Armstrong, *The Folklore of Birds*, pp. 160-65.

[32] Grimm and Grimm, *Complete Fairy Tales*, p. 549.

[33] Armstrong, *The Folklore of Birds*, pp. 159-60.

[34] Francis Klingender, *Animals in Art and Thought to the End of the Middle Ages*, ed. and trans. Evelyn Antal and John Harthan (Cambridge, MA, 1971), pp. 471-2.

[35] René Girard, *The Scapegoat*, trans. Yvonne Freccero (Baltimore, MD, 1989), pp. 198-212.

[36] Elizabeth de Fontenay, *Le silence des bêtes* (Paris, 1998), p. 249.

[37] Benjamin Franklin, 'From Benjamin Franklin to Sarah Bache' , 26 January 1784, https://founders.archives.gov, accessed 4 October 2020.

[38] Jack Santino, *All Around the Year: Holidays and Celebrations in American Life* (Chicago, IL, 1995), p. 173.

[39] Jim Sterba, *Nature Wars: The Incredible Story of How Wildlife Comebacks Turned Backyards into Battlegrounds* (New York, 2012), p. 165.

[40] Jim Sterba, *Nature Wars: The Incredible Story of How Wildlife Comebacks Turned Backyards into Battlegrounds* (New York, 2012), pp. 165-9.

[41] Girard, *Violence and the Sacred*, pp. 274-308.

[42] Sterba, *Nature Wars*, pp. 206-10.

[43] Thorleif Schjelderup-Ebbe, 'Beiträge zur Sozialpsychologie des Haushuhns' , *Zeitschrift für Psychologie*, 88 (1922), pp. 225-52.

[44] Thorleif Schjelderup-Ebbe, 'Social Behavior of Birds' , in *A Handbook of Social Psychology*, ed. Carl Murchison (Worcester, MA, 1935), pp. 947-72.

[45] Donna Haraway, *Primate Visions: Gender, Race, and Nature in the World of Modern Science* (London, 1989), pp. 54-8.

[46] Ibid., p. 164.

[47] Konrad Lorenz, *Man Meets Dog*, trans. Marjorie Kerr Wilson (Boston, MA, 1955),

pp. 147-9.

[48] Boria Sax, 'Konrad Lorenz and the Mythology of Science' , in *What Are the Animals to Us?: Approaches from Science, Religion, Folklore, Literature, and Art*, ed. Dave Aftandilian, Marion W. Copeland and David Scofield Wilson (Knoxville, TN, 2007), pp. 269-76.

8 鹰猎

[1] Helen Macdonald, *Falcon* (New York, 2016), p. 103.

[2] Dale Serjeantson, *Birds* (New York, 2009), p. 320.

[3] Sian Lewis and Lloyd Llewellyn-Jones, *The Culture of Animals in Antiquity: A Sourcebook with Commentaries* (Abingdon, 2018), pp. 501-2.

[4] Leslie V. Wallace, 'Representations of Falconry in Eastern Han China (25–220 ace)' , *Journal of Sport History*, XXXIX/1 (Spring 2012), p. 101.

[5] Alexandra Marvar, 'As Things Fall Apart, Falconers Hear Opportunity Call' , *New York Times*, 26 April 2020, Style Section, p. 9.

[6] Helen Macdonald, *H is for Hawk* (New York, 2014), p. 90.

[7] Johan Huizinga, *The Waning of the Middle Ages: A Study of the Forms of Life, Thought and Art in France and the Netherlands in the XIV and XV Centuries* (1924) (London, 2016), p. 77.

[8] Anon., 'The Gay Goshawk' , in *Old English Ballads and Folk Songs*, ed. William Dallam Armes (London, 1924), pp. 16-21.

[9] Linda Woolley, *Medieval Life and Leisure in the Devonshire Hunting Tapestries* (London, 2002), pp. 8-9, 39-70.

[10] Francis Klingender, *Animals in Art and Thought to the End of the Middle Ages* (Cambridge, MA, 1971), pp. 461-76.

[11] Frederick II of Hohenstaufen, *The Art of Falconry*, trans. Casey Albert Wood and F. Marjorie Fyfe (New York, 2010), vol. II, pp. 273-311.

[12] Giovanni Pietro Olina, *Pasta for Nightingales: A 17th Century Handbook of Bird Care and Folklore*, trans. Kate Clayton (New Haven, CT, 2018), p. 108.

[13] Farid ud-Din Attar, *The Conference of Birds*, trans. Afkham Darbandi and Dick Davis (New York, 1984), pp. 29-32, 45-6.

[14] Anon., *Bestiary: Ms. Bodley 764*, trans. Richard Barber (Woodbridge, 1993), pp. 154-7.

[15] Louis Charbonneau-Lassay, *Bestiary of Christ* (New York, 1991), p. 204.

[16] John Cummins, *The Hound and the Hawk: The Art of Medieval Hunting* (London, 2001), pp. 230-32.

[17] Vicki Hearne, *Adam's Task: Calling Animals by Name* (New York, 2016), p. 262.

[18] Macdonald, *H is for Hawk*, p. 110. 译文引自《以鹰之名》，海伦·麦克唐纳著，陈

佳琳译，上海：上海人民出版社，2022 年。

[19] Patrick F. Houlihan, *The Animal World of the Pharaohs* (London, 1996), pp. 160-65.

[20] Shihab Al-Din Al-Nuwayri, *The Ultimate Ambition in the Arts of Erudition: A Compendium of Knowledge from the Classical Islamic World*, trans. Elias Muhanna (New York, 2016), p. 174.

[21] Frederick II, *Falconry,* vol. I, pp. 5-6.

[22] Serjeantson, *Birds*, p. 321.

[23] Macdonald, *Falcon*, p. 100.

[24] John Julius Norwich, *Four Princes: Henry VIII, Francis I, Charles V, Suleiman the Magnificent and the Obsessions that Forged Modern Europe* (New York, 2016), p. 68.

[25] Macdonald, *Falcon*, p. 97.

[26] Theodor Echtermeyer and Benno von Wiese, eds, *Deutsche Gedichte: Von den Anfängen bis zur Gegenwart* (Düsseldorf, 1956), p. 31.

[27] Aldo Leopold, *A Sand County Almanac: And Sketches Here and There* (London, 1968), pp. 129-30.

9 柏拉图的“人”

[1] Diogenes Laertius, *Lives and Opinions of Eminent Philosophers*, trans. C. D. Yonge (London, 1901), p. 231.

[2] Allen F. Roberts, *Animals in African Art: From the Familiar to the Marvelous* (New York, 1995), p. 102.

[3] Donna Haraway, *The Companion Species Manifesto: Dogs, People, and Significant Otherness* (Chicago, IL, 2007), pp. 2-5.

[4] Juliet Clutton-Brock, *Animals as Domesticates: A World View through History* (East Lansing, MI, 2012), pp. 110-11.

[5] Ibid.

[6] Sian Lewis and Lloyd Llewellyn-Jones, *The Culture of Animals in Antiquity: A Sourcebook with Commentaries* (Abingdon, 2018), p. 244.

[7] Patrick F. Houlihan, *The Birds of Ancient Egypt* (Cairo, 1988), pp. 79-81.

[8] Patrick F. Houlihan, *The Animal World of the Pharaohs* (London, 1996), pp. 205-6.

[9] Lewis and Jones, *The Culture of Animals in Antiquity*, pp. 251-2.

[10] Pliny the Elder, *Natural History: A Selection*, trans. John F. Healy (London, 1991), p. 144.

[11] Dale Serjeantson, *Birds* (Cambridge, 2009), p. 273.

[12] Andrew Lawler, *Why Did the Chicken Cross the World: The Epic Saga of the Bird that Powers Civilization* (New York, 2014), p. 1.

[13] Edward Topsell, *The Fowles of Heaven or History of Birds* (Austin, TX, 1972), p. 26. I

have modernized the spelling in the quotation.

[14] Fred Hawley, 'The Moral and Conceptual Universe of Cockfighters: Symbolism and Rationalization' , *Society and Animals*, I/2 (1993), pp. 162-3.

[15] Lewis and Llewellyn-Jones, *The Culture of Animals in Antiquity*, p. 742.

[16] Hawley, 'The Moral and Conceptual Universe of Cockfighters' , pp. 163-4.

[17] Clifford Geertz, 'Deep Play: Notes on the Balinese Cockfight' , *Daedalus*, 134/4 (Fall 2005), p. 62.

[18] Lawler, *Why Did the Chicken Cross the World*, pp. 102-3.

[19] Geertz, 'Deep Play' , pp. 71-82.

[20] Hawley, 'The Moral and Conceptual Universe of Cockfighters' , p. 163.

[21] Lawler, *Why Did the Chicken Cross the World*, p. 106.

[22] Hal Herzog, *Some We Love, Some We Hate, Some We Eat: Why It's So Hard to Think Straight about Animals* (New York, 2010), pp. 149-74.

[23] Plato, 'Phaedo' , in *The Last Days of Socrates*, trans. Hugh Tredennick and Harold Tarrant (London, 1993), p. 185.

[24] Lewis and Jones, *The Culture of Animals in Antiquity*, p. 253.

[25] Ruth Q. Sun, *The Asian Animal Zodiac* (Edison, NJ, 1974), p. 162.

[26] Ibid., pp. 173-5.

[27] T. H. White, trans., *The Book of Beasts: Being a Translation from a Latin Bestiary of the Twelfth Century* (Mineola, NY, 1984), p. 151.

[28] Geoffrey Chaucer, 'The Nonne Preestes Tale' , in *The Complete Works of Geoffrey Chaucer*, ed. Walter W. Skeat (1894–1900) (Oxford, 1973), pp. 542-51.

[29] Ibid., p. 543.

[30] Giovanni Pico della Mirandola, *Oration on the Dignity of Man*, trans. A. Robert Caponigri (Washington, DC, 1996), p. 23.

[31] Ulisse Aldrovandi, *Aldrovandi on Chickens*, trans. R. Lind (Norman, OK, 1963), pp. 178-9.

[32] Adam Nossiter, 'On the Front Lines of Culture War in France: Maurice the Rooster' , *New York Times*, 23 June 2019, pp. 1, 17.

[33] Lewis and Llewellyn-Jones, *The Culture of Animals in Antiquity*, p. 247.

[34] Houlihan, *The Birds of Ancient Egypt*, p. 81.

[35] Lewis and Llewellyn-Jones, *The Culture of Animals in Antiquity*, pp. 249-51.

[36] Aelian, *On Animals*, trans. A. F. Scholfield (Cambridge, MA, 1958), XVII/46, III, p. 381.

[37] Boria Sax, 'The Basilisk and Rattlesnake, or a European Monster Comes to America' , *Society and Animals*, II/1 (1994), pp. 6-7.

[38] Mark Dash, 'On the Trail of the Warsaw Basilisk' , *Smithsonian Magazine*, 23 July

2012, www.smithsonianmag.com.

[39] Lawler, *Why Did the Chicken Cross the World*, pp. 120-26.

[40] Herman Melville, 'Cock-a-Doodle-Doo!' (1853), in *The Apple Tree Table and Other Sketches* (Princeton, NJ, 1922), pp. 211-56. 引文译文引自《苹果木桌子及其他简记》，赫尔曼·麦尔维尔著，陆源译，成都：四川文艺出版社，2019 年。

[41] Robert G. Breunig and Jeffrey Crespi, *Animal, Bird and Myth in African Art* (Phoenix, AZ, 1985), p. 22.

[42] Allen F. Roberts, *Animals in African Art*, p. 110.

[43] Ibid., pp. 38-9.

[44] Ibid., p. 40.

[45] Lawler, *Why Did the Chicken Cross the World*, pp. 192-6.

[46] Maryn McKenna, *Big Chicken: The Incredible Story of How Antibiotics Created Modern Agriculture and Changed the Way the World Eats* (Washington, DC, 2017), pp. 55-8.

[47] Ibid., pp. 164-5.

[48] Lawler, *Why Did the Chicken Cross the World*, p. 210.

[49] McKenna, *Big Chicken*, p. 32.

[50] These and other early menus have been reproduced by Love Menu Art and may be found at https://vintagemenuart.com, accessed 9 September 2020.

[51] McKenna, *Big Chicken*, p. 265.

[52] Ibid., pp. 265-7.

[53] Ibid., pp. 271-6.

[54] Donna Haraway, *When Species Meet* (Minneapolis, MN, 2008), p. 268.

[55] Ibid., p. 273.

[56] Lawler, *Why Did the Chicken Cross the World*, p. 5.

[57] Diogenes Laertius, *Lives and Opinions of Eminent Philosophers*, p. 61.

10 从洞穴到大教堂

[1] Maxime Aubert et al., 'Earliest Hunting Scene in Prehistoric Art' , *Nature*, 11 December 2019, www.nature.com.

[2] Linda Kalof, *Looking at Animals in Human History* (London, 2007), p. 6.

[3] Bruno David, *Cave Art* (London, 2017), p. 38

[4] Francesco d'Errico, 'Birds of the Grotte Cosquer: The Great Auk and Palaeolithic Prehistory' , *Antiquity*, LXVIII/258 (1994), pp. 39-47.

[5] Edward A. Armstrong, *The Folklore of Birds* (London, 1958), pp. 19, 277.

[6] David, *Cave Art*, p. 178.

[7] Roger F. Pasquier and John Farrand, *Masterpieces of Bird Art: 700 Years of Ornithological Illustration* (New York, 1991), p. 24.

[8] Pliny the Elder, *Natural History: A Selection*, trans. John F. Healy (London, 1991), p. 330.

[9] Anon., *Bestiary: Ms. Bodley 764*, trans. Richard Barber (Woodbridge, 1993), p. 150.

[10] Janetta Rebold Benton, *The Medieval Menagerie: Animals in the Arts of the Middle Ages* (New York, 1992), pp. 124-30.

[11] Ibid., p. 171.

[12] Frederick II of Hohenstaufen, *The Art of Falconry*, trans. Casey Albert Wood and F. Marjorie Fyfe (New York, 2010), vol. I, p. 22.

[13] Ibid., vol. I, pp. 35-8, 65-8, 85-8.

[14] Janet Backhouse, *Medieval Birds in the Shelborne Missal* (Toronto, 2001), pp. 13-15.

[15] Ibid., pp. 40, 43-4.

[16] Ibid., pp. 62-3.

[17] Caroline Bugler, *The Bird in Art* (London, 2012), p. 203.

[18] Sanjeev P. Srivastara, *Janahgir: A Connoisseur of Mughal Art* (Maharasta, India, 2001), pp. 74, 89.

[19] Ibid., pp. 59, 72-3.

[20] Allen F. Roberts, *Animals in African Art: From the Familiar to the Marvelous* (New York, 1995), pp. 69-70.

[21] Mark Bonta, 'Transmutation of Human Knowledge about Birds in 16th-century Honduras' , in *Ethno-ornithology: Birds, Indigenous Peoples, Culture and Society*, ed. Sonia Tidemann and Andrew Gosler (Abingdon, 2010), pp. 90-91.

[22] Ibid.

[23] Ashley E. Sharpe, 'A Reexamination of Birds in the Central Mexican Codices' , *Ancient Mesoamerica*, XXV/2 (2014), pp. 317-36.

[24] Diana Magaloni Kerpel, *The Colors of the New World: Artists, Materials, and the Creation of the Florentine Codex* (Los Angeles, CA, 2014), p. 13.

[25] Ibid., p. 47.

11 绘画艺术还是插图

[1] John Burroughs, 'Birds and Poets' , in *Birds and Poets with Other Papers* (New York, 1877), p. 10.

[2] Tim Birkhead, *The Wisdom of Birds: An Illustrated History of Ornithology* (New York, 2008), p. 24.

[3] David Freedberg, *The Eye of the Lynx: Galileo, His Friends, and the Beginnings of Modern Natural History* (Chicago, IL, 2002), pp. 6, 349-66, 412-13.

[4] S. Peter Dance, *The Art of Natural History: Animal Illustrators and their Work* (Woodstock, NY, 1978), pp. 62-3.

[5] Susan Owens, 'Mark Catesby: A Genius for Natural History' , in *Amazing Rare Things: The Art of Natural History in the Age of Discovery*, ed. David Attenborough (London, 2009), pp. 190-91.

[6] Ibid., pp. 192-3.

[7] Jonathan Elphick, *Birds: The Art of Ornithology* (New York, 2017), p. 35.

[8] Charlotte Brontë, *Jane Eyre* (New York, 1984), p. 3.

[9] Susan Hyman, *Edward Lear's Birds* (Secaucus, NJ, 1980), pp. 19-20.

[10] Temple Grandin and Catherine Johnson, *Animals in Translation: Using the Mysteries of Autism to Decode Animal Behavior* (Orlando, FL, 2005), p. 67.

[11] Ibid., p. 89.

[12] Hyman, *Edward Lear's Birds*, pp. 82-3.

[13] Esther Woolfson, *Between Light and Storm: How We Live with Other Species* (London, 2020), p. 173.

[14] Christopher Irmscher, *The Poetics of Natural History* (New Brunswick, NJ, 2019), pp. 2019-20.

[15] Lynn Barber, *The Heyday of Natural History, 1820 – 1870* (New York, 1980), p. 97.

[16] Alina Cohen, 'How the Native Americans of Alaska Influenced the Surrealists' , www.artsy.net, 30 April 2018.

[17] Charlotte Stokes, 'Surrealist Persona: Max Ernst's *Loplop, Superior of Birds' , Simiolus: Netherlands Quarterly for the History of Art*, XIII/3-4 (1983), pp. 226-8.

[18] John Berger, 'Why Look at Animals' , in *The Animals Reader: The Essential Classic and Contemporary Writings*, ed. Linda Kalof and Amy Fitzgerald (New York, 2007), pp. 256-61.

[19] 'Making of Winged Migration' , DVD extra in *Winged Migration* (dir. Jacques Perrin, 2001).

12 花鸟与时间

[1] Sophia Suk-mun Law, *Reading Chinese Painting: Beyond Forms and Colors, a Comparative Approach to Art Appreciation*, trans. Tony Blishen (New York, 2016), p. 109.

[2] Ibid., pp. 99-101.

[3] Ibid., pp. 30-39.

[4] Christine E. Jackson, *Dictionary of Bird Artists of the World* (Woodbridge, 1999), pp. 508-9.

[5] Caroline Bugler, *The Bird in Art* (London, 2012), p. 189.

[6] Roel Sterckx, *The Animal and the Daemon in Early* China (Albany, NY, 2002), pp. 34-43.

[7] Law, *Reading Chinese Painting*, pp. 111-17, 130-31.

[8] Ibid., pp. 119-40.

[9] Katsushika Hokusai et al., *120 Japanese Prints* (Mineola, NY, 2006), print 102 (CD-ROM and book).

[10] Israel Goldman, ed., *Hiroshige: Birds and Flowers*, trans. Alfred H. Marks, intro. Cynthea J. Bogel (New York, 1988), plate 44.

[11] Annette Blaugrund, *The Essential John James Audubon* (New York, 1999), pp. 66-9.

[12] Christine E. Jackson, *Bird Artists*, p. 513.

[13] Ashley E. Sharpe, 'A Reexamination of Birds in the Central Mexican Codices' , *Ancient Mesoamerica*, XXV/2 (2014), pp. 316-36.

[14] Daisy Paul, 'A Bird Book in the Hand Is Worth Two in the Bush' , www.metmuseum.org, 14 November 2018.

[15] Jonathan Elphick, *Birds: The Art of Ornithology* (New York, 2013), pp. 236-7.

[16] Eadweard Muybridge, *Muybridge's Animals in Motion* (Mineola, NY, 2007), pp. 1-21.

[17] Gabor Horvath et al., 'Cavemen Were Better at Depicting Quadruped Walking than Modern Artists: Erroneous Walking Illustrations in the Fine Arts from Prehistory to Today' , PLOS One, https://journals.plos.org, 5 December 2012.

[18] Richard Bell, *Ways of Drawing Birds: A Guide to Expanding Your Visual Awareness* (Philadelphia, PA, 1994), p. 34.

[19] Oregon State University, 'Hummingbird Flight, an Evolutionary Marvel' , https://phys.org, 22 June 2005.

[20] Joe Earle and Sebastian Izzard, *Zeshin: The Catherine and Thomas Edson Collection* (San Antonio, TX, 2007), pp. 94-5.

13 夜莺与玫瑰

[1] Michael Guida, 'Surviving Twentieth-century Modernity: Birdsong and Emotions in Britain' , in *The Routledge Companion to Animal-Human History*, ed. Hilda Kean and Philip Howell (London, 2019), pp. 370-74.

[2] David Rothenberg, *Why Birds Sing: A Journey into the Mystery of Bird Song* (New York, 2005), pp. 188-208.

[3] Ibid., p. 27.

[4] Pliny the Elder, *Natural History: A Selection*, trans. John F. Healy (London, 1991), X.84, p. 146.

[5] Percy Bysshe Shelley, 'A Defence of Poetry' (1821), in *The Norton Anthology of Theory and Criticism*, ed. Vincent B. Leitch et al. (New York, 2018), p. 601. 引文译文引自《十九世纪英国诗人论诗》，刘若端编，刘若端、曹葆华译，北京：人民文

学出版社，1984 年。

[6] Jules Michelet, *The Bird*, trans. W. H. Davenport Adams (London, 1869), p. 270.

[7] Ibid., p. 236.

[8] Ibid., p. 281.

[9] J. C. Cooper, *Symbolic and Mythological Animals* (London, 1992), p. 167.

[10] Omar Khayyam (attrib.), *The Rubaiyat of Omar Khayyam*, trans. Edward FitzGerald [1859] (New York, 1942), poem 72, p. 45.

[11] John D. Yohannan, 'The Persian Poetry Fad in English Literature' , *Comparative Literature*, IV/8 (Spring 1952), pp. 137-60.

[12] Louis Charbonneau-Lassay, *The Bestiary of Christ*, trans. D. M. Dooling (New York, 1991), p. 225.

[13] Hans Christian Andersen, 'The Nightingale' , *The Annotated Hans Christian Andersen*, ed. Maria Tatar (New York, 2008), pp. 78-97.《夜莺颂》为穆旦译本。

[14] Ibid.

[15] René Descartes, *Meditations on First Philosophy with Selections from the Objections and Replies*, trans. Michael Moriarty (Oxford, 2008), meditation 2, section 32, p. 23.

[16] E.T.A. Hoffmann, 'The Sandman' , *The Best Tales of Hoffmann*, trans. J. T. Bealby, ed. E. F. Bleiler (Mineola, NY, 1967), pp. 183-214.

[17] Wolfram Koeppe, 'Technological Marvels in Motion' , in *Making Marvels: Science and Splendor at the Courts of Europe*, ed. Wolfram Koeppe (New York, 2020), pp. 200-201.

[18] Oscar Wilde, *The Happy Prince* (Mineola, NY, 2006), pp. 14-19.

[19] W. B. Yeats, 'The Rose Tree' , *W. B. Yeats: The Poems, a New Edition* (New York, 1983), p. 182.

[20] W. Geoffrey Arnott, *Birds in the Ancient World from A to Z* (London, 2007), p. 123.

[21] Michelet, *The Bird*, p. 114.

[22] Celia Fisher, *The Magic of Birds* (London, 2014), p. 32.

[23] Arnott, *Birds in the Ancient World*, p. 123.

[24] John Keats, 'Ode' , in *On Wings of Song: Poems about Birds*, ed. J. D. McClatchy (New York, 2000), p. 220.

[25] Catherine Phillips, *Birds of a Feather* (St Petersburg, 2019), pp. 38-9.

[26] John Milton, 'To a Nightingale' , in *On Wings of Song*, ed. McClatchy, p. 107.

[27] William Drummond, 'To a Nightingale' , ibid., p. 108.

[28] Rothenberg, *Why Birds Sing*, pp. 23-4.

[29] Christina Rosetti, 'Pain or Joy' , in *On Wings of Song*, ed. McClatchy, p. 116.

[30] Boria Sax, *Imaginary Animals: The Monstrous, the Wondrous, and the Human* (London, 2013), pp. 251-3.

14 灭绝

[1] Elizabeth Kolbert, *The Sixth Extinction: An Unnatural History* (New York, 2014), p. 21.

[2] Jules Michelet, *The Bird*, trans. W. H. Davenport Adams (London, 1869), pp. 111-14.

[3] Anon., 'Man the Destroyer' , *Audubon Magazine*, 1 (1 February 1887), p. 9.

[4] Dale Serjeantson, *Birds* (Cambridge, 2009), pp. 380-92.

[5] BirdLife International, 'We Have Lost over 150 Bird Species Since 1500' , www.birdlife.org, 25 September 2020.

[6] Roger J. Lederer, *The Art of the Bird: The History of Ornithological Art through Forty Artists* (Chicago, IL, 2019), pp. 18-19, 25.

[7] Caroline Bugler, *The Bird in Art* (London, 2012), p. 216.

[8] Christine E. Jackson, *Bird Artists of the World* (Woodbridge, 1999), pp. 221-2, 382-3, colour plate 50.

[9] Hudson and Gardiner, *Rare, Vanishing and Lost British Birds* (London, 1923), p. xii.

[10] Bugler, *The Bird in Art* (London, 2012) p. 100.

[11] Ibid., p. 193.

[12] E. O. Wilson, *The Future of Life* (New York, 2002), p. 98.

[13] Louis Figuier, *Reptiles and Birds: A Popular Account of the Various Orders* (Springfield, MA, 1869), p. 396.

[14] Hudson and Gardiner, *Rare, Vanishing and Lost British Birds*, pp. 28-34.

[15] Serjeantson, *Birds*, p. 184.

[16] Ibid., p. 189.

[17] Maia Nuku, *ATAE: Nature and Divinity in Polynesia* (New York, 2019), pp. 24-34.

[18] David Quammen, 'Feathered Capes' , in *The Bedside Book of Birds: An Avian Miscellany,* ed. Graeme Gibson (New York, 2005), pp. 246-7.

[19] David C. Houston, 'The Impact of Red Feather Currency on the Population of the Scarlet Honeyeater on Santa Cruz' , in E*thno-ornithology: Birds, Indigenous Peoples, Culture and Society*, ed. Sonia Tidemann and Andrew Cosler (Abingdon, 2010), pp. 5-66.

[20] Steve Pavik, *The Navajo and the Animal People: Native American Traditional Ecological Knowledge and Ethnozoology* (Golden, CO, 1914), pp. 183, 189.

[21] Ibid., p. 185.

[22] Evangeline Holland, 'The Court Presentation' , www.edwardianpromenade.com, 7 December 2007.

[23] Figuier, *Reptiles and Birds*, pp. 205-6.

[24] Celia Thaxter, 'Woman's Heartlessness' , *Audubon Magazine*, 1 (1 February 1887), p. 14.

[25] W. H. Hudson, *Birds in a Village* (London, 1893), p. 89.

[26] Alphonse Toussenel, *Le monde des Oiseaux, Ornithologie Passionelle* (Sydney, 2019), p. 11.

[27] Jules Michelet, *The Bird*, trans. W. H. Davenport Adams (London, 1869), p. 159.

[28] Ibid., p. 158.

[29] Jane Austen, *The Annotated Pride and Prejudice*, ed. David M. Shapard (New York, 2012), vol. III, chap. 9, p. 606.

[30] Simon Barnes, *The Meaning of Birds* (New York, 2018), p. 82.

[31] C. J. Maynard, *The Naturalist's Guide in Collecting and Preserving Objects of Natural History* (Boston, MA, 1873), pp. 6-8.

[32] W. H. Hudson, *Birds and Man* (London, 1920), p. 267.

[33] Tim Lowe, *Where Song Began: Australia's Birds and How They Changed the World* (Melbourne, 2014).

[34] Daniel Worster, *Nature's Economy: A History of Ecological Ideas*, 2nd edn (New York, 1997), pp. 126-9.

[35] Christopher Irmscher, *The Poetics of Natural History* (New Brunswick, NJ, 2019), pp. 230-39.

[36] Donald Culross Peattie, ed., *Audubon's America: The Narratives and Experiences of John James Audubon* (Cambridge, MA, 1940), pp. 219-20.

[37] William Dutcher, 'The Passenger or Wild Pigeon' , National Association of Audubon Societies Educational Leaflet no. 6 (New York, 1913), n.p.

[38] Peattie, ed., *Audubon's America*, p. 454.

[39] Ibid., p. 455.

[40] Dutcher, 'The Passenger or Wild Pigeon'.

[41] Figuier, *Reptiles and Birds*, p. 456.

[42] Jeffrey A. Lockwood, *Locust: The Devastating Rise and Mysterious Disappearance of the Insect that Shaped the American Frontier* (New York, 2004), pp. xv-xx, 1-100.

[43] Ibid., p. xvii.

[44] Ibid., pp. 12-13.

[45] Hudson, *Birds in a Village*, pp. 111-12.

[46] Ibid., p. 30.

[47] Peter P. Marra and Chris Santella, *Cat Wars: The Devastating Consequences of a Cuddly Killer* (Princeton, NJ, 2016), p. 68.

[48] Rachel Carson, *Silent Spring* [1962] (Boston, MA, 2002), pp. 1-7. 引文译文引自《寂静的春天》，蕾切尔·卡森著，鲍冷艳译，北京：中国青年出版社，2015 年。

[49] Laura Parker, 'Nearly Every Seabird on Earth Is Eating Plastic' , www.nationalgeographic.com, 2 September 2015.

[50] Peter Ward and Joe Kirschvink, *A New History of Life: The Radical New Discoveries about the Origins and Evolution of Life on Earth* (New York, 2016), pp. 327-8.

[51] Lowe, *Where Song Began*.

15 保护与恢复

[1] Helen Macdonald, 'Foreword' , in Giovanni Pietro Olina and Cassiano dal Pozzo, *Pasta for Nightingales: A 17th-century Handbook of Bird Care and Folklore*, trans. Kate Clayton (New Haven, CT, 2018), p. ix.

[2] J. Pollard, *Birds in Greek Life and Though*t (London, 1977), p. 13.

[3] Jeremy Mynott, 'Winged Words: The Importance of Birds in the Ancient World' , OUPblog, 24 May 2018, https://blog.oup.com.

[4] Jane O'Brien, 'The Birds of Shakespeare Cause Us Trouble' , www.bbc.com, 24 April 2014.

[5] Percy Bysshe Shelley, 'To a Skylark' , in *On Wings of Song: Poems about Birds*, ed. J. D. McClatchy (New York, 2000), p. 231.

[6] Paul Shepard, *Man in the Landscape: A Historic View of the Esthetics of Nature* (New York, 1967), pp. 137-8.

[7] Jim Sterba, *Nature Wars: The Incredible Story of How Wildlife Comebacks Turned Backyards into Battlegrounds* (New York, 2012), p. 242.

[8] Ibid., pp. 244-5.

[9] Mark Bonta, 'Transmutation of Human Knowledge about Birds in 16th Century Honduras' , in *Ethno-ornithology: Birds, Indigenous Peoples, Culture and Society,* ed. Sonia Tidemann and Andrew Cosler (Abingdon, 2010), p. 98.

[10] Jeremy Mynott, *Birds in the Ancient World* (Oxford, 2018), p. 200.

[11] Dale Serjeantson, *Birds* (Cambridge, 2009), p. 393.

[12] Flora Thompson, *Lark Rise to Candleford: A Trilogy* [1945] (London, 1973), p. 153.

[13] Emily Cleaver, 'The Fascinating, Regal History behind Britain's Swans' , *Smithsonian Magazine*, 31 July 2017, www.smithsonianmag.com.

[14] Boria Sax, *City of Ravens: London, the Tower and Its Famous Birds* (London, 2011), pp. 41-5.

[15] Roger F. Pasquier and John Farrand Jr, *Masterpieces of Bird Art: 700 Years of Ornithological Illustration* (New York, 1991), p. 165.

[16] Thom van Dooren, *Flight Ways: Life and Loss at the Edge of Extinction* (New York, 2014), pp. 52-7.

[17] Jeffrey A. Lockwood, *Locust: The Devastating Rise and Mysterious Disappearance of the Insect that Shaped the American Frontier* (New York, 2004), pp. 58-9.

[18] *People's Home Journal*, 'Origin, Development and Importance of the Bird Sanctuary Campaign' (1919) [flyer].

[19] William Souder, 'How Two Women Ended the Deadly Feather Trade' , *Smithsonian Magazine*, March 2013, www.smithsonianmag.com.

[20] UK Parliament, 'Protection of Birds Act, 1954' , www.legislation.gov.uk, accessed 30 December 2019.

[21] Steve Pavlik, *The Navajo and the Animal People: Native American Traditional Ecological Knowledge and Ethnozoology* (Golden, CO, 1914), p. 186.

[22] Ibid., pp. 169-94.

[23] Henry Wadsworth Longfellow, 'The Birds of Killingworth' , in *Henry Wadsworth Longfellow: Poems and Other Writings* (New York, 2000), pp. 440-47.

[24] Sterba, *Nature Wars*, p. 74.

[25] Ibid., p. 169.

[26] U.S. Fish & Wildlife Service, 'History of Bald Eagle Decline, Protection and Recovery' , 5 May 2020, www.fws.gov.

[27] W. H. Hudson and Linda Gardiner, *Rare, Vanishing and Lost British Birds* (London, 1923), p. 45.

[28] Maan Barua and Paul Jepson, 'The Bull of the Bog: Bittern Conservation Practice in a Western Bio-cultural Setting' , in *Ethno-ornithology: Birds, Indigenous Peoples, Culture and Society*, ed. Sonia Tidemann and Andrew Gosler (Abingdon, 2010), pp. 301-12.

[29] Gustave Axelson, 'Vanishing' , *Living Bird: Cornell Lab of Ornithology*, XXXVII/4 (2019), pp. 44-52.

[30] Elizabeth Kolbert, *The Sixth Extinction: An Unnatural History* (New York, 2014), pp. 224-5.

[31] Van Dooren, *Flight Ways*, pp. 89-92.

[32] Matt Mendenhall, 'A Cloudy Future: Whooping Cranes Have Made a Steady Return from the Brink of Extinction, But Sea-level Rise Due to Climate Change Poses a Serious Risk' , *Birdwatching*, XXXIII/5 (September/October 2019), pp. 14-19.

[33] Ed Young, 'What DNA says about the Extinction of America's Most Common Bird' , *The Atlantic*, 16 November 2017, www.theatlantic.com.

[34] Emma Marris, 'When Conservationists Kill Lots (and Lots) of Animals' , *The Atlantic*, 26 September 2018, www.theatlantic.com.

[35] Sarah Deweerdt, 'Killing Barred Owls to Keep Spotted Owls Breathing' , *Newsweek* (17 May 2017).

[36] Jessica Camille Aguirre, 'The Culling: Australia Has Become Deadly Serious about Killing Millions of Feral Cats' , *New York Times Magazine*, 28 April 2019, pp. 34-41.

[37] Van Dooren, *Flight Ways*, p. 93.

[38] Ibid., p. 231.

[39] Joshua Hammer, *The Falcon Thief: A True Tale of Adventure, Treachery and the Hunt for a Perfect Bird* (New York, 2000), pp. 37-40; Richard C. Paddock, 'Where Poachers

Feed a Craze for Songbird Contests' , *New York Times*, 19 April 2020, p. 19.

[40] Rachel Carson, *Silent Spring* [1962] (Boston, MA, 2002), pp. 1-7.

[41] Brooke Jarvis, 'The Insect Apocalypse Is Here: What Does It Mean for the Rest of Life on Earth?' , *New York Times Magazine*, 27 November 2018, pp. 41-5, 67-9.

[42] Boria Sax, 'What Is this Quintessence of Dust? The Concept of the "Human" and Its Origins' , in *Anthropocentrism: Humans, Animals, Environments*, ed. Rob Boddice (Leiden, 2011), pp. 21-36.

[43] Celia Dale, 'The Cawing of Rooks' , *Country Life* (17 March 1955), p. 746.

延伸阅读

鸟类的相关文献浩如烟海，难以穷尽，但还是建议大家进一步阅读以下书籍。我并没有把高度专业化的、非英语的、只略微提及鸟的、完全虚构的或特别难以获得的书囊括进来。本书的出版商瑞科图书（Reaktion Books）还出版了一个名为“动物”的系列丛书，其中就有单独描述个别鸟类的书籍，比如信天翁、乌鸦、鸡、孔雀、鹦鹉、鸭、鹰、隼、鸵鸟、鸽子、麻雀、燕子、天鹅、秃鹫和啄木鸟。它们是了解某种具体的鸟的绝佳材料，但这里我并没有把它们单独列举出来。

关于鸟的综合性图书

Fisher, Celia, *The Magic of Birds* (London, 2014). A wide-ranging discussion of the traditional roles played by birds in myth and other aspects of human culture throughout the world.

Gibson, Graeme, ed., *The Bedside Book of Birds: An Avian Miscellany* (New York, 2005). An anthology of thought-provoking quotations and short essays relating to birds.

Nozedar, Adele, ed., *The Secret Language of Birds: A Treasury of Myths, Folklore and Inspirational True Stories* (London, 2006). Anecdotes, vignettes and bits of curious information about birds.

Phillips, Catherine, et al., *Birds of a Feather* (St Petersburg, 2019). An introduction to birds in history, which is especially strong in the area of Russian mythology.

人类学中的鸟

Serjeantson, Dale, *Birds* (Cambridge, 2009). A history of bird-human relations from a zooarchaeological perspective.

Tidemann, Sonia, and Andrew Gosler, eds, *Ethno-ornithology: Birds, Indigenous Peoples, Culture and Society* (Abingdon, 2010). A collection of essays on human relations with birds in various cultures as well as ways in which ornithologists, anthropologists and indigenous peoples can work together.

艺术研究中的鸟

Bogel, Cynthea J., Israel Goldman and Alfred H. Marks, *Hiroshige: Birds and Flowers* (New York, 1988). Focuses on the art of Hiroshige but also contains a discussion of traditional Oriental bird and flower painting.

Bugler, Caroline, *The Bird in Art* (London, 2012). Birds in art, including works of both fine artists and scientific illustrators, with insightful commentaries.

Elphick, Jonathan, *Birds: The Art of Ornithology* (New York, 2017). A meticulously detailed history of bird illustration.

Jackson, Christine E., *Bird Artists of the World* (Woodbridge, 1999). An encyclopedia covering hundreds of bird artists in both Western and Asian cultures.

Lederer, Roger J., *The Art of the Bird: The History of Ornithological Art through Forty Artists* (Chicago, IL, 2019). A history of bird illustration focusing particularly on how artists responded to scientific developments.

Roberts, Allen F., *Animals in African Art: From the Familiar to the Marvelous* (New York, 1995). The many relationships that Africans have had with birds and other animals, especially as reflected in their art.

Rothenberg, David, *Why Birds Sing: A Journey into the Mystery of Bird Song* (New York, 2005). A multidisciplinary study of the relationships between birdsong and music.

鸟与环境

Doherty, Peter, *Their Fate Is Our Fate: How Birds Foretell Threats to Our Health and Our World* (New York, 2013). Birds as indicator species that can help predict changes in the environment.

Dooren, Thom van, *Flight Ways: Life and Loss at the Edge of Extinction* (New York, 2014). The cultural, social and philosophical implications of the avian extinction crisis.

历史研究中的鸟

Arnott, W. Geoffrey, *Birds in the Ancient World from A to Z* (London, 2007). An encyclopedic compilation of references to birds in early writings and art.

Bailleul-LeSuer, Rozenn, ed., *Between Heaven and Earth: Birds in Ancient Egypt* (Chicago, IL, 2012). Scholarly essays on birds in every aspect of ancient Egyptian life.

Houlihan, Patrick F., *The Birds of Ancient Egypt* (Cairo, 1988). A scholarly survey of birds in ancient Egyptian life and art.

Mynott, Jeremy, *Birds in the Ancient World* (Oxford, 2018). A comprehensive reference on birds in the ancient Mediterranean.

Pollard, J., *Birds in Greek Life and Myth* (New York, 1977). A very thorough survey of birds in ancient Greek literature and art.

文学研究中的鸟

Bach, Rebecca Ann, *Birds and Other Creatures in Renaissance Literature* (New York, 2018). An illuminating discussion of birds in the work of Shakespeare and his contemporaries.

Bachelard, Gaston, *Air and Dreams: An Essay on the Imagination of Movement*, trans. Edith and Frederick Farrell (Dallas, TX, 2011). An essay on the significance of birds in literature and dreams by an influential philosopher.

Collins, Billy, ed. *Bright Wings: An Illustrated Anthology of Poems about Birds* (New York, 2013). An anthology of poems for birdwatchers that emphasizes individual species and includes illustrations by David Allen Sibley.

McClatchy, J. D., ed., *On Wings of Song: Poems about Birds* (New York, 2000). An anthology of poetry about birds containing the traditional favourites as well as others that are not well known.

Rowland, Beryl, *Birds with Human Faces: A Guide to Bird Symbolism* (Knoxville, TN, 1978). A comprehensive guide to birds in literature, especially that of Britain.

神话和民间传说中的鸟

Armstrong, Edward A., *Folklore of Birds* (London, 1958). This book, while somewhat dated, remains perhaps the most comprehensive discussion of avian folklore available.

Lawrence, Elizabeth, *Hunting the Wren: Transformation of Bird into Symbol* (Knoxville, TN, 1997). A scholarly exploration of the cult of the wren and, more broadly, the theme of animal sacrifice.

Nigg, Joseph, *The Phoenix: An Unnatural Biography of a Mythical Beast* (Chicago, IL, 2016). A very thorough history of the phoenix in Egypt, China, Greece and other parts of the world.

Pritchard, Evan T., *Bird Medicine: The Sacred Power of Bird Shamanism* (Rochester, VT, 2013). An Algonquin, Native American perspective on birds.

科学研究中的鸟

Ackerman, Jennifer, *The Genius of Birds* (New York, 2016). A scientific discussion of ways in which birds find their way during migration.

Birkhead, Tim, *Bird Sense: What It's Like to Be a Bird* (London, 2012). A scientific discussion of the senses of birds.

——, *The Wisdom of Birds: An Illustrated History of Ornithology* (New York, 2008).The history of ornithology as told from the perspective of a scientist.

Hermann, Debra, *Avian Cognition: Exploring the Intelligence, Behavior and Individuality of Birds* (Boca Raton, FL, 2016). Not only discusses scientific studies of the cognition of many avian species but contains an interesting discussion of the concept of intelligence.

鸟类官网

以下是国际上最重要的一些鸟类官网。但还有许多本地网站为在一个有限的地域内观鸟或从更专业的角度探究鸟类生活提供信息，这里限于篇幅，只能尽数略去。

Birds of a Feather

http://birdsofafeather.feralscribes.org

该网站含有关于鸟类的多学科信息，但专精于诗歌和传说故事领域。

Birdlife International

www.birdlife.org

该网站是一个大型国际组织的门户网站，该组织致力于鸟类保护的方方面面。

Cornell Lab of Ornithology

www.birds.cornell.edu

这是康奈尔大学鸟类学课程的网站，在美国的高等教育中，该课程是最为全面的。它专注于科学研究，上面有大量关于鸟类行为和栖息地的信息。

Leigh Yawkey Woodson Art Museum

www.lywam.org

这是威斯康星州的一家艺术博物馆的网站。该博物馆专门展出描绘鸟类的各种展品。每年，它都会专门为当代鸟类艺术家们举办会议和特展。

National Audubon Society (USA)

www.audubon.org

奥杜邦学会代表了一个由自然中心、观鸟俱乐部、其他许多致力于保护鸟类和其他各种野生动物的组织所构成的庞大网络。它拥有一个巨大的鸟类数据库。鸟类的身份信息、当前的分布情况，以及许多有助于保护它们的方式方法，都在其中。

Ornithology

www.ornithology.com

一个包容万象的网站，基本涵盖了鸟类的方方面面，以及它们和人类之间的互动，还囊括了各种专题内容，比如鸟类康复、邮票和硬币上的鸟。

Royal Society for the Protection of Birds (UK)

www.rspb.org.uk

成立于 1889 年的英国皇家鸟类保护协会可能是世界上最古老的鸟类保护组织。其官网上有大量关于鸟类保护、观鸟、环境史以及其他相关主题的广泛信息。

致谢

非常感谢我的妻子琳达·萨克斯，她校对了书稿，并提出了许多非常有用的建议。也很感谢瑞科图书出版社对我的信任，相信我能够完成这个迷人而艰巨的课题。

图片鸣谢

作者和出版商希望感谢以下组织和个人准许本书刊印其作品：

© adagp, Paris and dacs, London 2021: p. 277; Adobe Stock: p. 85; Alamy: p. 241 (Album); Tony Angell: p. 278; The Art Institute of Chicago: pp. 5 (Henry Field Memorial Collection), 292 (Clarence Buckingham Collection); Ashmolean Museum, Oxford: p. 139; John James Audubon, *Birds of America* (1827–38): p. 347; author: pp. 41, 72, 181, 182, 315; author's collection: 正文前暗页 p. 5, pp. 4, 13,15, 25, 30, 35, 37, 38, 40, 102, 103, 111, 121, 128, 133, 141, 142, 143, 150, 151, 164, 169, 170 up, 172, 184, 192, 199, 200, 202, 210, 215, 216, 217 down, 219, 221, 222, 223, 242, 247, 261, 264, 265, 266, 268, 296, 299, 307, 328, 333 left, 339, 341, 348, 350, 354, 363; Gordon C. Aymar, *Bird Flight* (Garden City Publishing, New York,1938): pp. 28, 49 (photo by Underwood & Underwood), 52 (photo by C. L. Welsh), 100, 161, 301; Bibliothèque nationale de France: p. 55; Birmingham Museum of Art: p. 326; Boston Public Library: p. 272; Museum of Fine Arts, Boston: p. 302; British Museum, London: pp. 77, 83 (© The Trustees of the British Museum), 213 (© The Trustees of the British Museum); Brooklyn Museum, New York: p. 288; Catherine Calhoun, *Egyptian Designs* (1983). International Design Library, Stemmer House: p. 78; Caren Caraway, *Northwest Indian Designs* (1982). International Design Library, Stemmer House: p. 44; clipart.com: pp. 3, 8, 75; Dover Pictorial Archives: 正文前暗页p. 8, pp. 6, 14, 20, 32, 33, 46 (A. G. Smith, Viking Designs), 80, 87, 153, 156, 203, 234, 260, 269, 276 (© ADAGP,Paris and DACS, London 2021), 293, 298, 300, 311, 329, 330, 333 right, 361, 370;Dreamstime: pp. 9 (Ivkuzmin), 21 (Zatletic), 26 (Feathercollector), 53 (Alaskaphoto), 62 (Perseomedusa), 93 (Prathabphotography), 106 (Carlijnbrands), 176 (Rannoch), 180 (Vladsokolovsky), 183 (Stevebyland), 217 up (Fuchsphotography), 236 (Lindacaldwell2), 253 (Jgaunion), 289 (Nataba16), 310 (Radiokafka); Fenimore Art Museum, Cooperstown, New York: p. 250; Louis Figuier, *Reptiles and Birds* (Springfield, MA, 1869): p. 205; Gallica Digital Library: p. 248; Germanisches Nationalmuseum, Nuremberg, Germany: p. 138; J. Paul Getty Museum, Los Angeles: p. 51; Jacob and Wilhelm Grimm, *Household Stories* (Dover Publications, New York, 1963): p. 67; Hermitage Museum, St. Petersburg: p. 322; Internet Archive: p. 96; From Mary and Elizabeth Kirby, *The Sea and Its Wonders* (T. Nelson and Sons, 1890): p. 346; Library of Congress, Washington, DC: pp. 24, 132, 170 down, 197, 275, 291, 294, 306, 334, 335, 336, 337, 338, 340, 343; Metropolitan Museum of Art, New York: pp. 63 (Gift of Harry G. Friedman, 1960), 81 (Rogers Fund, 1944), 82 (Rogers Fund, 1907), 101 (Fletcher Fund, 1963), 120 (The Crosby Brown Collection of Musical Instruments, 1889), 125 (Harris Brisbane Dick Fund, 1937), 126 (Purchase, Bashford Dean Bequest, 1969), 134 (Purchase, Oscar L. Tang Family and The Vincent Astor Foundation Gifts, 1998), 135 (Harris Brisbane

Dick Fund, 1937), 136 (Fletcher Fund, 1919), 140 (H. O. Havemeyer Collection, Bequest of Mrs. H. O. Havemeyer, 1929), 190 (Purchase, 2017 NoRuz at The Met Benefit, 2017), 220 (Bequest of Mary Stillman Harkness, 1950), 232 (The Cesnola Collection, Purchased by subscription, 1874–76), 290 (H. O. Havemeyer Collection, Bequest of Mrs. H. O. Havemeyer, 1929), 332 (Fletcher Fund, 1959); Jules Michelet, *The Bird*, 1869: pp. 342, 344; Museo del Prado, Madrid: pp. 130, 245 up, 245 down, 327; Palace Museum, Taipei: p. 281 (CC BY 4.0); The Nelson-Atkins Museum of Art, Kansas City: p. 127; The Palace Museum, Beijing: pp. 286, 287; University of Pittsburgh: p. 365; Courtesy of the Robert Rauschenberg Foundation: p. 368; Rijksmuseum, Amsterdam: p. 246; Royal Picture Gallery Mauritshuis, The Hague: p. 256; Jasper Theodore Studer, *Popular Ornithology* (Rockville, MD, 1881): p. 16; Uffizi Gallery, Florence: p. 255; Universitätsbibliothek Heidelberg (Codex Manesse): pp. 157, 178, 185, 240; Van Gogh Museum, Amsterdam: p. 149; Victoria and Albert Museum: p. 187 (Photo by Henry Townsend); The Wellcome Library, London: p. 345; Wikimedia Commons/BabelStone: p. 123 (CCO I.O Universal Public Domain Dedication) (British Museum); Wikimedia Commons/Roman Bonnefoy (Romanceor): p.249 (Creative Commons Attribution-Share Alike 4.0 International, 3.0 Unported,2.5 Generic, 2.0 Generic and 1.0 Generic license); Wikimedia Commons/ Mushki Brichta: p. 47 (CC Attribution-Share Alike 4.0 International license); Wikimedia Commons/British Library: p. 238 (CCO I.O Universal Public Domain Dedication); Wikimedia Commons/© Francis C. Franklin: p. 257 (CC-BY-SA-3.0); World Digital Library: p. 252; Yale University Library: p. 274 (Franz R. and Kathryn M. Stenzel Collection of Western American Art. Yale Collection of Western Americana,Beinecke Rare Book and Manuscript Library).

词汇表

A

阿波罗 Apollo

阿波罗多洛斯 Apollodorus

阿道夫・梯也尔 Adolphe Thiers

阿道夫・希特勒 Adolf Hitler

阿尔布雷特・丢勒 Albrecht Dürer

阿尔科诺斯特 alkonost

阿方斯・图斯内尔 Alphonse Toussenel

阿拉卡那鸡 Araucana

阿里斯托芬 Aristophanes

阿普列乌斯 Apuleius

阿塔尔 Farid ud-Din Attar

埃德沃德・迈布里奇 Eadweard Muybridge

埃尔南・科尔特斯 Hernán Cortés

埃列什基伽勒 Ereshkigal

艾格尼丝・米勒・帕克 Agnes Miller Parker

艾利安 Aelian

艾琳・佩珀伯格 Irene Pepperberg

爱德华・O. 威尔逊 Edward O. Wilson

爱德华・阿姆斯特朗 Edward Armstrong

爱德华・利尔 Edward Lear

爱德华・朱利叶斯・代特莫尔德 Edward Julius Detmold

安达卢西亚 Andalusia

安德里亚・皮萨诺 Andrea Pisano

安德烈・布勒东 André Breton

安徒生 Hans Christian Andersen

安祖鸟 Anzu bird
鹌鹑 quail
奥德修斯 Odysseus
奥迪隆·雷东 Odilon Redon
奥劳斯·马格努斯 Olaus Magnus
奥利弗·温德尔·霍姆斯 Oliver Wendell Holmes
奥利维尔·梅西安 Olivier Messiaen
奥斯卡·王尔德 Oscar Wilde
奥托·凯勒 Otto Keller
奥维德 Ovid

B

巴 ba
巴勃罗·毕加索 Pablo Picasso
巴西利斯克 basilisk
白腹金丝燕 glossy swiftlet
白鹭 egret
白头鹎 light-vented bulbul
白头海雕 bald eagle
百灵 lark
《百鸟朝凤》*The Conference of Birds*
柏拉图 Plato
斑鸠 turtle dove
斑林鸮 spotted owl
斑尾林鸽 wood pigeon
伴侣物种 companion species
保罗·高更 Paul Gauguin
保罗·谢泼德 Paul Shepard
鲍利斯·帕斯捷尔纳克 Boris Pasternak

鹎 bulbul

《北方民族史》*Historia de gentibus septentrionalibus (Account of the Northern Peoples)*

北极燕鸥 Arctic tern

北美黑啄木鸟 pileated woodpecker

北美小夜鹰 common poorwill

贝尔纳迪诺・德・萨阿贡 Bernardino de Sahagún

贝努鸟 benu bird

《本生经》*Jātakas*

比阿特丽斯・哈里森 Beatrice Harrison

彼得・帕拉斯 Peter Pallas

波利尼西亚 Polynesia

伯劳 shrike

勃洛尼斯拉夫・马林诺夫斯基 Bronisław Malinowski

《博物学家》*Physiologus*

《博物学家文库》*The Naturalist's Library*

博伊尔斯 Boios

布封伯爵乔治–路易・勒克莱尔 Georges-Louis Leclerc, Comte de Buffon

布鲁诺・拉图尔 Bruno Latour

C

彩虹蛇 rainbow serpent

仓鸮 barn owl

苍头燕雀 chaffinch

苍鹰 goshawk

草地鹨 meadowlark

草原松鸡 prairie chicken

查尔斯・达尔文 Charles Darwin

柴田是真 Shibata Zeshin

长尾小鹦鹉 parakeet

嘲鸫 mockingbird
《尘世乐园》*The Garden of Earthly Delights*
翠鸟 kingfisher

D

大杜鹃（又名布谷鸟）cuckoo
大海雀 great auk
大麻鳽 Eurasian bittern
大天鹅 whooper swan
代达罗斯 Daedalus
戴胜 hoopoe
丹尼尔·吉劳德·艾略特 Daniel Giraud Elliot
《道德论丛》*Morals*
德·冯·库伦贝格 Der von Kürenberg
德文郡狩猎挂毯 Devonshire tapestries
帝王斑蝶 monarch butterfly
雕 eagle
雕鸮 eagle owl
鸫 thrush
动物情人 animal paramour
《动物志》*Historiae animalium*
渡渡鸟 dodo
渡鸦 raven

E

鹅 goose
鹗 osprey

F

绯红摄蜜鸟 scarlet honeyeater
菲利・福尔 Félix Faure
菲利普・奥托・朗格 Philipp Otto Runge
菲尼克斯 phoenix
蜂鸟 hummingbird
《蜂鸟科专论》*Monograph of the Trochilidae, or Family of Hummingbirds*
凤凰 fenghuang
凤头鹦鹉 cockatoo
凤尾绿咬鹃 resplendent quetzal
弗朗斯・斯奈德斯 Frans Snyders
弗朗索瓦・德波特 François Desportes
弗朗索瓦・尼古拉・马蒂内 François Nicolas Martinet
弗朗西斯・奥彭・莫里斯 Francis Orpen Morris
弗朗西斯・威洛比 Frances Kay Willoughby
弗朗西斯科・埃尔南德斯 Francisco Hernández
弗朗西斯科・戈雅 Francesco Goya
弗雷德里克・霍斯默斯 Frédéric Horthemels
弗洛基 Flóki Vilgerðarson
《佛罗伦萨手抄本》*Florentine Codex*

G

鸽子 dove
歌川广重 Utagawa Hiroshige
格雷姆・吉布森 Graeme Gibson
格林兄弟 Jacob and Wilhelm Grimm
葛饰北斋 Katsushika Hokusai
公鸡 rooster

《古舟子咏》*The Rime of the Ancient Mariner*
冠蓝鸦 blue jay
鹳 stork

H

哈耳庇厄 harpy
哈菲兹 Hafiz
海伦・麦克唐纳 Helen Macdonald
海雀 auk
海燕 petrel
骇鸟 Phorusrhacidae（terror bird）
寒鸦 jackdaw
汉斯・巴尔东・格里恩 Hans Baldung Grien
汉斯・布鲁门贝格 Hans Blumenberg
嗬嗬鸟 ho-ho
荷鲁斯 Horus
赫尔曼・麦尔维尔 Herman Melville
赫克托・贾科梅利 Hector Giacomelli
赫西俄德 Hesiod
鹤 crane
鹤鸵 cassowary
黑顶山雀 black-capped chickadee
黑水鸡 moorhen
黑头美洲鹫 black vulture
黑鹰 black eagle
亨利・C. 里克特 Henry C. Richter
亨利・马蒂斯 Henri Matisse
鸻 plover
横斑林鸮 barred owl

红额金翅雀 goldfinch
红腹灰雀 bullfinch
红喉北蜂鸟 ruby-throated hummingbird
红隼 common kestrel
红头美洲鹫 turkey vulture
红尾鵟 red-tailed hawk
红原鸡 red jungle fowl
《候鸟条约法》Migratory Bird Treaty
胡安·米罗 Joan Miro
虎皮鹦鹉 budgerigar
鹮 ibis
黄眉隼 aplomado falcon
灰背隼 merlin
灰原鸡 grey jungle fowl
火鸡 turkey
火烈鸟 flamingo
火鸟 firebird
霍赫勒·菲尔斯洞穴 Hohle Fels cave
霍皮族 Hopi

J

J. J. 格朗维尔 J. J. Grandville
鸡蛇 cockatrice
吉尔伯特·怀特 Gilbert White
《吉尔伽美什史诗》*Epic of Gilgamesh*
极乐鸟 bird of paradise
几维鸟 kiwi
加布里埃拉·曼 Gabriella Mann
加斯东·巴什拉 Gaston Bachelard

加州神鹫 California condor

迦楼罗 Garuda

家麻雀 house sparrow

家燕 barn swallow

贾汗吉尔 Jahangir

鲣鸟 gannet

鳽 bittern

剪水鹱 shearwater

剪尾蜂鸟 half-tailed hummingbird

交趾鸡 cochin

鹪鹩 wren

杰弗雷·乔叟 Geoffrey Chaucer

杰拉尔德·曼利·霍普金斯 Gerard Manley Hopkins

金雕 golden eagle

金刚鹦鹉 macaw

金黄鹂 golden oriole

金丝雀 canary

金丝燕 swiftlet

居斯塔夫·库尔贝 Gustave Courbet

巨嘴鸟 toucan

军舰鸟 man-o'-war

K

卡尔·冯·林奈 Linnaeus (Carl von Linné)

卡雷尔·法布里蒂乌斯 Carel Fabritius

《卡罗来纳、佛罗里达和巴哈马群岛的博物志》*The Natural History of Carolina, Florida, and the Bahama Islands*

卡罗来纳鹦哥 Carolina parakeet

凯·尼尔森 Kay Nielsen

康拉德・波伊廷格 Konrad Peutinger
康拉德・冯・梅根伯格 Konrad von Megenberg
康拉德・格斯纳 Konrad Gesner
康拉德・劳伦兹 Konrad Lorenz
康斯坦丁・布朗库西 Constantin Brancusi
柯尔律治 Coleridge
科斯奎洞穴 Grotte Cosquer
克里斯・斯卡夫 Chris Skaife
克里斯蒂娜・罗塞蒂 Christina Rossetti
克洛德・列维 – 斯特劳斯 Claude Lévi-Strauss
恐鸟 moa

L

拉斐尔・桑西 Raphael Sanzio
拉斯科洞穴 Lascaux Grotto
蓝头鸦 pinyon jay
蓝胸蜂鸟 blue-breasted sapphire hummingbird
老普林尼 Pliny the Elder
勒内・笛卡尔 René Descartes
勒内・马格利特 René Magritte
勒内・普里梅韦勒・莱松 René Primevère Lesson
雷鸟 Thunderbird
蕾切尔・卡森 Rachel Carson
《理性的沉睡产生怪物》*The Sleep of Reason Produces Monsters*
栗翅鹰 Harris's hawk
椋鸟 starling
列奥纳多・达・芬奇 Leonardo da Vinci
猎隼 saker falcon
龙 dragon

卢卡斯·凡·莱登 Lucas van Leyden

鲁克 rukh

鲁米 Rumi

鹭 heron

鹭鹰 secretary bird

旅鸫 American robin

旅鸽 passenger pigeon

绿头鸭 mallard

绿咬鹃 quetzal bird

伦勃朗·凡·莱因 Rembrandt van Rijn

《论农业》*De re rustica (On Country Matters)*

罗伯特·贝克韦尔 Robert Bakewell

罗伯特·劳森伯格 Robert Rauschenberg

罗伯托·马尔凯西尼 Roberto Marchesini

罗克 roc

罗斯·戈登 Ross Gordon

罗西·布拉伊多蒂 Rosi Braidotti

M

麻雀 sparrow

马达加斯加 Madagascar

马丁·施恩告尔 Martin Schongauer

马丁·约翰逊·赫德 Martin Johnson Heade

马克·凯茨比 Mark Catesby

马克斯·恩斯特 Max Ernst

马库斯·海拉特 Marcus Gheeraerts

玛丽·安托瓦内特 Marie Antoinette

玛丽·德·法兰西 Marie de France

玛丽·路易丝 Marie Louise

玛利－弗朗索瓦·萨迪·卡诺 Marie-François Sadi Carnot
猫头鹰 owl
《猫头鹰王国：守卫者传奇》*Legend of the Guardians: The Owls of Ga'Hoole*
矛隼 gyrfalcon
梅尔基奥尔·德宏德柯特 Melchior d'Hondecoeter
《美国鸟类学》*American Ornithology*
美洲雕鸮 great-horned owl
美洲鹤 whooping crane
《美洲鸟类》*Birds of America*
蒙博托·塞塞·塞科 Mobutu Sese Seko
米尔恰·伊利亚德 Mircea Eliade
米克马克人 Mi'kmaq
米克特兰堤库特里 Mictlantecuhtli
墨兰波斯 Melampus
母鸡 hen
穆鲁普 Muurup

N

内巴蒙墓室壁画 Tomb painting of Nebamun
《尼伯龙根之歌》*The Nibelungenlied*
拟八哥 grackle
《鸟》*Ornithogonia*
鸟卜 bird divination
《鸟类博物志》*L'Histoire de la nature des oyseaux (The Natural History of Birds)*
《鸟类学》*Ornithology*
鸟女小雕像 bird-woman figurines
鸟启 avian illumination
牛鹂 cowbird
诺尔曼·胡德 Norman Hood

O

欧度阿 Odua
欧玛尔·哈亚姆 Omar Khayyam
欧亚鸲 English robin
鸥 gull

P

帕米吉亚诺 Parmigiano
帕特里克·皮尔斯 Patrick Pearse
帕特里斯·卢蒙巴 Patrice Lumumba
皮埃尔·贝隆 Pierre Belon
皮科·德拉·米兰多拉 Pico della Mirandola
毗湿奴·沙玛 Vishnu Sharma
琵鹭 spoonbill
《平家物语》*Tale of the Heike*
珀西·比希·雪莱 Percy Bysshe Shelley
普鲁塔克 Plutarch

Q

企鹅 penguin
迁徙 migration
《迁徙的鸟》*Winged Migration*
乔凡尼·洛伦佐·贝尼尼 Gian Lorenzo Bernini
乔治·艾略特 George Eliot
乔治·爱德华兹 George Edwards
乔治·布拉克 Georges Braque
乔治·居维叶 Georges Cuvier

琴鸟 lyrebird
《卿卿我我》*Bill and Coo*
雀鹰 sparrowhawk
《群鸟》*The Birds*

R

让–巴蒂斯特・乌德里 Jean-Baptiste Oudry
日本绣眼鸟 Japanese white-eye
儒勒・布雷顿 Jules Breton
儒勒・米什莱 Jules Michelet

S

萨瓦的哈比布拉 Habiballah of Sava
塞壬 siren
三趾鸥 kittiwake
山鹑 partridge
《舍伯恩弥撒书》*Sherborne Missal*
神圣罗马帝国皇帝腓特烈二世 Frederick Ⅱ (Holy Roman Emperor)
《圣奥尔本斯之书》*The Book of Saint Albans*
圣文德 St Bonaventure
鳾 nuthatch
狮身鹰首兽 griffin
始祖鸟 archaeopteryx
双色树燕 tree swallow
水鸟 waterfowl
斯特凡・乔治 Stefan George
松鸡 grouse
松鸦 jay

苏菲派 Sufis
苏格拉底 Socrates
苏维托尼乌斯 Suetonius
隼 falcon
索雷夫·谢尔德鲁普–埃贝 Thorleif Schjelderup-Ebbe

T

塔奥拉 Ta'aora
唐娜·哈拉维 Donna Haraway
忒瑞西阿斯 Tiresias
鹈鹕 pelican
天鹅 swan
秃鹫 vulture
图腾崇拜 totemism
托马斯·比威克 Thomas Bewick
托尼·安吉尔 Tony Angell
托普塞尔 Topsell
鸵鸟 ostrich

W

W.B. 叶芝 W. B.Yeats
瓦尔特·封·德尔·弗格尔瓦伊德 Walther von der Vogelweide
瓦罗 Varro
威廉·亨利·赫德森 William Henry Hudson
威廉·卡伦·布莱恩特 William Cullen Bryant
威廉·渣甸 William Jardine
维克多·米哈伊洛维奇·瓦斯涅佐夫 Victor Mikhaylovich Vosnetsov
温弗里德·塞巴尔德 W. G. Sebald

文森特·凡·高 Vincent van Gogh
沃尔特·克莱恩 Walter Crane
沃尔特·司各特 Walter Scott
乌鸫 blackbird
乌利塞·阿尔德罗万迪 Ulisse Aldrovandi
乌斯塔德·曼苏尔 Ustad Mansur
乌鸦 crow
《五卷书》*Panchatantra*

X

西奥多·贾斯珀 Theodore Jasper
《西庇阿之梦》*The Dream of Scipio*
西格鲁德 Sigurd
西莉亚·戴尔 Celia Dale
西林 sirin
西莫尔格 simorgh
西诺珀的第欧根尼 Diogenes of Sinope
西塞罗 Cicero
希顿鸡 Captain Heaton's cock
希罗多德 Herodotus
犀鸟 hornbill
锡嘴雀 hawfinch
喜多川歌麿 Kitagawa Utamaro
《喜马拉雅百年鸟类志》*A Century of Birds from the Himalaya Mountains*
喜鹊 magpie
夏拉德留斯 charadrius
响蜜䴕 honeyguide
象鸟 elephant bird
小嘲鸫 northern mockingbird

小公鸡 cockerel
《小鹿斑比》*Bambi*
小杨·勃鲁盖尔 Jan Brueghel the Younger
肖维岩洞 Chauvet cave
笑翠鸟 kookaburra
楔尾雕 eagle hawk
信天翁 albatross

Y

雅克·贝汉 Jacques Perrin
亚里士多德 Aristotle
亚历山大·莱登 Alexander Lydon
亚历山大·尼卡姆 Alexander Neckam
亚历山大·威尔逊 Alexander Wilson
亚瑟·拉克姆 Arthur Rackham
雁 goose
燕鸥 tern
燕隼 hobby
燕子 swallow
耶罗尼米斯·博斯 Hieronymus Bosch
夜莺 nightingale
夜鹰 nightjar
“夜之女王”浮雕 Queen of the Night relief
伊卡洛斯 Icarus
伊丽莎白·古尔德 Elizabeth Gould
伊丽莎白·科尔伯特 Elizabeth Kolbert
伊南娜 Inanna
伊索 Aesop
《伊塔那史诗》*Etana*

因丁杰 Yindingie

银鸥 herring gull

《英国鸟类史》*The History of British Birds*

莺 warbler

鹦鹉 parrot

《鹦鹉科图鉴》*Illustrations of the Family of Psittacidae, or Parrots*

鹰 hawk

鹰猎 falconry

鹰头马身有翅兽 hippogriff

尤金・席费林 Eugene Schiefflin

游隼 peregrine falcon

雨燕 swift

鸢 kite

鸳鸯 mandarin duck

园丁鸟 bowerbird

原鸽 rock dove

《原始福音》*Protoevangelium*

约翰・爱德华兹 John Edwards

约翰・达米安 John Damian

约翰・古尔德 John Gould

约翰・济慈 John Keats

约翰・雷 John Ray

约翰・马兹卢夫 John Marzluff

约翰・弥尔顿 John Milton

约翰・伍德豪斯・奥杜邦 John Woodhouse Audubon

约翰・西弗瓦斯 John Siferwas

约翰・詹姆斯・奥杜邦 John James Audubon

约洛・莫根威格 Iolo Morganwg

约瑟夫・坎贝尔 Joseph Campbell

约瑟夫・沃尔夫 Joseph Wolf

云雀 skylark

Z

《杂史》*Varia historia*

扎克·施耐德 Zack Snyder

詹巴蒂斯塔·提埃坡罗 Giambattista Tiepolo

詹姆斯·霍普·史都华 James Hope Stewart

詹姆斯·康诺利 James Connolly

詹姆斯·乔治·弗雷泽 James George Frazer

《珍禽博物志》*Natural History of Uncommon Birds*

织雀 weaver

雉鸡 pheasant

中国龙 Chinese dragon

宙斯之鹰 eagle of Zeus

朱塞佩·帕齐 Giuseppe Pazzi

啄木鸟 woodpecker

紫翅椋鸟 European starling

《自然史》*Histoire naturelle (Natural History)*

《自然系统》*Systema naturae (System of Nature)*

《自然之书》*Buch der Natur (The Book of Nature)*

棕颈犀鸟 rufous-necked hornbill

图书在版编目（CIP）数据
鸟类启示录：一部文化史 / (美) 博里亚・萨克斯著；陈盛译. — 上海：上海教育出版社，2025.1.
ISBN 978-7-5720-3101-4
Ⅰ. Q959.7
中国国家版本馆CIP数据核字第2024TF2788号

责任编辑　宋书晔
特约编辑　陈艺端
美术编辑　陈雪莲
封面设计　人马艺术设计・储平
营销支持　沈贤亭　徐恩丹

NIAOLEI QISHILU: YI BU WENHUASHI
鸟类启示录：一部文化史
[美] 博里亚・萨克斯　著
陈　盛　译

出版发行　上海教育出版社有限公司
官　　网　www.seph.com.cn
地　　址　上海市闵行区号景路159弄C座
邮　　编　201101
印　　刷　上海盛通时代印刷有限公司
开　　本　700×1000　1/16　印张 27.25　插页 4
字　　数　417 千字
版　　次　2025年3月第1版
印　　次　2025年3月第1次印刷
书　　号　ISBN 978-7-5720-3101-4/G・2754
定　　价　128.00 元

如发现质量问题，读者可向本社调换　电话：021-64373213